系统集成项目管理工程师 5 天修炼

（第四版）

黄少年　刘　毅　编著

攻克要塞软考研究团队　主审

内 容 提 要

近几年来,系统集成项目管理工程师考试已成为软考中最为热门的一门考试,考生一方面有取得证书的需求,另一方面有系统掌握系统集成项目管理知识的需求,然而考试知识点繁多,有一定的难度。因此,本书总结了作者多年来从事软考教育培训与试题研究的心得体会,将知识体系中所涉及的主要内容按照面授 5 天的形式进行了安排。

在 5 天的学习内容中,详细剖析了考试大纲,解析了有关项目管理和信息系统集成专业的各知识点,每个学时还配套了课堂练习题,讲述了解题的方法与技巧,总结了一套记忆知识点和公式的方法,提供了帮助记忆和解题的参考口诀,最后还给出一套全真的模拟试题并详细作了讲评。

本书可作为参加系统集成项目管理工程师考试的考生自学用书,也可作为软考培训班的教材,亦可作为项目经理的参考用书。

图书在版编目(CIP)数据

系统集成项目管理工程师 5 天修炼 / 黄少年,刘毅编著. -- 4 版. -- 北京:中国水利水电出版社,2024.6. -- ISBN 978-7-5226-2525-6

Ⅰ. TP311.5

中国国家版本馆 CIP 数据核字第 2024KY6386 号

策划编辑:周春元　　　责任编辑:王开云　　　封面设计:李 佳

书　　名	系统集成项目管理工程师 5 天修炼(第四版) XITONG JICHENG XIANGMU GUANLI GONGCHENGSHI 5 TIAN XIULIAN
作　　者	黄少年　刘　毅　编著 攻克要塞软考研究团队　主审
出版发行	中国水利水电出版社 (北京市海淀区玉渊潭南路 1 号 D 座　100038) 网址:www.waterpub.com.cn E-mail:mchannel@263.net(答疑) 　　　　sales@mwr.gov.cn 电话:(010)68545888(营销中心)、82562819(组稿)
经　　售	北京科水图书销售有限公司 电话:(010)68545874、63202643 全国各地新华书店和相关出版物销售网点
排　　版	北京万水电子信息有限公司
印　　刷	三河市鑫金马印装有限公司
规　　格	184mm×240mm　16 开本　20.75 印张　487 千字
版　　次	2012 年 1 月第 1 版　2012 年 1 月第 1 次印刷 2024 年 6 月第 4 版　2024 年 6 月第 1 次印刷
印　　数	0001—3000 册
定　　价	68.00 元

凡购买我社图书,如有缺页、倒页、脱页的,本社营销中心负责调换

版权所有·侵权必究

编委会成员

邓子云　艾教春　朱小平　陈　娟

施　游　田卫红　刘　毅　施大泉

刘　博　黄少年　李竹村　肖忠良

徐鹏飞　吴献文　张　立　焦炳旺

周集良　刘文红

前　　言

距离本书第三版的出版过去了近 3 年的时间，本书第三版进行了多次重印。官方教程于 2023 年年底进行了更新（第三版），相关的项目管理知识体系结合了 PMBOK 第 6 版知识，增加了少量第 7 版的基础概念；增强了对信息化、信息系统服务与服务管理、系统集成技术、软件技术、网络技术等方面知识的要求。由于新教程内容变化较大，因此，对于本书来说，需要进行改版来反映最新的考试情况。本次改版，项目管理、软件技术、网络技术、信息系统服务与服务管理等相关知识在内容上有较大调整；新增了数据库知识、系统集成知识等章节；丰富了国家发展战略、系统集成相关标准与法律法规的要求等内容。值得一提的是，针对新考纲对项目管理知识的要求，系统集成项目管理工程师考试与信息系统项目管理师考试不完全一致。因此本书相关知识域的输入、输出、工具与技术部分，在内容上做了一定的删减，并没有进行详细论述和展开。

本书仍然按照传统的 5 天模式来组织内容，当然实际的内容安排和面授的内容安排会有所不同。面授更强调的是基于现场的互动，面授过程中我们的交付周期是固定的，而本书其实是静态的，考生学习本书内容可能花费的时间不止 5 天。考生可以以此书为纲，制订周期性的学习计划来完成书中知识点的学习。

此外，从应考的角度来看，考试其实是有方法和技巧的，每个考生在拿到本书的时候，首先需要思考的是学习方法的问题，不同考生面对的是同样的知识点，但八仙过海，各显神通。学习方法在复习过程中是极其关键的一个因素，因此，需要定期思考：如何有效地复习相关的知识点？

考虑到书本是静态的，而考试考点的变化是动态的，所以，我们在后续的过程中，会通过"攻克要塞"微信公众号来更新本书中的相关内容，建立书中知识点与考点的动态联系。更重要的是，每年我们还会利用本书重印的机会增补一些必要的重要考点到本书中来，并从书中剔除少部分不重要的考点，确保书本的内容能紧跟当前的考试。

此外，要感谢中国水利水电出版社的周春元编辑，他的辛勤劳动和真诚约稿也是我们更新此书的动力之一。攻克要塞的各位同事、助手做了大量的资料整理工作，甚至参与了部分编写工作，也在此一并感谢。

有专人值守的微信公众号二维码如下所示，我们也会在此及时回复各类问题以及发布各类考试相关信息。

攻克要塞软考研究团队
2024 年 4 月

目　　录

前言

第1天　熟悉考纲，掌握技术 …………………… 1
　◎5天前的准备 ………………………………… 1
　◎学习前的说明 ……………………………… 1
　第1学时　梳理考试要点 ……………………… 3
　　1.1　考试目标解读 ………………………… 3
　　1.2　考试形式解读 ………………………… 3
　　1.3　基础知识考试答题注意事项 ………… 3
　　1.4　应用技术考试答题注意事项 ………… 4
　　1.5　考试要点解析交流 …………………… 4
　第2学时　信息化知识 ………………………… 5
　　2.1　信息与信息化 ………………………… 6
　　2.2　现代化基础设施 ……………………… 8
　　2.3　现代化创新与发展 …………………… 9
　　2.4　数字中国 ……………………………… 11
　　2.5　数字化转型 …………………………… 12
　　2.6　虚拟现实与元宇宙 …………………… 13
　　2.7　电子政务与电子商务 ………………… 13
　　2.8　企业信息化 …………………………… 14
　　2.9　ERP、CRM、SCM ………………… 14
　　2.10　EAI ………………………………… 15
　　2.11　BI、DW与DM …………………… 15
　　2.12　新一代信息技术 …………………… 17
　　2.13　课堂巩固练习 ……………………… 21
　第3学时　信息系统服务与服务管理 ……… 23
　　3.1　信息系统技术服务 …………………… 24
　　3.2　信息系统工程监理 …………………… 25
　　3.3　信息系统规划 ………………………… 27
　　3.4　信息系统建设 ………………………… 29
　　3.5　课堂巩固练习 ………………………… 32
　第4学时　信息系统集成专业技术知识1——
　　　　　　软件知识 …………………………… 33
　　4.1　软件开发模型 ………………………… 34
　　4.2　软件工程 ……………………………… 39
　　4.3　软件过程改进 ………………………… 46
　　4.4　软件复用 ……………………………… 47
　　4.5　面向对象基础 ………………………… 47
　　4.6　UML …………………………………… 47
　　4.7　SOA与Web Service ………………… 54
　　4.8　软件构件 ……………………………… 55
　　4.9　中间件技术 …………………………… 56
　　4.10　J2EE与.NET ……………………… 56
　　4.11　课堂巩固练习 ……………………… 58
　第5学时　信息系统集成专业技术知识2——
　　　　　　数据库知识 ………………………… 60
　　5.1　数据库 ………………………………… 61
　　5.2　数据仓库 ……………………………… 63
　　5.3　数据工程 ……………………………… 64
　　5.4　课堂巩固练习 ………………………… 68
　第6学时　信息系统集成专业技术知识3——
　　　　　　网络与信息安全知识 ……………… 68
　　6.1　计算机网络基础 ……………………… 69
　　6.2　信息与网络安全 ……………………… 79

6.3	课堂巩固练习	90

第 7 学时　信息系统集成专业技术知识 4——
　　　　　　系统集成知识 91

7.1	计算机软件知识基础	91
7.2	计算机硬件知识基础	91
7.3	系统集成	92
7.4	课堂巩固练习	92

第 2 天　打好基础，深入考纲 94

第 8 学时　项目管理一般知识 94

8.1	项目的定义	95
8.2	项目经理	97
8.3	项目干系人	97
8.4	十大知识领域	99
8.5	项目的组织方式	100
8.6	项目的生命周期	103
8.7	单个项目的管理过程	106
8.8	12 个项目管理原则	108
8.9	价值交付系统	110
8.10	课堂巩固练习	111

第 9 学时　项目立项与招投标管理 113

9.1	项目立项管理的内容	113
9.2	项目建议书	114
9.3	可行性研究的内容	114
9.4	成本效益分析	115
9.5	立项管理	118
9.6	项目论证与项目评估	119
9.7	承建方的立项管理	120
9.8	招投标流程	121
9.9	课堂巩固练习	121

第 10 学时　项目整合管理 122

10.1	项目整合管理的过程	123
10.2	制订项目章程	123
10.3	制订项目管理计划	125

10.4	指导与管理项目工作	127
10.5	管理项目知识	128
10.6	监控项目工作	129
10.7	实施整体变更控制	130
10.8	结束项目或阶段	132
10.9	课堂巩固练习	133

第 11 学时　项目范围管理 134

11.1	范围管理的过程	135
11.2	规划范围管理	135
11.3	收集需求	136
11.4	定义范围	138
11.5	创建 WBS	139
11.6	确认范围	143
11.7	控制范围	144
11.8	课堂巩固练习	145

第 12 学时　项目成本管理 146

12.1	成本管理的过程	147
12.2	成本管理的重要术语	147
12.3	规划成本管理	149
12.4	估算成本	150
12.5	制订预算	151
12.6	控制成本	153
12.7	挣值分析	154
12.8	课堂巩固练习	161

第 3 天　鼓足干劲，逐一贯通 162

第 13 学时　项目进度管理 162

13.1	进度管理的过程	163
13.2	规划进度管理	163
13.3	定义活动	165
13.4	排列活动顺序与网络图	166
13.5	估算活动持续时间	178
13.6	制订进度计划	181
13.7	控制进度	183

13.8	课堂巩固练习	185

第 14 学时　项目质量管理 186
- 14.1　质量、质量管理及相关术语 186
- 14.2　质量管理的过程 187
- 14.3　规划质量管理 187
- 14.4　管理质量 193
- 14.5　控制质量 195
- 14.6　课堂巩固练习 196

第 15 学时　项目资源管理 198
- 15.1　资源管理的过程 198
- 15.2　规划资源管理 199
- 15.3　估算活动资源 201
- 15.4　获取资源 202
- 15.5　建设团队 203
- 15.6　管理团队 205
- 15.7　控制资源 207
- 15.8　课堂巩固练习 208

第 16 学时　项目沟通管理和干系人管理 208
- 16.1　沟通管理的过程 209
- 16.2　规划沟通管理 213
- 16.3　管理沟通 214
- 16.4　监督沟通 215
- 16.5　干系人管理的过程 216
- 16.6　识别干系人 216
- 16.7　规划干系人参与 218
- 16.8　管理干系人参与 219
- 16.9　监督干系人参与 220
- 16.10　课堂巩固练习 221

第 17 学时　项目合同与采购管理 222
- 17.1　项目合同与合同管理 223
- 17.2　采购管理的过程 225
- 17.3　规划采购 225
- 17.4　实施采购 229
- 17.5　控制采购 230
- 17.6　课堂巩固练习 231

第 4 天　分析案例，清理术语 233

第 18 学时　项目风险管理 233
- 18.1　风险的特征与分类 234
- 18.2　风险管理的过程 234
- 18.3　规划风险管理 235
- 18.4　识别风险 236
- 18.5　实施定性风险分析 237
- 18.6　实施定量风险分析 239
- 18.7　规划风险应对 242
- 18.8　实施风险应对 245
- 18.9　监督风险 245
- 18.10　课堂巩固练习 246

第 19 学时　文档、配置与变更管理 248
- 19.1　文档的分类与管理 249
- 19.2　配置管理的相关术语 250
- 19.3　配置库 252
- 19.4　配置管理活动 255
- 19.5　版本发布和回退 256
- 19.6　课堂巩固练习 257

第 20 学时　知识产权、法律法规、标准和规范 258
- 20.1　著作权 259
- 20.2　专利权 261
- 20.3　商标权 261
- 20.4　中华人民共和国民法典 261
- 20.5　中华人民共和国招标投标法 264
- 20.6　中华人民共和国政府采购法 269
- 20.7　标准化 272
- 20.8　课堂巩固练习 273

第 21 学时　案例分析 274
- 21.1　解题技巧与注意事项 274

21.2 变更管理案例题讲评 ……………… 275
21.3 变更管理案例题练习 ……………… 277
21.4 范围管理案例题讲评 ……………… 280
21.5 进度管理案例练习 ………………… 282
21.6 进度管理案例讲评 ………………… 283
21.7 挣值分析案例练习 ………………… 285
21.8 进度管理案例练习 ………………… 287
21.9 整合管理案例练习 ………………… 293

第5天 模拟考试，检验自我 …………………… 296
　第22学时　模拟考试（基础知识试题）…… 296
　第23学时　基础知识试题分析 …………… 304
　第24学时　模拟考试（应用技术试题）…… 313
　第25学时　应用技术试题分析 …………… 315
参考文献 ……………………………………… 322
后记 …………………………………………… 323

第1天 熟悉考纲,掌握技术

◎5天前的准备

不管基础如何、学历如何,拿到这本书就算是有缘人。5 天的学习并不需要准备太多的东西,下面是一些必要的简单准备:

(1)本书。如果看不到本书那真是太遗憾了。
(2)至少 20 张草稿纸。
(3)1 支笔。
(4)处理好自己的工作和生活,以便这 5 天能静下心来学习。
(5)关注我们的微信号,及时与我们互动。

◎学习前的说明

5天关键学习对于我们每个人来说都是一个挑战,这么多的知识点要在短短的5天时间内学习完是很不容易的,也是非常紧张的,但却是值得的。学习完这 5 天内容,相信您会感觉到非常充实,也会对考试胜券在握。先看看这5天的内容是如何安排的吧(5 天修炼学习计划表)。

5 天修炼学习计划表

时间		学习内容
第1天 熟悉考纲，掌握技术	第1学时	梳理考试要点
	第2学时	信息化知识
	第3学时	信息系统服务与服务管理
	第4学时	信息系统集成专业技术知识1——软件知识
	第5学时	信息系统集成专业技术知识2——数据库知识
	第6学时	信息系统集成专业技术知识3——网络与信息安全知识
	第7学时	信息系统集成专业技术知识4——系统集成知识
第2天 打好基础，深入考纲	第8学时	项目管理一般知识
	第9学时	项目立项与招投标管理
	第10学时	项目整合管理
	第11学时	项目范围管理
	第12学时	项目成本管理
第3天 鼓足干劲，逐一贯通	第13学时	项目进度管理
	第14学时	项目质量管理
	第15学时	项目资源管理
	第16学时	项目沟通管理和干系人管理
	第17学时	项目合同与采购管理
第4天 分析案例，清理术语	第18学时	项目风险管理
	第19学时	文档、配置与变更管理
	第20学时	知识产权、法律法规、标准和规范
	第21学时	案例分析
第5天 模拟考试、检验自我	第22学时	模拟考试（基础知识试题）
	第23学时	基础知识试题分析
	第24学时	模拟考试（应用技术试题）
	第25学时	应用技术试题分析

从笔者这几年的考试培训经验来看，不怕考生基础不牢，怕的就是考生不进入状态。闲话不多说了，第1天我们的主要任务就是将考试要点熟悉一遍，以做到心中有数；然后紧接着就进入知识点的学习。

【辅导专家提示】熟悉考纲之后，会发现很多专业术语没有接触过或根本不懂，不过没有关系，找到问题了，第1天就算成功了一半。

好了，接下来就一起进入角色吧。

第1学时　梳理考试要点

下面一起来梳理系统集成项目管理工程师考试的要点。

1.1　考试目标解读

系统集成项目管理工程师考试是一个水平考试，并不仅仅是为了选拔人才，更是为了检验考生是否具备工程师的工作能力并达到工程师的业务水平。因此并没有严格的名额限制，只要考试能够及格就算过关。系统集成项目管理工程师考试又属于职称资格考试，通过考试能够具备与工程师相同的职称资格。

首先，从考试大纲来看，考核的核心内容就是项目管理知识体系，其中有关项目计划、风险管理、绩效评价等知识都可归结到项目管理的知识体系中。其次，考试的级别是工程师（中级职称），可见这个考试的核心内容在于项目管理，因此为应对考试，不必太纠缠于IT项目的技术内容和深度，这样对这5天的冲关学习和考试过关非常重要。

【辅导专家提示】从考纲来看，计算机专业技术知识的内容也会考一些，考点主要集中在基础知识上。

1.2　考试形式解读

系统集成项目管理工程师考试有2场，分为基础知识考试和应用技术（案例分析）考试，在同一天的2场考试中都过关才能算这个级别的考试过关。

基础知识考试的内容是系统集成项目管理基础知识，形式为机考，题型为选择题，而且全部是单项选择题，其中含5分的英文题。上午考试总共75道题，共计75分，按60%计，45分算过关。

应用技术考试的内容是系统集成项目管理应用技术（案例分析），形式为机考，题型为问答题、填空题、选择题等。一般为4~5道大题，每道大题又分为3~5个小问。大多数情况下，每道大题15~25分，总计75分，按60%计，45分算过关。

基础知识和应用技术2个科目连考，考试时间为4个小时，考试结束前60分钟可以交卷离场。

1.3　基础知识考试答题注意事项

基础知识考试答题注意事项：做题先易后难。上午考试一般前面的试题会容易一点，大多是知识点性质的题目，但也会有一些计算机专业相关知识的题目，有些题会有一定的难度，个别试题还会出现新概念题、热点和时事题。考试时建议先将容易做的和自己会的做完，其他的先跳过去，在后续的时间中再集中精力做难题。改为机考后，系统会提醒没有做完的题，考试时应注意系统给出的各类提示。

1.4 应用技术考试答题注意事项

应用技术考试答题注意事项如下：

（1）先易后难。先大致浏览一下考题，考试往往既会有知识点问答题，也会有计算题，同样先将自己最为熟悉和最有把握的题完成，再重点攻关难题。

（2）问答题最好以要点形式回答。阅卷时多以要点给分，不一定要与参考答案一模一样，但常以关键词语、语句意思表达相同或接近作为判断是否给分或给多少分的标准。因此答题时要点要多写一些，以涵盖到参考答案中的要点。例如，题目中此问给的是 5 分，则极可能是 5 个要点，一个要点 1 分，回答时最好能写出 7 个左右的要点。

（3）计算题分数一定要得到。要注意反复训练计算题，记住解题的口诀。系统集成项目管理工程师考试的计算题范围不大，且万变不离其宗，花点心思和时间练好计算题具有非常重要的意义，对过关帮助很大。计算题常出的题型有网络图计算、挣值分析计算、投资回收期与回报率计算等，后面会详细展开讨论。

（4）下午的案例分析试题范围相对比较窄，局限在项目管理和系统集成的范畴之内，因此大可不必纠缠于深入的技术细节。具体的考查内容包括：可行性研究、项目立项、合同管理、项目启动、项目管理计划、项目实施、项目监督与控制、项目收尾、信息系统的运营、信息（文档）与配置管理、信息系统安全管理。

可见，下午的案例分析题知识要点主要就是项目管理的十大知识领域了，常会有基础知识题、找原因题、计算题等。一般是用一段文字来描述一个项目的基本情况，特别是描述项目运作过程中出现的一些现象。比如，某道项目案例试题的第 1 道小题会问出现某种不好现象的原因是什么；第 2 道小题会问一个基础知识点；第 3 道小题会问如果你是项目经理该如何解决问题。

计算题是阅读过本书或参加过笔者的培训后可以很好把握住的题目类型。一来计算题的考试范围本就不宽，二来考试中的计算题也并不复杂。考题绝对不会出现高等数学，如微积分的计算，一般用初等数学计算就能解题；也不会出现非常大的计算量，如果出现了则应考虑自己的计算方法是否有误。

1.5 考试要点解析交流

第 1 学时就要结束了，不知您有什么感受呢？从笔者的培训经验来看，大多数考生会有如下感受：

（1）知识点太多，专业术语太多，理都理不清，听也听不明白。

（2）考试范围似乎很广，能否进一步缩小，最好能圈出本次考试的必考点。

（3）英语题没有把握，工作多年了，英语早已忘得差不多了。

（4）试题的具体题型还没有接触过，能否提供一些模拟试题。

（5）也有个别基础比较好的考生，更倾向于直接通过模拟试题来进行强化训练。

有以上感受是正常的，那么现在您对考试的具体情况、考试的要点已经有了一个全面的感性认识了，在后续学习中我们会一一解析，个个击破，有些不易记忆但又必须记忆的地方，笔者会教一些记忆的方法或口诀来帮助您解决问题；通过考试要点解析后考试范围已经缩小了很多，但绝不能保证 100%覆盖到考试试题。笔者认为通过这 5 天的梳理后，必然会将您的项目管理水平、应试水平提高到一个新的层次，并且对通过考试树立坚定的信心；英语题则只有靠多记多练了，毕竟英语水平不是短时间可以提高的。

【辅导专家提示】最好的模拟试题是历年的试题，考生不妨在业余时间将历年试题做一做。

第 2 学时　信息化知识

在这个学时里，将学习有关信息化的知识点，这些知识点大多出现在上午试题中。本学时的知识图谱如图 2-0-1 所示。

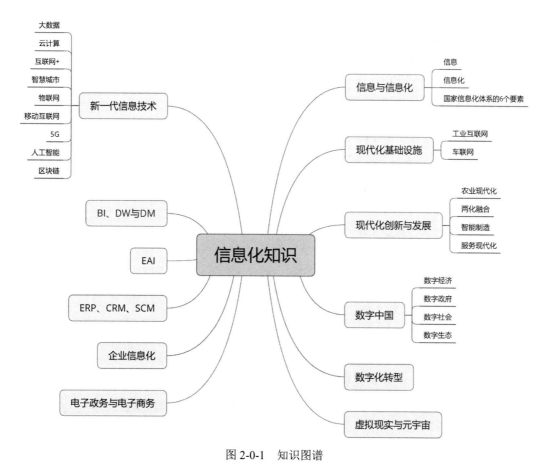

图 2-0-1　知识图谱

2.1 信息与信息化

2.1.1 信息

诺伯特·维纳（Norbert Wiener）给出的定义是："信息就是信息，既不是物质也不是能量。"克劳德·香农（Claude Elwood Shannon）给出的定义是："信息就是不确定性的减少。"

信息的传输模型如图 2-1-1 所示。

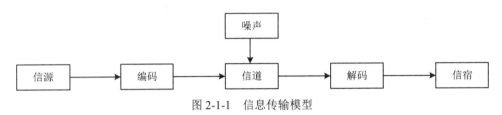

图 2-1-1 信息传输模型

（1）信源：信息的来源。
（2）编码：把信息变换成讯息的过程，这是按一定的符号、信号规则进行的。
（3）信道：信息传递的通道，是将信号进行传输、存储和处理的媒介。
（4）噪声：信息传递中的干扰，将对信息的发送与接收产生影响，使两者的信息意义发生改变。
（5）解码：信息编码的相反过程，把讯息还原为信息的过程。
（6）信宿：信息的接收者。

信息具有价值，价值大小取决于信息的质量。质量属性包括：
（1）精确性：对事物描述的精准程度。
（2）完整性：对事物描述的全面性，完整信息包括所有重要事实。
（3）可靠性：信息的来源、收集、传输是可信任、符合预期的。
（4）及时性：指获得信息的时刻与事件发生时刻的间隔长短。
（5）经济性：指信息获取、传输的成本是可以接受的。
（6）可验证性：指信息的主要质量属性可以被证实或者证伪的程度。
（7）安全性：指在信息的生命周期中，信息可以被非授权访问的可能性，可能性越低，安全性越高。

2.1.2 信息化

关于信息化，业内还没有严格的统一的定义，但常见的有以下几种：信息化就是**计算机、通信和网络技术**的现代化；信息化就是从物质生产占主导地位的社会向**信息产业**占主导地位的社会转变的发展过程；信息化就是从工业社会向**信息社会**演进的过程。

信息化是不断运用信息技术改造、支持人类的各类经济活动、社会活动、社会结构，不断接近理想状态的持续性活动。信息技术是在信息科学的基本原理和方法下的关于一切信息的产生、传输、发送、接收等应用技术的总称。

（1）组织信息化。组织信息化是指各行业领域的组织在生产、销售、服务、运营等各环节中广泛应用信息技术、大力培养信息人才、建设信息系统、提供信息服务。

组织信息化的趋势有：产品信息化、产业信息化、社会生活信息化、国民经济信息化。

（2）国家信息化。《"十四五"国家信息化规划》依据《中华人民共和国国民经济和社会发展第十四个五年规划和 2035 年远景目标纲要》《国家信息化发展战略纲要》等制定，是"十四五"国家规划体系的重要组成部分，对我国"十四五"时期信息化发展作出了部署安排，是指导"十四五"期间各地区、各部门信息化工作的行动指南。

《"十四五"国家信息化规划》围绕确定的发展目标，部署了 10 项重大任务：①建设泛在智联的数字基础设施体系；②建立高效利用的数据要素资源体系；③构建释放数字生产力的创新发展体系；④培育先进安全的数字产业体系；⑤构建产业数字化转型发展体系；⑥构筑共建共治共享的数字社会治理体系；⑦打造协同高效的数字政府服务体系；⑧构建普惠便捷的数字民生保障体系；⑨拓展互利共赢的数字领域国际合作体系；⑩建立健全规范有序的数字化发展治理体系，并明确了 5G 创新应用工程等 17 项重点工程作为落实任务的重要抓手。未来一段时间内，我国信息化的发展重点在数据治理、密码区块链技术、信息互联互通、智能网联和网络安全等方面。

2.1.3 国家信息化体系的 6 个要素

国家信息化体系的 6 个要素关系如图 2-1-2 所示。

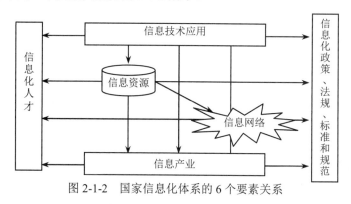

图 2-1-2 国家信息化体系的 6 个要素关系

（1）**信息资源**。是国家信息化的**核心任务**、国家信息化建设取得实效的关键。信息、材料和能源共同构成经济和社会发展的三大战略资源。

信息资源具有广泛性，人们对其检索和利用不受时间、空间、语言、地域和行业的制约；信息资源具有流动性，通过信息网可以快速传输；信息资源具有融合性，整合不同的信息资源，并分析和挖掘，可以得到比分散信息资源更高的价值。信息资源具有非同质性，具有独特性。

（2）**信息网络**。信息网络是信息资源开发、利用的基础设施，是**信息资源开发和信息技术应用的基础**，是信息传输、交换、共享的**手段**。信息网络包括**计算机网络**、**电信网**、**电视网**等。信息网络在国家信息化的过程中将逐步实现三网融合，并最终做到三网合一。

（3）**信息技术应用**。信息技术应用属于体系中的**龙头**，是国家信息化中十分重要的要素，它直接反映了效率、效果和效益。

（4）**信息产业**。信息产业是信息化的**基础**。信息产业包括微电子、计算机、电信等产品和技术的开发、生产、销售，以及软件、信息系统开发和电子商务等。

（5）**信息化人才**。人才是信息化的**成功之本**，而合理的人才结构更是信息化人才的**核心和关键**。合理的信息化人才结构要求不仅要有各个层次的信息化技术人才，还要有精干的信息化管理人才、营销人才，法律、法规和情报人才。首席信息官（Chief Information Officer，CIO）是企业最高管理层的重要成员之一。

（6）**信息化政策、法规、标准和规范**。信息化政策和法规、标准、规范、协调信息化体系各要素，是国家信息化快速、有序、健康和持续发展的**根本**保障。

【辅导专家提示】国家信息化体系的 6 个要素参考记忆口诀：**"资网技产人政"**。

2.2 现代化基础设施

2018 年 12 月，中央经济工作会议提出"加快 5G 商用步伐，加强人工智能、工业互联网、物联网等新型基础设施建设"，这是"新基建"概念首次出现在中央层面的会议中。

新型基础设施主要包括以下 3 个方面的内容：

（1）信息基础设施。指利用新一代信息技术衍生的基础设施，包括通信网络基础设施（包含物联网、工业互联网、卫星互联网、5G 等）、新技术基础设施（包含云计算、人工智能、区块链等）、算力基础设施（包含数据中心、智能计算中心等）。

（2）融合基础设施。深度应用大数据、人工智能、网络等技术，将传统基础设施升级为融合型基础设施。例如，智慧城市基础设施、智能交通基础设施、智慧电网基础设施等。

（3）创新基础设施。支持科学研究、技术和产品研发的公益性基础设施。比如，科技和教育基础设施、产业创新平台等。

2.2.1 工业互联网

工业互联网（Industrial Internet）是新一代信息通信技术与工业经济深度融合的新型基础设施、应用模式和工业生态，通过对人、机、物、系统等的全面连接，构建起覆盖全产业链、全价值链的全新制造和服务体系，为工业乃至产业数字化、网络化、智能化发展提供了实现途径，是第四次工业革命的重要基石。

工业互联网包含了网络、平台、数据、安全四大体系。

（1）网络是基础。工业互联网网络体系包含网络互联、数据互通和标识解析等。网络互联实现工业互联网各要素的互联与数据传输；数据互通主要是指标准化描述数据；标识解析是指统一标记（编码）、管理和定位要素。

（2）平台是中枢。工业互联网平台包括边缘层、IaaS、PaaS 和 SaaS。工业互联网平台的作用是数据汇聚、建模分析、知识复用、应用创新等。

（3）数据是要素。数据是实现数字化、智能化的基础。工业互联网数据的特性有重要性、专业性、复杂性。

（4）安全是保障。工业互联网安全涉及网络、设备、控制、数据等方面的安全，核心任务就是通过检测与评估、预防与预警、测试、应急响应等方式确保工业互联网安全。典型的工业互联网应用模式有平台化设计、智能化制造、网络化协同、个性化定制、服务化延伸、数字化场景。

2.2.2 车联网

车联网（Internet of Vehicles，IoV）是一种通过无线网络、传感器等技术，将汽车与互联网、其他车辆、道路基础设施和云端服务连接起来，实现车辆之间、车辆和环境之间的智能交互的技术和应用。车联网是一个"端管云"三层结构体系，具体如图2-2-1所示。

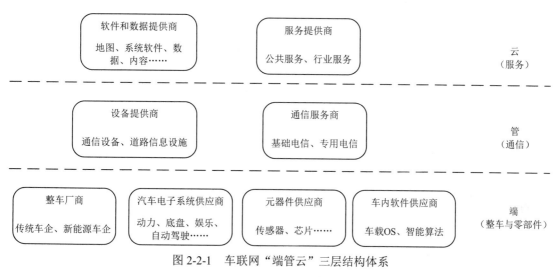

图 2-2-1 车联网"端管云"三层结构体系

（1）端：车内网络平台，该层面以制造业产业角色为主，负责采集车辆信息、感知车辆状态。

（2）管：车际网平台，该层面制造业和服务业产业角色比较均衡，解决车与路、车与人、车与车、车与网等的互联互通。

（3）云：车载移动互联网，该层面以服务业产业为主，是一个基于云的车辆运行信息平台。

2.3 现代化创新与发展

2.3.1 农业现代化

"三农"工作是全面建设社会主义现代化国家的重中之重。国务院为贯彻落实《中华人民共和国国民经济和社会发展第十四个五年规划和2035年远景目标纲要》，坚持农业农村优先发展，全面推进乡村振兴，加快农业农村现代化，特编制了《国务院关于印发"十四五"推进农业农村现代化规划的通知》（国发〔2021〕25号），其中的要点有：推进农业农村现代化，必须立足国情农情特点；推进农业农村现代化，必须立足农业产业特性；推进农业农村现代化，必须立足乡村地域特征；

开展农业关键核心技术攻关；加强农业战略科技力量建设；促进科技与产业深度融合；加强乡村信息基础设施建设；发展智慧农业；推进乡村管理服务数字化等。

农业现代化是指由传统农业转变为现代农业，用现代科学技术和现代工业来装备农业，用现代经济科学来管理农业，创造一个高产、优质、低耗的农业生产体系和一个合理利用资源又保护环境的、有较高转化效率的农业生态系统。农业信息化是农业现代化的重要技术手段。

乡村振兴是包括产业振兴、人才振兴、文化振兴、生态振兴、组织振兴的全面振兴。

2.3.2 两化融合

两化融合是将信息化与工业化充分交汇融合，推进数据、技术、业务流程、组织结构的互动创新和持续优化，充分挖掘资源配置潜力。两化融合**核心**是**不断打造信息化支撑**，形成可持续竞争优势，实现创新发展、智能发展和绿色发展的过程。

信息化与工业化的融合方向有：工业技术与信息技术的融合；信息产品技术和工业产品的融合；信息技术与企业生产、管理、营销环节的融合；融合而形成新的产业。

2.3.3 智能制造

智能制造（Intelligent Manufacturing，IM）是一种由智能机器和人类专家共同组成的人机一体化智能系统，贯穿于设计、生产、管理、服务等制造活动的各个环节，它在制造过程中能进行智能活动，诸如学习、推理、判断、决策、执行等。

《智能制造能力成熟度模型》（GB/T 39116—2020）分为 5 个等级，具体如图 2-3-1 所示。

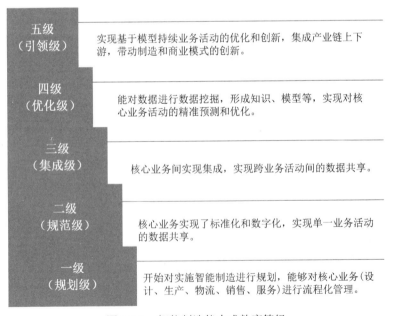

图 2-3-1　智能制造能力成熟度等级

《智能制造能力成熟度模型》（GB/T 39116—2020）中明确了智能制造能力建设服务涵盖能力

要素、能力域和能力子域三个方面,具体如图 2-3-2 所示。

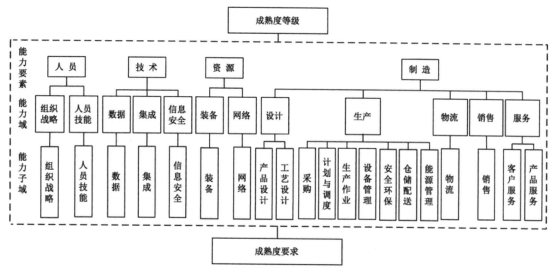

图 2-3-2　智能制造能力成熟度模型

2.3.4　服务现代化

服务现代化是使用信息技术手段,提升服务效能、质量,降低风险,优化成本,促进服务创新。

消费互联网是以个人为用户,以日常生活为应用场景的应用形式,满足消费者在互联网中的消费需求而生的互联网类型。消费互联网属性包括媒体属性、产业属性。

2.4　数字中国

该小节包含的知识点有数字经济、数字政府、数字社会、数字生态等。

2.4.1　数字经济

数字经济是借助信息、通信技术,促进数字技术与实体经济的融合,推动产业发展与升级,是一种新的技术经济范式。数字经济是工业、农业经济之后的更高级的经济形态。

范式是指那些公认的科学成就,在一段时间里为实践共同体提供典型的问题和解答。

技术范式是基于自然科学原理的,用于解决某种经济问题的一种模式。

数字经济包括数字产业化、产业数字化、数字化治理和数据价值化 4 个部分。数字经济组成具体见表 2-4-1。

2.4.2　数字政府

数字政府是指以新一代信息技术为支撑,以"业务数据化、数据业务化"为着力点,通过数据驱动重塑政务信息化管理架构、业务架构和组织架构,形成用"数据决策、数据服务、数据创新"的现代化治理模式。数字政府的特征有协同化、云端化、智能化、数据化、数字化、动态化。数字政府的重点内容是"一网通办""跨省通办""一网统管"。

表 2-4-1 数字经济组成

组成部分	定义	具体内容
数字产业化	为产业数字化发展提供数字技术、产品、服务、基础设施和解决方案，以及完全依赖于数字技术、数据要素的各类经济活动。数字产业化是数字经济的基础部分	云计算、物联网、工业物联网、区块链、人工智能、虚拟现实和增强现实等
产业数字化	基于新一代数字技术，以数据为关键要素，以价值释放为核心，以数据赋能为主线，对产业链上下游的全要素进行数字化升级、转型和再造的过程。产业数字化是实现数字经济和传统经济深度融合发展的重要途径，是数字经济发展的必由之路和战略抉择	以数据资源为关键生产要素；以数字科技变革生产工具；以数字内容重构产品结构；以服务平台为产业生态载体；以信息网络为市场配置纽带；以数字善治为发展机制
数字化治理	依托互联网、大数据、人工智能等技术，推进社会治理的科学化、精细化、高效化，创新社会治理方法，助力社会治理现代化	用数据说话、用数据决策、用数据管理、用数据创新。数字化治理的内涵包含对数据、运用数据及数字融合空间进行治理
数据价值化	以数据资源化为起点，经历数据资产化、数据资本化阶段，实现数据价值化的经济过程。数据资源化使无序、混乱的原始数据成为有序、有使用价值的数据资源；数据资产化使得数据通过流通交易给使用者或者所有者带来经济利益；数据资本化是拓展数据价值的途径，本质是实现数据要素社会化配置，数据资本化有数据信贷融资与数据证券化两种形式	包括但不限于数据标准、数据采集、数据标注、数据确权、数据定价、数据交易、数据流转、数据保护等

2.4.3 数字社会

数字社会是以构筑全民畅享的数字生活为目标，以数字化、网络化、大数据、人工智能等当代信息科技的快速发展和广泛应用为支撑，通过数据驱动推动产业发展、公共服务以及社会生活等领域数字业态变革型成长，形成全连接、全共享、全融合、全链条的数字社会形态。

数字社会的内容包含数字民生、智慧城市、数字乡村、数字生活等。

2.4.4 数字生态

数字生态是数字时代下，政府、企业和个人等社会经济主体通过数字化、信息化和智能化等技术，进行连接、沟通、互动与交易等活动，形成围绕数据流动循环、相互作用的社会经济生态系统。

2.5 数字化转型

数字化转型是建立在数字化转换、数字化升级的基础上，进一步触及公司核心业务，以新建一种商业模式为目标的高层次转型。

2.6 虚拟现实与元宇宙

虚拟现实技术（Virtual Reality，VR）是一种可以创建和体验虚拟世界的仿真系统。虚拟现实技术的主要特征包括**交互性、沉浸性、构想性（想象性）、多感知性、自主性**等。

元宇宙（Metaverse）是人类运用数字技术构建的、由现实世界映射或超越现实世界的、可与现实世界交互的、具备新型社会体系的数字生活空间。元宇宙的特征包括**沉浸式体验、虚拟身份、虚拟经济、虚拟社会**治理等。

2.7 电子政务与电子商务

1. 电子政务

电子政务实质上是对现有的政府形态的一种改造，即利用信息技术和其他相关技术，来构造更适合信息时代政府的组织结构和运行方式。

电子政务有以下几种表现形态：

（1）政府与政府，即 **G2G**，2 表示 to 的意思，G 即 Government。政府与政府之间的互动包括中央和地方政府组成部门之间的互动。

（2）政府对企业，即 **G2B**，B 即 Business。政府面向企业的活动主要包括政府向企（事）业单位发布的各种方针。

（3）政府对居民，即 **G2C**，C 即 Citizen。政府对居民的活动实际上是政府面向居民所提供的服务。

（4）企业对政府，即 **B2G**。企业面向政府的活动包括企业应向政府缴纳的各种税款，按政府要求应该填报的各种统计信息和报表，参加政府各项工程的竞、投标，向政府供应各种商品和服务，以及就政府如何创造良好的投资和经营环境，如何帮助企业发展等提出企业的意见和希望，反映企业在经营活动中遇到的困难，提出可供政府采纳的建议，向政府申请可能提供的援助等。

（5）居民对政府，即 **C2G**。居民对政府的活动除了包括个人应向政府缴纳的各种税款和费用，按政府要求应该填报的各种信息和表格，以及缴纳各种罚款外，更重要的是开辟居民参政、议政的渠道，使政府的各项工作不断得以改进和完善。

（6）政府到政府雇员，即 G2E，E 即 Employee。政府机构利用 Intranet 建立起有效的行政办公和员工管理体系，以提高政府工作效率和公务员管理水平。

2. 电子商务

电子商务是指买卖双方利用现代开放的**因特网**，按照一定的标准所进行的各类商业活动。主要包括**网上购物、企业之间的网上交易**和**在线电子支付**等新型的商业运营模式。

电子商务的表现形式主要有如下 4 种：①企业对消费者，即 **B2C**（Business to Customer）；②企业对企业，即 **B2B**（Business to Business）；③消费者对消费者，即 **C2C**（Customer to Customer）；④线上到线下，即 **O2O**（Online to Offline），指将线下的商务机会与互联网结合。

电子商务系统架构中，报文和信息传播的基础设施包括电子邮件系统、在线交流系统、基于 HTTP 或 HTTPS 的信息传输系统、流媒体系统等。

【攻克要塞专家提示】可以看到电子商务的表现形式中没有出现政府（G）。

2.8 企业信息化

企业信息化一定要建立在**企业战略规划**基础之上，以企业战略规划为基础建立的**企业管理模式**是建立企业战略数据模型的依据。企业信息化就是**技术**和**业务**的融合。这个"融合"并不是简单地利用信息系统对手工的作业流程进行自动化，而是需要从**企业战略的层面**、**业务运作层面**、**管理运作层面**这三个层面来实现。

企业信息化是指企业以**业务流程**的优化和重构为基础，在一定的深度和广度上利用**计算机技术**、**网络技术**和**数据库技术**，控制和集成化管理企业生产经营活动中的各种信息，实现企业内外部信息的共享和有效利用，以提高企业的经济效益和市场竞争力，这涉及对**企业管理理念**的创新、**管理流程**的优化、管理团队的重组和管理手段的革新。

2.9 ERP、CRM、SCM

1. ERP（Enterprise Resource Planning）

ERP 就是一个有效地组织、计划和实施企业的内外部资源的管理系统，它依靠 **IT** 的手段以保证其信息的**集成性**、**实时性**和**统一性**。

ERP 扩充了管理信息系统（Management Information System，MIS）、制造资源计划（Manufacturing Resources Planning，MRPII）的管理范围，将供应商和企业内部的采购、生产、销售及**客户**紧密联系起来，可对**供应链**上的所有环节进行有效管理，实现对企业的动态控制和各种资源的集成和优化，提升基础管理水平，追求**企业资源**的合理高效利用。

2. CRM（Customer Relationship Management）

CRM 建立在坚持以**客户**为中心的理念的基础上，利用软件、硬件和网络技术，为企业建立的一个客户信息收集、管理、分析、利用的信息系统，其目的是能够改进客户满意度、增加客户忠诚度。

市场营销和**客户服务**是 CRM 的支柱性功能。这些是客户与企业联系的主要领域，无论这些联系发生在售前、售中还是售后。**共享的客户资料库**把市场营销和客户服务连接起来，集成整个企业的客户信息，使企业从部门化的客户联络提高到与客户协调一致的高度。

一般说来，CRM 由两部分构成，即**触发中心**和**挖掘中心**，前者指客户和 CRM 通过电话、传真、Web、E-mail 等多种方式"触发"进行沟通；后者则是指 CRM 记录交流沟通的信息并进行智能分析。

3. SCM（Supply Chain Management）

供应链是围绕核心企业，通过对**信息流**、**物流**、**资金流**、**商流**的控制，从采购原材料开始，制成中间产品及最终产品，最后由销售网络把产品送到消费者手中的将供应商、制造商、分销商、零售商、直到最终用户连成一个整体的功能网链结构。它不仅是一条连接供应商到用户的物流链、信息链、资金链，而且是一条**增值链**，物料在供应链上因加工、包装、运输等过程而增加其价值，给相关企业带来收益。

2.10 EAI

企业应用集成（Enterprise Application Integration，EAI）是将基于各种不同平台，用不同方案建立的异构应用集成的一种方法和技术。EAI通过建立底层结构来联系横贯整个企业的异构系统、应用、数据源等，完成在企业内部ERP、CRM、SCM、数据库、数据仓库，以及其他重要的内部系统之间无缝共享和交换数据的需要。

系统集成关心的是个体和系统的所有硬件与软件之间各种人/机界面的一致性，系统集成栈如图2-10-1所示。

图 2-10-1 系统集成栈

（1）数据集成：处于系统集成栈中间层，共享数据，但不存储数据。

（2）应用集成：实现工作流层面的应用连接，处于系统集成栈最上层，主要解决应用的互操作性的问题。互操作性是指可以在对等层次上进行有效的信息交换。应用集成对存储空间和算力的要求不高，可以在云端部署，也可以在有防火墙的本地端部署，还可以在云端与本地端混合部署。

应用集成的技术要求包含具备应用间的互操作性、具备分布式环境中应用的可移植性、具备系统中应用分布的透明性等。应用集成可以使用的技术包括应用编程接口、事件驱动型操作、数据映射等。

（3）网络集成：处于系统集成栈最低层，互联底层的不同厂家的网络设备，实现异构和异质网络系统的互连。

2.11 BI、DW 与 DM

商业智能（Business Intelligence，BI）是企业对商业数据的搜集、管理和分析的系统过程，目的是使企业的各级决策者获得知识或洞察力，帮助他们做出对企业更有利的决策，是数据仓库、联机分析处理（OnLine Analytical Processing，OLAP）和数据挖掘（Data Mining，DM）等相关技术走向商业应用后形成的一种应用技术。

数据仓库（Data Warehouse，DW）是一个**面向主题的、集成的、非易失的、反映历史变化的数据集合**，用于支持**管理决策**。

数据仓库的特征如下：

（1）数据仓库是面向主题的。传统的操作型系统是围绕公司的应用进行组织的，如对一个电信公司来说，应用问题可能是营业受理、专业计费和客户服务等，而主题范围可能是客户、套餐、缴费和欠费等。

（2）数据仓库是集成的。数据仓库实现数据由面向应用的操作型环境向面向分析的数据仓库的集成。由于各个应用系统在编码、命名习惯、实际属性、属性度量等方面不一致，当数据进入数据仓库时，要采用某种方法来消除这些不一致性。

（3）数据仓库是非易失的。数据仓库的数据通常是一起载入与访问的，在数据仓库环境中并不进行一般意义上的数据更新。

（4）数据仓库随时间的变化性。数据仓库随着时间变化不断增加新的数据内容。

商业智能的实现有三个层次，分别是数据报表、多维数据分析和数据挖掘。

数据报表把数据库中的数据转为业务人员所需要的信息。

多维数据分析基于多维数据库的多维分析，多维数据库把数据仓库的数据进行多维建模，简单来说，多维数据库将数据存放入一个 n 维数组，而不是像关系数据库一样以记录形式存放，多维数据库比传统关系型数据库能更好地实现 OLAP。

数据挖掘就是从存放在数据库、数据仓库或其他信息库中的大量的数据中获取有效的、新颖的、潜在有用的、最终可理解的模式的非平凡过程。

数据挖掘技术可分为**描述型数据挖掘**和**预测型数据挖掘**两种。描述型数据挖掘包括数据总结、聚类及关联分析等。预测型数据挖掘包括分类、回归及时间序列分析等。

（1）数据总结：继承于数据分析中的统计分析。数据总结的目的是对数据进行浓缩，给出它的紧凑描述。传统统计方法如求和值、平均值、方差值等都是有效方法。另外，还可以用直方图、饼状图等图形方式表示这些值。广义上讲，多维分析也可以归入这一类。

（2）聚类：是把整个数据库分成不同的群组。它的目的是使群与群之间的差别变得明显，而同一个群之间的数据尽量相似，这种方法通常用于客户细分。由于在开始细分之前不知道要把用户分成几类，因此通过聚类分析可以找出客户特性相似的群体，如客户消费特性相似或年龄特性相似等。在此基础上可以制订一些针对不同客户群体的营销方案。

（3）关联分析：是寻找数据库中值的相关性。两种常用的技术是关联规则和序列模式。关联规则是寻找在同一个事件中出现的不同项的相关性；序列模式与此类似，寻找的是事件之间在时间上的相关性，如对股票涨跌的分析等。

（4）分类：目的是构造一个分类函数或分类模型（也称为分类器），该模型能把数据库中的数据项映射到给定类别中的某一个。要构造分类器，需要有一个训练样本数据集作为输入。训练集由一组数据库记录或元组构成，每个元组是一个由有关字段（又称属性或特征）值组成的特征向量，此外，训练样本还有一个类别标记。一个具体样本的形式可表示为（$v_1, v_2, \cdots, v_i; c$），其中 v_i 表示字段值，c 表示类别。

（5）回归：是通过具有已知值的变量来预测其他变量的值。一般情况下，回归采用的是线性回归、非线性回归这样的标准统计技术。一般同一个模型既可用于回归，也可用于分类。常见的算法有逻辑回归、决策树、神经网络等。

（6）时间序列：时间序列是用变量过去的值来预测未来的值。

数据归约是在理解挖掘任务、熟悉数据内容、尽可能保持数据原貌的前提下，尽可能地精简数据。数据归约主要有两个途径：属性选择和数据采样，分别对应原始数据集中的属性和记录。这样就可以降低数据分析与挖掘的难度，又不影响分析结果。

2.12 新一代信息技术

新一代信息技术产业是随着人们日趋重视信息在经济领域的应用以及信息技术的突破，在以往微电子产业、通信产业、计算机网络技术和软件产业的基础上发展而来，一方面具有传统信息产业应有的特征，另一方面又具有时代赋予的新特点。

《国务院关于加快培育和发展战略性新兴产业的决定》中列出了七大国家战略性新兴产业体系，其中包括"新一代信息技术产业"。关于发展"新一代信息技术产业"的主要内容是："加快建设宽带、泛在、融合、安全的信息网络基础设施，推动新一代移动通信、下一代互联网核心设备和智能终端的研发及产业化，加快推进三网融合，促进物联网、云计算的研发和示范应用。着力发展集成电路、新型显示、高端软件、高端服务器等核心基础产业。提升软件服务、网络增值服务等信息服务能力，加快重要基础设施智能化改造。大力发展数字虚拟等技术，促进文化创意产业发展。"

大数据、云计算、互联网+、智慧城市等都属于新一代信息技术。

2.12.1 大数据

大数据（Big Data）：指无法在一定时间范围内用常规软件工具进行捕捉、管理和处理的数据集合，是需要新处理模式才能具有更强的决策力、洞察发现力和流程优化能力的海量、高增长率和多样化的信息资产。

（1）大数据特点。大数据的5V特点（IBM提出）：Volume（大量）、Velocity（高速）、Variety（多样）、Value（低价值密度）、Veracity（真实性）。

（2）大数据关键技术。大数据关键技术有：

- 大数据存储管理技术：谷歌文件系统 GFS、Apache 开发的分布式文件系统 Hadoop、非关系型数据库 NoSQL（谷歌的 BigTable、Apache Hadoop 项目的 HBase）。Bigtable 属于结构化的分布式数据库；HBase 属于非结构化的分布式数据库，HBase 基于列而非行。

- 大数据并行计算技术与平台：谷歌的 MapReduce、Apache Hadoop Map/Reduce 大数据计算软件平台。MapReduce 是简化的分布式并行编程模式，主要用于大规模并行程序并行问题。MapReduce 模式的主要思想是自动将一个大的计算（如程序）拆解成 Map（映射）和 Reduce（化解）的方式。

- 大数据分析技术：对海量的结构化、半结构化数据进行高效的深度分析；对非结构化数据进行分析,将海量语音、图像、视频数据转为机器可识别的、有明确语义的信息。主要技术有人工神经网络、机器学习、人工智能系统。

- 大数据管理技术:包含大数据存储、大数据协同和安全隐私等技术方向。

(3)其他技术。

Flume:一个高可用、高可靠、分布式的海量日志采集、聚合和传输的系统。

Kafka:Apache 组织利用 Scala 和 Java 开发编写的开源流处理平台,是一种高吞吐量的分布式发布订阅消息系统。Kafka 是一个分布式消息队列,生产者向队列里写消息,消费者从队列里取消息。

Spark 是一个开源的类 Hadoop MapReduce 的通用并行框架,利用 Scala 语言实现。Spark 具有 Hadoop MapReduce 所具有的优点;但 Spark 能更适用于数据挖掘与机器学习等需要迭代的 MapReduce 的算法。Spark 在某些工作负载方面表现得更加优越。

2.12.2 云计算

云计算通过建立网络服务器集群,将大量通过网络连接的软件和硬件资源进行统一管理和调度,构成一个计算资源池,从而使用户能够根据所需从中获得诸如在线软件服务、硬件租借、数据存储、计算分析等各种不同类型的服务,并按资源使用量进行付费。云计算具有超大规模、虚拟化、高可靠性、通用性、高可扩展性、按需服务、廉价、包含潜在威胁等特点。

云计算服务提供的资源层次可以分为 IaaS、PaaS、SaaS:

(1)基础设施即服务(Infrastructure as a Service,IaaS):通过 Internet 可以从完善的计算机基础设施获得服务。

(2)平台即服务(Platform as a Service,PaaS):把服务器平台作为一种服务提供的商业模式。PaaS 向用户提供虚拟的操作系统、数据库管理系统等服务,满足用户个性化的应用部署需求。

(3)软件即服务(Software as a Service,SaaS):通过 Internet 提供软件的模式,厂商将应用软件统一部署在自己的服务器上,客户可以根据自己的实际需求,通过互联网向厂商订购所需的应用软件服务,按订购的服务多少和时间长短向厂商支付费用,并通过互联网获得厂商提供的服务。

云计算的关键技术包含虚拟化、云存储、多租户和访问控制管理、云安全等。

(1)虚拟化。虚拟化技术是一种资源管理技术,它将计算机的各种实体资源,如服务器、网络、内存及存储等,进行抽象和转换,从而打破实体结构间的不可切割障碍,使用户能够以更灵活、高效的方式应用这些资源。

容器(Container)是一种虚拟化技术,它允许将应用程序及其依赖项打包到一个独立的、可移植的运行时环境中,从而实现应用程序的快速部署和管理。

(2)云存储。云存储技术是一种将数据存储在云端服务器上的技术,用户可以通过互联网访问和管理自己的数据。与传统的本地存储方式相比,云存储具有高可靠性、高可扩展性、灵活性、高速的数据传输速度和低延迟等特点。

(3)多租户和访问控制管理。云计算环境中,通过访问控制隔离资源,保证信息安全。避免租户通过攻击共享的底层物理资源获取非法信息。

（4）云安全。主要涉及云计算安全性、保障云基础设施的安全性、云安全技术服务等方向。云原生架构模式主要有服务化架构、Mesh化架构、Serverless、存储计算分离、分布式事务、可观测、事件驱动等。

2.12.3 互联网+

通俗地讲，"互联网+"就是"互联网+各个传统行业"，但这并不是简单的两者相加，而是利用信息通信技术以及互联网平台，让互联网与传统行业进行深度融合，创造新的发展生态。

2.12.4 智慧城市

智慧城市就是运用信息和通信技术手段感测、分析、整合城市运行核心系统的各项关键信息，从而对包括民生、环保、公共安全、实现城市服务、工商业活动在内的各种需求做出智能响应。智慧城市是以互联网、物联网、电信网、广电网、无线宽带网等网络组合为基础，以智慧技术高度集成、智慧产业高端发展、智慧服务高效便民为主要特征的城市发展新模式。智慧城市典型应用领域包括智能交通（包含智能公交车、共享单车、车联网、智慧停车、智能红绿灯、汽车电子标识、充电桩、高速无感收费等）、智慧物流（包含仓储管理、运输监测、冷链物流等）、智慧建筑（包含照明用电、消防监测、智慧电梯、楼宇监测等）、智能安防（包含门禁系统、监控系统、报警系统等）、智慧能源环保（包含智能水表、智能电表、智能燃气表、智慧路灯等）、智能医疗、智能家居和智能零售等。

智慧城市建设参考模型包含具有依赖关系的5层及3个支撑体系。

（1）具有依赖关系的5层：物联感知层、通信网络层、计算与存储层、数据及服务支撑层、智慧应用层。

- 物联感知层：利用监控、传感器、GPS、信息采集等设备，对城市的基础设施、环境、交通、公共安全等信息进行识别、采集、监测。
- 通信网络层：基于电信网、广播电视网、城市专用网、无线网络（例如WiFi）、移动4G为主要接入网，组成通信基础网络。
- 计算与存储层：包括软件资源、存储资源、计算资源。
- 数据及服务支撑层：借助面向服务的体系架构（SOA）、云计算、大数据等技术，通过数据与服务的融合，支持智慧应用层中的各类应用，提供各应用所需的服务、资源。
- 智慧应用层：各种行业、领域的应用，如智慧交通、智慧园区、智慧社区等。

（2）3个支撑体系：安全保障体系、建设和运营管理体系、标准规范体系。

2.12.5 物联网

物联网（Internet of Things），顾名思义就是"物物相联的互联网"。以互联网为基础，将数字化、智能化的物体接入其中，实现自组织互联，是互联网的延伸与扩展；通过嵌入到物体上的各种数字化标识、感应设备，如RFID标签、传感器、响应器等，使物体具有可识别、可感知、交互和响应的能力，并通过与Internet的集成实现物物相联，构成一个协同的网络信息系统。

物联网的发展离不开物流行业支持，而物流成为物联网最现实的应用之一。物流信息技术是指运用于物流各个环节中的信息技术。根据物流的功能和特点，物流信息技术包括条码技术、RFID

技术、EDI 技术、GPS 技术和 GIS 技术。

物联网的架构可分为如下三层：

（1）感知层：负责信息采集和物物之间的信息传输，信息采集的技术包括传感器、条码和二维码、RFID 射频技术、音视频等信息；信息传输包括远近距离数据传输技术、自组织组网技术、协同信息处理技术、信息采集中间件技术等传感器网络。

（2）网络层：利用无线和有线网络对采集的数据进行编码、认证和传输，广泛覆盖的移动通信网络是实现物联网的基础设施。

（3）应用层：提供丰富的基于物联网的应用，是物联网发展的根本目标。

各个层次所用的公共技术包括编码技术、标识技术、解析技术、安全技术和中间件技术。

2.12.6 移动互联网

移动互联网，就是将移动通信和互联网二者结合起来，成为一体。是指互联网的技术、平台、商业模式和应用与移动通信技术结合并实践的活动的总称。

移动互联网技术有：

（1）SOA（面向服务的体系结构）：SOA 是一个组件模型，是一种粗粒度、低耦合服务架构，服务之间通过简单、精确定义结构进行通信，不涉及底层编程接口和通信模型。

（2）Web 2.0：Web 2.0 相对于 Web 1.0，用户参与度更高、更加个性化、消息更加灵通。Web 2.0 是由用户主导而生成内容的互联网产品模式。

在 Web 2.0 模式下，可以不受时间和地域的限制分享、发布各种观点；在 Web 2.0 模式下，聚集的是对某个或者某些问题感兴趣的群体；平台对于用户来说是开放的，而且用户因为兴趣而保持比较高的忠诚度，他们会积极地参与其中。

（3）HTML 5：互联网核心语言、超文本标记语言（HTML）的第五次重大修改。HTML 5 的设计目的是在移动设备上支持多媒体。

（4）Android：一种基于 Linux 的自由及开放源代码的操作系统，主要使用于移动设备。

（5）iOS：由苹果公司开发的移动操作系统。

2.12.7　5G

5G 网络作为第五代移动通信网络，其峰值理论传输速度可达每秒数十 Gb，比 4G 网络的传输速度快数百倍，整部超高画质电影可在 1 秒内下载完成。5G 基于正交频分多址（Orthogonal Frequency Division Multiple Access，OFDMA）和多入多出（Multiple Input Multiple Output，MIMO）技术。5G 利用中低频满足网络覆盖和容量的需求；利用高频可在热点区域提升容量，且不占用有限的中低频资源。5G 应用场景包含增强移动宽带、超高可靠低时延通信、海量机器类通信。

2.12.8　人工智能

人工智能（Artificial Intelligence，AI）属于计算机科学的分支，用于模拟、延伸和扩展人的智能的理论、方法、技术。人工智能的研究包括机器人、语言识别、图像识别、自然语言处理和专家系统等。当前人工智能热门应用方向有自动驾驶、智能搜索引擎、人脸识别、智能机器人、虚拟现实等。机器学习研究计算机模拟人类学习行为,以获取新知识,并重新组织已有的知识不断改善自身的性能,是人工智能技术的核心。

人工智能关键技术包含机器学习、自然语言处理、专家系统等。

(1)机器学习。机器学习专门研究计算机模拟或实现人类的学习行为,以获取新的知识或技能,不断改善自身的性能。机器学习涉及概率论、统计学、逼近论、凸分析、算法复杂度等理论。

神经网络是机器学习的一种形式。神经网络是一种模仿生物神经网络(特别是大脑)的结构和功能的数学模型或计算模型。它由大量简单单元(神经元)广泛互连而成,这些单元之间的连接带有权值,可以模拟生物神经网络中神经元之间的交互反应。

(2)自然语言处理。自然语言处理研究如何让计算机能够理解、处理、生成和模拟人类语言的能力,从而实现与人类进行自然对话。自然语言处理的应用包括机器翻译、自动摘要、观点提取、文本分类、问题回答、文本语义对比、语音识别、OCR 等方面。

深度学习技术是自然语言处理的重要技术。

(3)专家系统。模拟人类专家解决领域问题的计算机程序系统。

2.12.9 区块链

区块链(Blockchain)是分布式数据存储、点对点传输、共识机制、加密算法等计算机技术的新型应用模式。

区块链是比特币的底层技术,本质上是一个去中心化的数据库,是使用一串通过密码学方法加密产生的相关联的数据块,每个数据块中包含了一批次比特币网络交易的信息,用于验证其信息的有效性(防伪)和生成下一个区块。区块链是一个分布式共享账本和数据库,区块链上的数据都是公开透明的。区块链可在不可信的网络进行可信的信息交换,共识机制可有效防止记账节点信息被篡改。

区块链的重要技术有:①分布式账本,又称共享账本,是一种可在网络成员之间共享、复制和同步的数据库,用于记录网络参与者之间的交易,比如资产、数据的交换;②加密算法,区块链采用了散列算法(SHA256)和非对称加密算法(RSA、ElGamal、ECC 等);③共识机制,共识是网络上的一组节点确定区块链交易是否有效的过程,共识机制是用于达成共识的方法。

2.13 课堂巩固练习

1. 香农是___(1)___奠基人;信息化就是计算机、通信和___(2)___的现代化。

(1)A. 控制论　　　　B. 信息论　　　　C. 相对论　　　　D. 进化论

(2)A. 网格计算　　　B. 物联网技术　　C. 网络技术　　　D. SOA 技术

【攻克要塞软考研究团队讲评】根据本学时中所学的基础知识,可知香农是信息论的奠基人,控制论的创始人是维纳,相对论由爱因斯坦创立,进化论是达尔文提出的。第(2)空考的是信息化的定义。

参考答案:(1)B　(2)C

2. 国家信息化体系的 6 个要素如图 2-13-1 所示,图中空出的要素是___(3)___。

（3）A．局域网　　　　B．Internet　　　　C．电子商务　　　D．信息网络

【攻克要塞软考研究团队讲评】回想一下国家信息化体系的 6 个要素记忆口诀"资网技产人政"，这里缺少的要素就是"网"了。

参考答案：（3）D

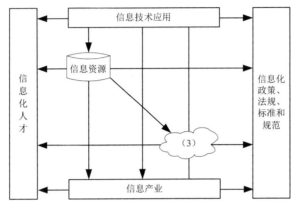

图 2-13-1　国家信息化体系的 6 个要素

3．以下不是电子政务的表现形态的是___（4）___。

（4）A．G2C　　　　B．G2G　　　　C．B2C　　　　D．C2G

【攻克要塞软考研究团队讲评】电子政务的表现形态中必有 G 出现，本题中只有选项 C 没有出现 G。

参考答案：（4）C

4．市场营销和客户服务是 CRM 的支柱性功能。这些是客户与企业联系的主要领域，无论这些联系发生在售前、售中还是售后。___（5）___把市场营销和客户服务连接起来，集成整个企业的客户信息会使企业从部门化的客户联络提高到与客户协调一致的高度。

（5）A．EAI　　　　B．共享的客户资料库　C．Call Center　　　D．客户经理

【攻克要塞软考研究团队讲评】本题考查的是 CRM 的定义和作用。

参考答案：（5）B

5．___（6）___是信息的基础。

（6）A．数据　　　　B．知识　　　　C．事实　　　　D．概念

【攻克要塞软考研究团队讲评】数据是信息的具体表现形式。数据经过加工处理之后，就成为信息；而信息需要经过数字化转变成数据才能存储和传输。数据是信息的关键要素，也是信息的基础。

参考答案：（6）A

6．智能制造能力要素包括___（7）___。

（7）A．人员、技术、生产、资金　　　　B．工艺、产品、销售、服务

　　　C．采购、计划、调度、生产　　　　D．人员、技术、资源、制造

【攻克要塞软考研究团队讲评】《智能制造能力成熟度模型》（GB/T 39116—2020）中明确了智能制造能力建设服务涵盖能力要素、能力域和能力子域三个方面。其中，智能制造能力要素包括人员、技术、资源、制造。

参考答案：（7）D

7. 关于信息与信息化相关概念的描述不正确的是　（8）　。

（8）A．信息技术是研究如何获取信息、处理信息、传输信息和使用信息的技术

　　B．信息技术是信息系统的前提和基础，信息系统是信息技术的应用和体现

　　C．信息、信息化以及信息系统都是信息技术发展不可或缺的部分

　　D．信息技术是在自然哲学原理和方法下的关于一切信息的产生、信息的传输、信息的转化等应用技术的总称

【攻克要塞软考研究团队讲评】信息技术是研究如何获取信息、处理信息、传输信息和使用信息的技术。信息技术是在信息科学的基本原理和方法下的关于一切信息的产生、信息的传输、信息的发送、信息的接收等应用技术的总称。

参考答案：（8）D

第3学时　信息系统服务与服务管理

在这个学时中，要学习的知识点大多出现在上午的试题中，不过作为一名信息系统集成技术与管理的专业人士，就算不考试，掌握本章的知识点也是非常有必要的。在系统集成项目管理工程师新版本的考纲中，增加了不少数据管理、信息系统监理知识，这些知识可能会重新成为系统集成综合知识考试的重点。本学时的知识图谱如图 3-0-1 所示。

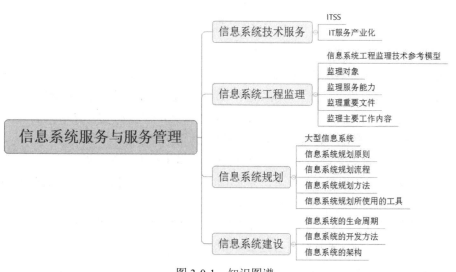

图 3-0-1　知识图谱

3.1 信息系统技术服务

信息系统就是将输入数据经过加工处理后产生信息的系统。信息技术服务（IT 服务）是供方为需方开发、提供应用信息技术服务，并提供支持服务。

3.1.1 ITSS

信息技术服务标准（Information Technology Service Standards，ITSS）是在工信部、国家标准化管理委员会的领导和支持下，由 ITSS 工作组研制的一套 IT 服务领域的标准库和一套提供 IT 服务的方法论。

ITSS 由能力（人员、过程、技术、资源）要素、生命周期（战略规划、设计实现、运营提升、退役终止）要素、管理要素组成。ITSS 组成具体如图 3-1-1 所示。

图 3-1-1 ITSS 组成

- 人员：各种满足要求的人才的总称。
- 过程：过程是一组利用资源将输入转化为输出的活动。过程是提高管理水平，确保服务质量的关键要素，确保供方"正确做事"。IT 服务过程包含交付、安装、测试、需求管理等。
- 技术：满足 IT 服务要求的技术、技术能力，以及分析方法、架构和步骤。
- 资源：提供 IT 服务所需的产生出的有形和无形资产。
- 战略规划：基于组织战略、需求进行的规划工作和设计准备工作。
- 设计实现：定义 IT 服务的体系、特征、组成要素及要素间关联关系，提供服务工具及解决方案。
- 运营提升：实现业务与 IT 服务运营的融合，评审运营，提出优化提升方案。
- 退役终止：对现有 IT 服务进行残余价值分析，规划新的替代的 IT 服务，停止无用的 IT 服务。

3.1.2　IT 服务产业化

IT 服务产业化过程可以分为产品服务化、服务标准化和服务产品化三个阶段。

（1）产品服务化是 IT 服务产业化的前提，可以分为软件即服务、平台即服务、基础设施即服务等方向。

（2）服务标准化是 IT 服务产业化的保障，是对服务过程、规范、制度的统一规定、度量，最终实现交付服务的可复制。IT 服务标准的建设目标包括支撑国家战略、引导产业高质量发展、促进新技术应用创新、指导 IT 服务业务升级、确保标准化工作有序开展等。

（3）服务产品化是 IT 服务产业化的趋势，将 IT 服务从软硬件中独立出来，形成具有可衡量、清晰定价、可视化、规范化、数字化的服务产品。

3.2　信息系统工程监理

信息系统工程监理是指依法设立且具备相应资质的信息系统工程监理单位，**受业主单位**委托，依据国家有关**法律法规**、**技术标准**和信息系统工程监理**合同**，对信息系统工程项目实施的**监督管理**。这个定义要记住几个关键的词语，这样就能够理解得比较深刻：一是监理单位需要具备相应的资质；二是要受业主单位的委托；三是工作的依据是法律法规、技术标准和合同；四是工作性质是监督管理。

可见，监理方的主要职责是要帮助业主合理保证工程质量；协调业主与承建单位之间的关系；提供第三方专业服务。还要注意的是，虽然监理方是受业主方的委托，但又并不听命于业主方，监理方在工作过程中可独立自主地行使监理职责。

项目参与的三方：业主方，又叫建设方，在合同上常体现为甲方，所以有时口头上又称为甲方；承建方，在合同上常体现为乙方，所以有时口头上又称为乙方；监理方，在合同上常体现为丙方，所以有时口头上又称为丙方。

3.2.1　信息系统工程监理技术参考模型

信息系统工程监理的技术参考模型由监理运行周期、监理对象、监理内容、监理支撑要素四个方面组成。具体模型如图 3-2-1 所示。

3.2.2　监理对象

信息系统工程监理对象包括信息安全、信息应用系统、信息资源系统、信息网络系统、运行维护等。

3.2.3　监理服务能力

监理服务能力体系可从人员、技术、资源、流程等方面进行建设。

（1）人员。监理人员主要包括总监理工程师、总监理工程师代表、监理工程师和监理员等。

（2）技术。监理技术主要包括监理工作体系（组织体系、管理体系、文档体系等）、业务流程研究能力、监理技术规范、监理技术（检查、抽查、测试、软件特性分析、旁站）、质量管理体系、监理大纲、监理规划、监理实施细则等。

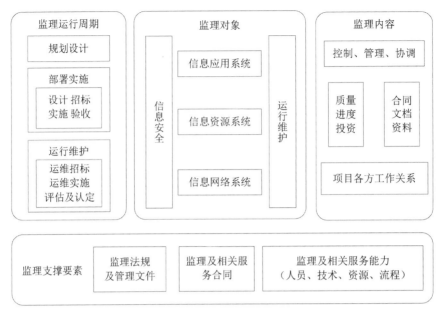

图 3-2-1　信息系统工程监理的技术参考模型

（3）资源。资源包括监理机构、监理设施、监理知识库及监理案例库、检测分析工具及仪器设备、企业管理信息系统等。

（4）流程。包括项目管理体系、客户服务体系、监理制度和流程等。

3.2.4　监理重要文件

3 个最主要的监理文档是**监理大纲、监理规划、监理实施细则**。

（1）监理大纲：监理单位对信息系统工程监理及服务的法律承诺。监理大纲的主要内容包括目标与计划、流程、依据、范围、人员、承诺等。监理大纲由**总监理工程师主持编写，经技术负责人审核，由单位法人代表批准。**

（2）监理规划：实施监理工作的指导性文件。监理规划的主要内容包括目标、范围、内容、依据、方法、制度、设施、组织及人员职责、工程及服务对象概述等。监理规划由**总监理工程师主持制订，经监理单位技术负责人审核批准，由建设单位批准。**

监理规划可作为指导监理单位监理项目部全面开展监理工作的行动纲领、信息系统工程监理主管部门对监理单位实施监督管理的重要依据、建设单位确认监理单位**是否全面认真地履行监理委托合同**的重要依据、监理单位和建设单位重要的存档资料。

（3）监理实施细则：依据监理规划的范围、内容、方法、制度等编制监理细则。监理实施细则是在**总监理工程师的指导或主持下，由监理工程师分别编写，经总监理工程师批准。**

3.2.5　监理主要工作内容

监理的主要工作内容可概括为"四控、三管、一协调"，包括**投资控制、进度控制、质量控制、变更控制**，安全管理、信息管理、合同管理和沟通协调。

【攻克要塞专家提示】监理的主要工作内容参考记忆口诀："投进质变安信合，再加上沟通协调"。

以下工程必须进行项目监理：

（1）国家级、省部级、地市级的信息系统工程。

（2）使用国家政策性银行或者国有商业银行贷款，规定需要实施监理的信息系统工程。

（3）使用国家财政性资金的信息系统工程。

（4）涉及国家安全、生产安全的信息系统工程。

（5）国家法律、法规规定的应当实施监理的其他信息系统工程。

可见大多数与政务、公共体系有关的工程均需要进行监理，那么企业自己的项目需要监理吗？这就要看企业自己的需要了，需要则可申请监理。

3.3 信息系统规划

企业或者组织建设信息系统的前提就是要进行信息系统规划（Information System Planning，ISP），也就是信息化的顶层设计。信息系统规划（又称信息系统战略规划）是企业或组织基于企业战略对信息化建设与应用的全局谋划，包括战略目标、策略和部署等。

3.3.1 大型信息系统

大型信息系统是以信息、通信、网络技术为支撑的，具有规模庞大、跨地域、网络结构复杂、业务种类多、数据量大、用户多等特征的信息系统。

3.3.2 信息系统规划原则

信息系统规划的原则有：需要支持企业战略；整体上偏重高层管理，兼顾其他需求；涉及的各系统结构应有较好的整体性和一致性；大体可采用自顶向下规划、自底向上实现的过程；信息系统应有一定应变能力，能适应企业的组织结构、管理体制的变化；规划应便于实施。

3.3.3 信息系统规划流程

实施企业信息系统规划的流程如下：

（1）分析企业信息化现状：首先明确并理解企业的发展战略，明确各子部门承担的工作以及业务流程；再分析企业信息化现状及已有信息资源（基础设施、数据库、信息化制度、人员等）并进行评估；再次分析信息技术行业的发展与应用现状，以及环境因素影响（法律法规、新技术等）。

（2）制订企业信息化战略：依据企业信息化战略，确定信息化的目标与任务，定义信息化的战略作用，制订工作制度与办法。

（3）拟订信息系统规划方案和设计总体构架：确定技术路线、实施及运维方案等。

3.3.4 信息系统规划方法

信息系统规划方法有企业系统规划法（Business System Planning，BSP）、战略数据规划法、信息工程法。

3.3.5 信息系统规划所使用的工具

信息系统规划的工具很多，以下为几个常用的工具：

（1）PERT 图（Project Evaluation and Review Technique）和甘特图（Gantt）：用于制订计划。PERT 技术也称项目计划评审技术，而 PERT 图是指用网络图来描述项目任务的技术，它不仅可以描述项目中的对于各个任务的安排，还可以在项目的执行过程中估算各任务的完成情况；甘特图是按时间顺序计划活动的列表。

（2）调查表和调查提纲：用于访谈。

（3）会谈和正式会议：用于确定部门、管理层需求，梳理流程。

（4）过程/组织（Process/Organization，P/O）矩阵：联系企业组织结构与企业过程的工具，用于说明每个过程与组织的联系，标记过程决策人。具体 P/O 矩阵示例见表 3-3-1。

表 3-3-1 P/O 矩阵示例

过程		组织		
		CEO	CFO	CIO
人事	招聘计划	√	*	+
	人员培训	√		*
	工资提级		√	*

注："√"表示负责和决策；"*"表示主要涉及；"+"表示有涉及；空白表示不涉及。

（5）资源/数据（Resource/Data，R/D）矩阵：用于定义数据类，基于调查研究和访谈，归纳出数据类。可根据企业资源清单，得到 R/D 矩阵。具体 R/D 矩阵示例见表 3-3-2。

表 3-3-2 R/D 矩阵示例

数据类型	企业资源			
	客户	产品	设备	资金
存档数据	客户	产品零部件	设备负荷	总账
计划数据	销售区域 销售行业	产品计划	设备计划	预算

（6）C/U（Create User）矩阵：定义企业过程和数据类之后，形成 C/U 矩阵。矩阵中的行为企业过程，列为数据类。具体 C/U 矩阵示例见表 3-3-3。

表 3-3-3 C/U 矩阵示例

企业过程	数据类					
	顾客	预算	产品	费用	价格	计划
市场分析	U		U		U	U
销售预测	U	C	U		U	U
产品调查	U				U	

注：C（Create）表示过程生成数据关系；U（User）表示过程使用数据。

（7）功能法（过程法）：可利用 IPO（输入-处理-输出）图表示，该方法利用已经识别的企业过程，分析过程的输入与输出的数据类，与 R/D 矩阵比较，归纳出系统的数据类。

3.4 信息系统建设

3.4.1 信息系统的生命周期

信息系统的生命周期分为四个阶段，即**产生阶段**、**开发阶段**、**运行阶段**和**消亡阶段**。

（1）产生阶段。也称为信息系统的立项阶段、概念阶段、需求分析阶段。这一阶段又分为两个过程，一是概念的产生过程，即根据管理者的需要，提出建设信息系统的初步想法；二是需求分析过程，即深入调研和分析信息系统的需求，并形成需求分析报告。

（2）开发阶段。这个阶段是信息系统生命周期中**最为关键**的一个阶段。

（3）运行阶段。当信息系统通过验收，正式移交给用户以后，系统就进入了运行维护阶段。

（4）消亡阶段。信息系统必然会随着时间增加而逐渐消亡，因此在信息系统建设的初期就要注意系统的消亡条件和时机，以及由此带来的成本。

信息系统的生命周期又可详细分为五个子阶段，**即总体规划（又叫系统规划，包含可行性分析与项目开发计划）、系统分析（逻辑设计、需求分析）、系统设计（概要设计与详细设计）、系统实施（编码与测试）和系统运行与维护。**

3.4.2 信息系统的开发方法

信息系统的开发方法有**结构化方法、快速原型法、企业系统规划方法、战略数据规划方法、信息工程方法、面向对象方法。**

（1）结构化方法：该方法将系统开发周期分为系统规划、分析、设计、实施、运行维护等阶段。结构是指系统内各个组成要素之间相互联系、相互作用的框架。该开发过程先把系统功能看成是一个大模块，再根据系统分析与设计的要求进行模块分解或组合。

结构化方法的思想是模块化设计、自顶向下、逐步细化。把一个大问题分解为若干小问题，每个小问题再分解为更小问题，直到最底层问题足够简单，便于解决。

（2）快速原型法：一种根据用户需求，利用系统开发工具，快速地建立一个系统模型并展示给用户，在此基础上与用户交流，最终实现用户需求的信息系统快速开发的方法。

（3）企业系统规划方法（Business System Planning，BSP）：BSP 方法的目标是提供一个信息系统规划，用以支持企业短期和长期的信息需求。

（4）战略数据规划方法：该方法认为，一个企业要建设信息系统，首要任务应该是在企业战略目标的指导下做好企业战略数据规划。一个好的企业战略数据规划应该是企业核心竞争力的重要构成因素。在信息系统发展的历程中共有四类数据环境，即**数据文件、应用数据库、主题数据库和信息检索系统**。

（5）信息工程方法：信息工程方法是企业系统规划方法和战略数据规划方法的总结和提升，而企业系统规划方法和战略数据规划方法是信息工程方法的基础和核心。

（6）面向对象方法：面向对象是一种设计模式，一种编程范式，是一种将现实问题抽象为代码的方式。对象是要进行研究的任何事物，可以是最简单的数字，也可以是结构复杂的飞机，还可以是抽象的规则、计划或事件等。

3.4.3 信息系统的架构

信息系统架构包含信息系统组件、关系以及设计和演化原则。信息系统架构向上承载组织的战略和业务，向下指导信息系统具体方案实现。

信息系统体系架构框架是一个规划、开发、实施、管理和维持架构的概念性结构。信息系统体系架构总体参考框架如图3-4-1所示。

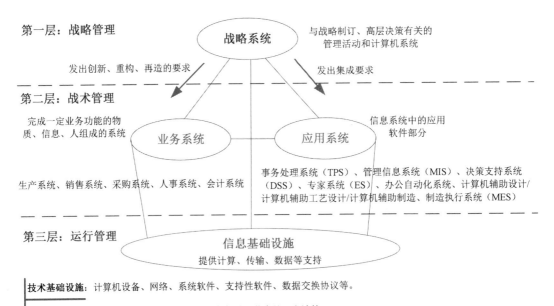

图 3-4-1 信息系统体系架构总体参考框架

信息系统架构包含系统、应用、数据、技术、网络、安全等方面的架构。

1. 系统架构

系统架构反映信息系统的组成部分之间的关系，信息系统与业务关系，信息系统与技术关系。架构的特点有：架构是对系统的抽象；架构描述了系统多个结构组成；任何软件都存在架构；架构的内容由元素和元素行为构成；架构具有"基础""决策"性。

信息系统架构可分为物理架构与逻辑架构。

- 物理架构：可以分为集中式与分布式（一般分布式，客户端/服务器模式）两类。

- 逻辑架构：功能与概念的框架。例如生产组织的管理信息系统，管理子系统的逻辑架构可分为采购、生产、销售、人力资源、财务等功能。

常见的架构模型参见表 3-4-1。

表 3-4-1 常见的架构模型

架构模型名称		模型特点
单机应用模式		运行在一台物理机器上的独立应用程序。例如 Linux、UNIX、Windows、Photoshop、AutoCAD 等
客户端/服务器模式	两层 C/S	"胖客户端"模式，主要指客户端+数据库管理系统模式
	三层 C/S 与 B/S 结构	应用功能分成表示层（客户端）、功能层和数据层三部分。B/S 是采用了通用 Web 客户端界面的三层 C/S 结构
	多层 C/S 结构	三层以上 C/S 结构，常见的是四层 C/S 结构，即前端界面（如浏览器）、Web 服务器、中间件或应用服务器、数据库服务器
	模型-视图-控制器（Model-View-Controller，MVC）	View 是浏览器层，图形化展示结果；Controller 是 Web 服务器层，连接不同的数据层（模型）和表示层（视图）来完成用户的需求；Model 是模型层，实现应用逻辑和数据持久化。常见的应用有 JSF、Struts、Spring、Hibernate 及组合
面向服务架构（Service-Oriented Architecture，SOA）		系统间的通信可以通过调用服务完成。"服务"是指提供一组整体功能的独立应用系统。面向服务架构的本质是消息机制、远程过程调用。常见的开放内部服务协议主要有 SOAP、WSDL
组织级数据交换总线		不同组织应用之间信息交换的公共通道

2. 应用架构

应用架构的作用包括规划应用分层、分域架构；形成应用架构逻辑视图和系统视图。应用架构规划与设计的基本原则有：业务适配性原则、应用聚合化原则、功能专业化原则、风险最小化原则和资产复用化原则。

3. 数据架构

数据架构描述了数据资产，全生命周期下规划数据的产生、流转、应用、归档、消亡。数据架构的设计原则包含数据分层原则、数据处理效率原则、数据一致性原则、数据架构可扩展性原则、服务于业务原则。

4. 技术架构

技术架构描述实现组织业务应用所采用的技术体系，及应用系统部署所需的基础设施和环境等。技术架构设计遵循的原则包括成熟度控制原则、技术一致性原则、局部可替换原则、人才技能覆盖原则、创新驱动原则等。

5. 网络架构

网络架构的作用是设计网络基础架构，提供高质量的网络服务。网络架构包含局域网架构（单核心架构、双核心架构、环形架构、层次局域网架构）、广域网架构（单核心广域网、双核心广域网、环形广域网、对等子域广域网、层次子域广域网）、移动通信网架构等。

6. 安全架构

安全架构的功能是设计整体安全防御方法。安全架构包含整体架构设计、OSI 安全架构（认证框架和访问控制框架，机密性框架，完整性框架，抗抵赖性框架）、数据库系统安全设计等。

3.5 课堂巩固练习

1. 所有以满足企业和机构的业务发展所带来的信息化需求为目的，基于信息技术和信息化理念而提供的专业信息技术咨询服务、___（1）___、技术支持服务等工作，都属于信息系统服务的范畴。

（1）A．系统维护服务　　　　　　　　B．软件配置工作
　　　C．项目管理服务　　　　　　　　D．系统集成服务

【攻克要塞软考研究团队讲评】信息系统服务范畴包含专业信息技术咨询服务、系统集成服务、技术支持服务等。

参考答案：（1）D

2. 监理的主要工作内容可概括为"四控、三管、一协调"，包括投资控制、___（2）___、控制质量、变更控制、安全管理、信息管理、___（3）___和沟通协调。

（2）A．人力资源控制　　　　　　　　B．需求控制
　　　C．文档控制　　　　　　　　　　D．进度控制
（3）A．风险管理　　　　　　　　　　B．配置管理
　　　C．合同管理　　　　　　　　　　D．需求管理

【攻克要塞软考研究团队讲评】本题考查的是监理的主要工作内容，参考的记忆口诀是"投进质变安信合，再加上沟通协调"，可见这里缺少的是"进"和"合"，即进度控制、合同管理。

参考答案：（2）D　（3）C

3. 监理服务能力重点关注___（4）___。

（4）A．战略、组织、流程、绩效　　　B．人员、技术、资源、流程
　　　C．工具、知识、治理、满意度　　D．文件、活动、人员、绩效

【攻克要塞软考研究团队讲评】监理服务能力体系可从人员、技术、资源、流程等方面进行建设。

参考答案：（4）B

4. ___（5）___不是信息系统工程监理对象。

（5）A．信息安全　　　　　　　　　　B．信息资源系统
　　　C．信息应用系统　　　　　　　　D．信息技术服务组织

【攻克要塞软考研究团队讲评】信息系统工程监理对象包括信息安全、信息应用系统、信息资

源系统、信息网络系统、运行维护等。

参考答案：（5）D

5. 常用的应用架构设计原则有___（6）___。

（6）A．业务适配性原则、功能专业化原则、风险最小化原则和资产复用化原则

B．业务适配性原则、应用企业化原则、IT专业化原则、风险最小化原则

C．业务适配性原则、应用企业化原则、IT专业化原则和资产复用化原则

D．业务适配性原则、IT专业化原则、风险最小化原则和资产复用化原则

【攻克要塞软考研究团队讲评】应用架构规划与设计的基本原则有业务适配性原则、应用聚合化原则、功能专业化原则、风险最小化原则和资产复用化原则。

参考答案：（6）A

6. IT服务能力要素包括___（7）___。

（7）A．人员、过程、技术、资源　　　B．组织、人员、服务、质量

C．领导力、治理、管理、操作　　　D．服务台、事件管理、问题管理、配置管理

【攻克要塞软考研究团队讲评】ITSS由能力（人员、过程、技术、资源）要素、生命周期（战略规划、设计实现、运营提升、退役终止）要素、管理要素组成。

参考答案：（7）A

7. IT服务生命周期包括___（8）___。

（8）A．策划、交付、验收、回顾

B．策划、实施、检查、改进

C．规划设计、部署实施、服务运营

D．战略规划、设计实现、运营提升、退役终止

【攻克要塞软考研究团队讲评】IT服务生命周期由战略规划、设计实现、运营提升、退役终止等组成。

参考答案：（8）D

第4学时　信息系统集成专业技术知识1——软件知识

信息系统集成专业技术知识的涉及面非常广，不必钻研过深，但需了解。虽然第4学时中的知识点大多出现在上午的试题中，但下午的试题都是有关IT项目的案例，了解这些知识点才能看懂下午的案例。

本学时的知识图谱如图4-0-1所示。

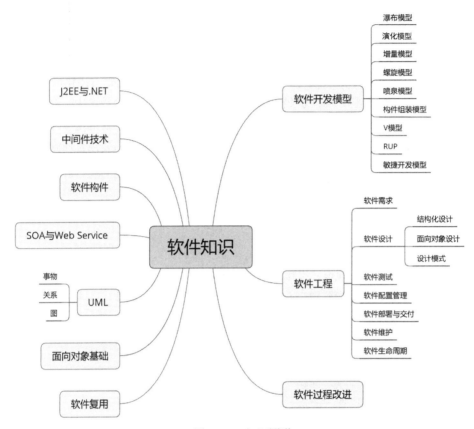

图 4-0-1　知识图谱

4.1 软件开发模型

软件开发模型又称为软件生存周期模型,是软件过程、活动和任务的结构框架。

软件开发的模型有很多种,如瀑布模型、演化模型、增量模型、螺旋模型、喷泉模型、构件组装模型、V 模型、RUP、敏捷开发模型等。

4.1.1 瀑布模型

瀑布模型将整个开发过程分解为一系列有顺序的阶段,如果某个阶段发现问题则会返回上一阶段进行修改;如果正常则项目开发进程从一个阶段"流动"到下一个阶段,这也是瀑布模型名称的由来。

瀑布模型适用于需求比较稳定、很少需要变更的项目。

瀑布模型的核心思想是按工序将问题化简,将功能的实现与设计分开,便于分工协作,即瀑布模型采用**结构化的分析与设计方法**将逻辑实现与物理实现分开。瀑布模型按软件生命周期划分为**制订计划、需求分析、软件设计、程序编码、软件测试**和**运行维护**六个基本活动,如图 4-1-1 所示,并且规定了它们自上而下、相互衔接的固定次序，如同瀑布流水，逐级下落。

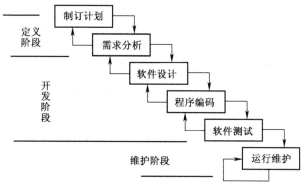

图 4-1-1　瀑布模型

4.1.2　演化模型

演化模型如图 4-1-2 所示，是一种全局的软件（或产品）生存周期模型，属于迭代开发风范。该模型可看作重复执行的，有反馈的多个"瀑布模型"。

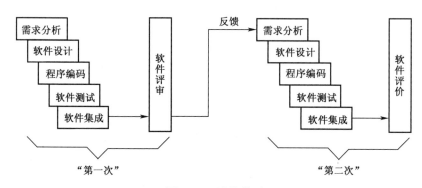

图 4-1-2　演化模型

演化模型根据用户的基本需求，通过快速分析构造出该软件的一个初始可运行版本，这个初始的软件通常称为原型，然后根据用户意见不断改进原型获得新版本，并重复这一过程，从而得到最终产品。**演化模型特别适用于对软件需求缺乏准确认识的情况。**

4.1.3　增量模型

增量模型如图 4-1-3 所示，其融合了瀑布模型的基本成分和原型实现的迭代特征，该模型采用随着时间发展而交错的线性序列，每一个线性序列产生一个可发布的"增量"。当使用增量模型时，第一个增量往往是核心的产品，实现了基本的需求，但很多补充的特征还没有实现。客户对每一个增量的使用和评估都作为下一个增量发布的新特征和功能，该过程不断重复，直到产生最终产品。

增量模型与原型本质上是迭代的，但增量模型更强调每一个增量均发布一个可操作产品。增量模型的特点是引进了**增量包**的概念,无须等到所有需求都出来,只要某个需求的增量包出来即可进行开发。

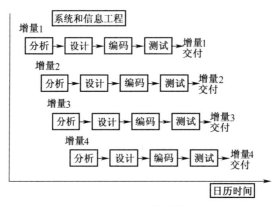

图 4-1-3 增量模型

4.1.4 螺旋模型

螺旋模型如图 4-1-4 所示,它将瀑布模型和快速原型模型结合起来,强调了其他模型所忽视的风险分析,**特别适合于大型复杂的系统。**

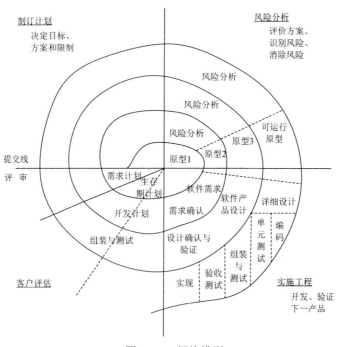

图 4-1-4 螺旋模型

螺旋模型采用一种周期性的方法来进行系统开发。该模型以进化的开发方式为中心，螺旋模型沿着螺线旋转，在四个象限上分别表达了四个方面的活动：
- **制订计划**——确定软件目标，选定实施方案，弄清项目开发的限制条件。
- **风险分析**——分析所选方案，识别和消除风险。
- **实施工程**——实施软件开发。
- **客户评估**——评价开发工作，提出修正建议。

4.1.5 喷泉模型

喷泉模型如图 4-1-5 所示，是一种以用户需求为动力、以对象为驱动的模型，主要**用于描述面向对象的软件开发过程。**

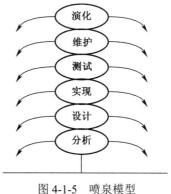

图 4-1-5 喷泉模型

喷泉模型认为软件开发过程自下而上周期的各阶段是相互迭代和无间隙的。软件的某个部分常常重复工作多次，相关对象在每次迭代中随之加入渐进的软件成分。无间隙指在各项活动之间无明显边界，如分析和设计活动之间没有明显的界限。

4.1.6 构件组装模型

构件组装模型融合了螺旋模型的许多特征，其本质上是演化的支持软件开发的迭代方法。但是，构件组装模型是利用预先包装好的软件构件（类）来构造应用程序的。

4.1.7 V 模型

V 模型如图 4-1-6 所示，它是瀑布模型的变型，说明测试活动是如何与分析和设计相联系的。

需求分析：即明确客户需要什么，需要软件做成什么样子，有哪几项功能。

概要设计：主要是架构的实现，如搭建架构、表述各模块功能、模块接口连接和数据传递的实现。

详细设计：对概要设计中表述的各模块进行深入分析。

编码：按照详细设计好的模块功能表，编写出实际的代码。

单元测试：按照设定好的最小测试单元进行测试，主要是测试程序代码，目的是确保各单元模块被正确地编译，单元的具体划分按不同的单位与不同的软件有所不同，比如有具体到模块的测试，也有具体到类/函数的测试等。

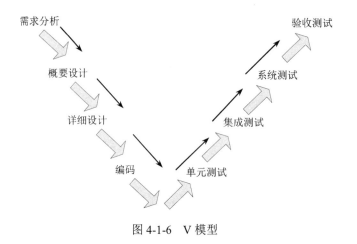

图 4-1-6 V 模型

集成测试：经过了单元测试后，将各单元组合成完整的体系，主要测试各模块间组合后的功能实现情况，以及模块接口连接的成功与否、数据传递的正确性等。

系统测试：按照软件规格说明书中的要求，测试软件的性能、功能等是否和用户需求相符合、在系统中运行是否存在漏洞等。

验收测试：用户在拿到软件的时候，会根据之前提到的需求以及规格说明书来做相应测试，以确定软件达到符合效果。

4.1.8 RUP

统一软件开发过程（Rational Unified Process，RUP）是一个面向对象且基于网络的程序开发方法论。迭代模型是 RUP 推荐的周期模型。

根据 Rational（Rational Rose）和统一建模语言的开发者的说法，RUP 就像一个在线的指导者，它可以为所有方面和层次的程序开发提供指导方针、模板以及事例支持。RUP 和类似的产品（如面向对象的软件过程及 Open Process）都是理解性的软件工程工具，把开发中面向过程的方面（如定义的阶段、技术和实践）和其他开发的组件（如文档、模型、手册以及代码等）整合在一个统一的框架内。

迭代模型的软件生命周期在时间上被分解为四个顺序的阶段，分别是**初始阶段**、**细化阶段**、**构建阶段**和**交付阶段**。每个阶段结束于一个主要的里程碑。在每个阶段的结尾执行一次评估以确定这个阶段的目标是否已经满足。如果评估结果令人满意，可以允许项目进入下一个阶段。

初始阶段的目标是为系统建立用例并确定项目的边界，该阶段关注整个项目中的业务和需求方面的主要风险。该阶段里程碑——生命周期目标里程碑。

细化阶段的目标是分析问题领域，建立健全的体系结构基础，编制项目计划，淘汰项目中最高风险的元素。为了达到该目的，必须在理解整个系统的基础上，对体系结构作出决策，包括其范围、主要功能和诸如性能等非功能需求。同时为项目建立支持环境，包括创建开发案例，创建模板、准则并准备工具。该阶段的里程碑——生命周期结构里程碑。

在构建阶段，所有剩余构件和应用程序功能被开发并集成为产品，所有功能被详细测试。该阶段重点在于管理资源和控制运作，以优化成本、进度和质量。该阶段里程碑——初始功能里程碑，产品版本称为 beta 版。

交付阶段的重点是确保软件对最终用户是可用的。该阶段里程碑——产品发布里程碑。

4.1.9 敏捷开发模型

敏捷软件开发是从 20 世纪 90 年代开始使用的新型软件开发方法。敏捷软件开发的特点如下：

（1）快速迭代：软件通过短周期的迭代交付、完善产品。

（2）快速尝试：避免过长时间的需求分析及调研，快速尝试。

（3）快速改进：在迭代周期过后，根据客户反馈快速改进。

（4）充分交流：团队成员无缝的交流，如每天短时间的站立会议。

（5）简化流程：拒绝一切形式化的东西，使用简单、易用的工具。

Scrum 原意是橄榄球的术语"争球"，是一种敏捷开发方法，属于迭代增量软件开发。该方法假设开发软件就像开发新产品，无法确定成熟流程，开发过程需要创意、研发、试错，因此没有一种固定流程可确保项目成功。

Scrum 把软件开发团队比作橄榄球队，有明确的最高目标；熟悉开发所需的最佳技术；高度自主，紧密合作，高度弹性解决各种问题；确保每天、每阶段都向目标明确地推进。

Scrum 的迭代周期通常为 30 天，开发团队尽量在一个迭代周期（一个 Sprint）交付开发成果，团队每天用 15 分钟开会检查成员计划与进度，了解困难，决定第二天的任务。

4.2 软件工程

软件工程是应用计算机科学、数学、管理知识，用工程化的方法高效构建与维护高质量软件的科学。软件工程的目的就是提高软件生产率，生产高质量软件产品，降低软件开发与维护成本。

4.2.1 软件需求

软件需求包括三个层次：**业务需求、用户需求和功能需求、非功能需求**。

- 业务需求反映了组织机构或客户对系统、产品高层次的目标要求，业务需求在项目视图与范围文档中予以说明。
- 用户需求描述了用户使用产品必须要完成的任务。
- 功能需求定义了开发人员必须实现的软件功能，使得用户能完成他们的任务，从而满足业务需求。
- 非功能需求包括产品必须遵从的标准、规范和合约，外部界面的具体细节，性能要求，设计或实现的约束条件及质量属性，例如软件质量属性（可维护性、可靠性、效率等）、必须采用国有自主知识产权的数据库系统等。

需求获取是确定和理解不同的项目干系人对系统的需求和约束的过程。**需求分析**是将获取的需求，进行提炼、分析、审查、纠错的过程。

1. 质量功能部署

质量功能部署（Quality Function Deployment，QFD）是一种多角度描述产品，转换用户需求为软件需求的技术。QFD 中的需求分类见表 4-2-1。

表 4-2-1　QFD 中的需求分类

分类	特点	影响
常规需求	用户希望系统应该具备的功能或性能	实现越多越好，用户越满意
期望需求	用户想当然认为，但自己不能正确描述的系统功能或性能	如果这些需求没有实现，会让用户不满意
意外需求	意外需求，又称兴奋需求。用户要求之外的需求	如果这些需求实现了，用户会很开心，提高满意度。 如果没有实现，不会影响用户的采购决策

2. 结构化分析

结构化分析方法往往使用自顶向下的思路，采用分解和抽象的原则进行分析。结构化分析方法的结果由分层数据流图、数据字典、加工逻辑说明、补充说明组成，结果最核心的是数据字典。

数据字典是描述数据的集合，具体组成参见表 4-2-2。

表 4-2-2　数据字典示例

组成项	具体内容或含义
数据项	名称、类型、长度、取值范围、取值含义、说明等
数据结构	反映数据与数据的组合关系
数据流	名称、数据流来源、数据流去向、数据结构、说明等
数据存储	名称、说明、流入数据流、流出数据流、数据结构、存储量、存取方式
处理过程	简要描述处理

结构化方法的核心是数据字典，围绕核心分为数据模型、功能模型和行为模型（又称状态模型）三个层次。开发者使用 E-R 图（实体-联系图）代表数据模型，数据流图（DFD）代表功能模型，状态转换图（STD）代表行为模型。

数据流图（Data Flow Diagram，DFD）用于描述数据流的输入到输出的变换。数据流图的基本元素有 4 种，具体见表 4-2-3。

3. 面向对象的分析

面向对象分析（Object Oriented Analysis，OOA）是理解需求中的问题，确定功能、性能要求，进行模块化处理。面向对象分析包含的活动有：寻找并确定对象、组织对象（将对象抽象成类，并确定类结构）、确定主题（事务概貌和总体分析模型）、确定对象属性、确定对象方法。

表 4-2-3　数据流图的基本元素

图示	名称	特点
→	数据流	数据流表示加工数据流动方向，由一组固定结构的数据组成。一般箭头上方标明了其含义的名字
▢ 或者 ◯	加工	表示数据输入到输出的变换，加工应有名字和编号
═ 或者 ▭	数据存储	表示存储的数据，每个文件都有名字。流向文件的数据流表示写文件，流出的表示读文件
▭	外部实体	指的是软件系统之外的人员或组织

4. 软件需求规格说明书

《计算机软件文档编制规范》（GB/T 8567—2006）指出软件需求规格说明书（SRS）是描述对计算机配置项的需求，及确保每个要求得以满足的所使用的方法。软件需求规格说明书内容包括范围、引用文件、需求、合格性规定、需求可追踪性、尚未解决的问题、注解、附录等。

4.2.2　软件设计

软件设计是把许多事物和问题抽象起来，并且抽象其不同的层次和角度。软件设计的基本原则是**信息隐蔽**与**模块独立性**。

1. 结构化设计

结构化设计（Structure Design，SD）是一种面向数据流的设计方法，是以结构化分析的成果为基础，逐步精细并模块化的过程。

结构化软件设计的基本原则是**信息隐蔽性**与**模块独立性**。内聚是一个模块内部各个元素彼此结合的紧密程度的度量。一个模块内部各个元素之间的联系越紧密，则它的内聚性就越高，相对地，它与其他模块之间的耦合性就会越低，而模块独立性就越强。

模块的独立性和耦合性如图 4-2-1 所示。内聚按强度从低到高有以下几种类型：

- 偶然内聚，即巧合内聚：如果一个模块的各成分之间毫无关系，则称为偶然内聚。
- 逻辑内聚：几个逻辑上相关的功能被放在同一模块中，则称为逻辑内聚，如一个模块读取各种不同类型外设的输入。尽管逻辑内聚比偶然内聚合理一些，但逻辑内聚的模块各成分在功能上并无关系，即使局部功能的修改有时也会影响全局，因此这类模块的修改也比较困难。
- 时间内聚：如果一个模块完成的功能必须在同一时间内执行（如系统初始化），但这些功能只是因为时间因素关联在一起，则称为时间内聚。
- 过程内聚：如果一个模块内部的处理成分是相关的，而且这些处理必须以特定的次序执行，则称为过程内聚。
- 通信内聚：如果一个模块的所有成分都操作同一数据集或生成同一数据集，则称为通信内聚。
- 顺序内聚：如果一个模块的各个成分和同一个功能密切相关，而且一个成分的输出作为另一个成分的输入,则称为顺序内聚。
- 功能内聚:模块的所有成分对于完成单一的功能都是必需的,则称为功能内聚。

【辅导专家提示】内聚性参考记忆口诀:"**偶逻时过通顺功**"。

耦合是软件各模块之间结合紧密度的一种度量。耦合性由低到高有以下几种类型:

- 非直接耦合:两个模块之间没有直接关系,它们之间的联系完全是通过主模块的控制和调用来实现的。
- 数据耦合:一个模块访问另一个模块时,彼此之间是通过简单数据参数(不是控制参数、公共数据结构或外部变量)来交换输入、输出信息的。
- 标记耦合:一组模块通过参数表传递记录信息,就是标记耦合。这个记录是某一数据结构的子结构,而不是简单变量。其实传递的是这个数据结构的地址。
- 控制耦合:如果一个模块通过传送开关、标识、名字等控制信息,明显地控制选择另一模块的功能,就是控制耦合。
- 外部耦合:一组模块都访问同一全局简单变量,而不是同一全局数据结构,而且不是通过参数表传递该全局变量的信息,则称为外部耦合。
- 公共耦合:若一组模块都访问同一个公共数据环境,则它们之间的耦合就称为公共耦合。公共的数据环境可以是全局数据结构、共享的通信区、内存的公共覆盖区等。
- 内容耦合:如果发生下列情形,两个模块之间就发生了内容耦合。

【辅导专家提示】耦合性参考记忆口诀:"**非数标控外公内**"。

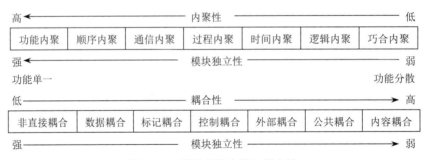

图 4-2-1 模块的独立性和耦合性

2. 面向对象设计

面向对象设计(Object Oriented Design,OOD)属于设计分析模型的结果进一步规范化,便于之后的面向对象程序设计。常见的面向对象的设计原则包含:

- 单一责任原则:设计功能单一的类,与结构化设计中的"高内聚"原则类似。
- 迪米特原则(最少知识法则):一个对象尽量少了解其他对象,与结构化设计中的"低耦合"原则类似。
- 开放-封闭原则:对扩展开放,对修改封闭。

- 里氏替换原则：子类可以替换父类。
- 依赖倒置原则：针对接口而不是实现进行编程。
- 接口分离原则：使用多个专门接口比一个汇总接口要好。
- 组合重用原则：尽量使用组合，而不是继承进行重用。

OOD 中，类可以分为实体类、控制类和边界类。具体见表 4-2-4。

表 4-2-4　OOD 中类的分类

类别	功能	特点
实体类	代表可区分的、可以持续存在的事物，如人员、公司、订单等。实体类保存需要存储在永久存储体中的信息	实体类一定有属性，但不一定有操作
控制类	负责处理用户输入，协调业务逻辑，并返回响应	通常控制类没有属性，但一定有方法
边界类	作为系统与外部世界之间的接口的类	边界类可以既有属性也有方法

3. 设计模式

设计模式是一套反复使用的、经过分类的代码设计的经验总结。一个设计模式就是一个已被验证且不错的实践解决方案，这种方案已经被成功应用，解决了在某种特定情境中重复发生的某个问题。依据模式的用途来分类，也就是按完成什么工作来分类，设计模式可以分为创建型、结构型和行为型，其特点见表 4-2-5。

表 4-2-5　设计模式分类

模式类型	类型描述	所包含的设计模式
创建型	描述如何创建、组合、表示对象，分离对象的创建和对象的使用	工厂方法模式、抽象工厂模式、单例模式、建造者模式、原型模式
结构型	考虑如何组合类和对象成为更大的结构，一般使用继承将一个或者多个类、对象进行组合、封装。例如，采用多重继承的方法，将两个类组合成一个类	适配器模式、桥接模式、组合模式、装饰模式、外观模式、享元模式、代理模式
行为型	描述对象的职责及如何分配职责，处理对象间的交互	模板模式、解释器模式、责任链模式、命令模式、迭代器模式、中介者模式、备忘录模式、观察者模式、状态模式、策略模式、访问者模式

4.2.3　软件测试

软件测试是指使用人工或者自动手段来运行或测试某个系统的过程，其目的在于**检验它是否满足规定的需求或弄清预期结果与实际结果之间的差别**。

（1）软件测试分类。软件测试根据不同开发模型引申出对应的测试模型，主要有 V 模型、W 模型、H 模型、X 模型、前置测试模型。软件测试从是否关心软件内部结构和具体实现的角度划分为**白盒测试、黑盒测试、灰盒测试**；从是否执行程序的角度划分为静态测试、动态测试；从软件开发的过程按阶段的角度划分为**单元测试**、**集成测试**、**确认测试**、**系统测试**、**验收测试**。

动态测试（白盒测试、黑盒测试、灰盒测试；单元测试、集成测试、确认测试、系统测试、验收测试、回归测试；人工测试、自动化测试；α测试、β测试）指通过运行程序发现错误；**静态测试**（包含各阶段的评审、代码检查、程序分析、软件质量度量）指被测试程序不在机器上运行，而是采用人工检测和计算机辅助静态分析的手段对程序进行检测。

黑盒测试把被测试对象看成一个黑盒子，测试人员完全不考虑程序的内部结构和处理过程，只在软件的接口处进行测试，依据需求规格说明书，检查程序是否满足功能要求。**白盒测试**把测试对象看作一个打开的盒子，测试人员须了解程序的内部结构和处理过程，以检查处理过程的细节为基础，对程序中尽可能多的逻辑路径进行测试，检验内部控制结构和数据结构是否有错，实际的运行状态与预期的状态是否一致。由于白盒测试是结构测试，所以被测对象基本上是源程序，以程序的内部逻辑为基础设计测试用例。白盒测试按覆盖程度从弱到强依次为**语句覆盖**、**判定覆盖**、**条件覆盖**、**判定/条件覆盖**、**条件组合覆盖**、**路径覆盖**。**灰盒测试**是一种介于白盒测试与黑盒测试之间的测试，它关注输出对于输入的正确性，同时也关注内部表现，但这种关注不像白盒测试那样详细且完整，而只是通过一些表征性的现象、事件及标志来判断程序内部的运行状态。

α测试（Alpha测试）是用户在开发环境下进行的测试；β测试（Beta测试）是用户在实际使用环境下进行测试，在通过β测试后，就可以发布或交付产品。回归测试是指修改了代码后所需要的再次测试，以确认没有引入新的错误。

桌前检查由程序员自己检查自己编写的程序。

代码审查是由若干程序员和测试员组成一个会审小组，通过阅读、讨论和争议，对程序进行静态分析的过程。

代码走查与代码审查的过程大致相同，但开会的程序与代码审查不同，代码走查不是简单地读程序和对照错误检查表进行检查，而是让与会者"充当"计算机，集体扮演计算机角色，让测试用例沿程序的逻辑运行一遍，随时记录程序的踪迹，供分析和讨论用。

面向对象测试是与采用面向对象开发相对应的测试技术，它通常包括4个测试层次，从低到高排列分别是**算法层**、**类层**、**模板层**和**系统层**。

性能测试是通过自动化的测试工具模拟多种正常峰值以及异常负载条件来对系统的各项性能指标进行测试。负载测试和压力测试都属于性能测试，两者可以结合进行，统称为负载压力测试。通过**负载测试**，确定在各种工作负载下系统的性能，目标是测试当负载逐渐增加时，系统各项性能指标的变化情况。

压力测试是通过确定一个系统的瓶颈或者不能接收的性能点，来获得系统能提供的最大服务级别的测试。

第三方测试指独立于软件开发方和用户方的测试，也称为"独立测试"。软件质量工程强调开展独立验证和确认活动，由在技术、管理和财务上与开发组织具有规定的程序独立的组织执行验证和确认过程。软件第三方测试一般在模拟用户真实应用环境下进行软件确认测试。**软件确认**测试的目的是确保构造了正确的产品（即满足特定的目的）。

（2）测试管理。测试管理是为了实现测试目标而进行的，以测试人员为中心，针对测试生命周期及相关资源，而进行的有效的计划、组织、管理等协调活动。

4.2.4 软件配置管理

软件配置管理（Software Configuration Management，SCM）用于标识、组织和控制软件开发，主要目标是控制软件开发中的变更，确保变更正常进行和有正确的结果。软件配置管理的核心内容是版本控制和变更控制（包括配置管理计划、配置标识、配置控制、配置状态记录、配置审计、发布管理与交付等活动）。

4.2.5 软件部署与交付

软件部署是配置、安装和激活等活动的统称，活动处于软件开发的后期。软件交付是指代码编写完毕后，软件发布前的集成、部署、测试、提交等活动。

持续交付用于快速、安全部署软件代码到产品中。持续交付将每一次改动都提交到一个模拟产品环境中，通过严格的自动化测试，保证业务和服务符合预期。持续交付并不是指软件每一个改动都要尽快地部署到产品环境中。它指的是任何的修改都已证明可以在任何时候实施部署。

持续部署是持续交付的更高阶段，即所有通过了自动化测试的改动都会自动部署到产品环境。

蓝绿部署指生产环境中有"蓝"和"绿"版本，即新旧两个版本。先通过修改域名解析配置等手段，将用户使用环境切换到新版本中，如果出现问题立刻切回。

金丝雀发布开始时，只有一个小群体（"金丝雀"群体）能够看到新功能。如果一切顺利，这个群体会扩大，直到所有用户都迁移到新版本。

4.2.6 软件维护

所谓软件维护就是在软件已经交付使用之后，为了改正错误或满足新的需要而修改软件的过程。依据软件本身的特点，软件的可维护性主要由**可理解性**、**可测试性**、**可修改性**三个因素决定。

软件的维护从性质上分为**纠错性（更正性）维护**、**适应性维护**、**预防性维护**和**完善性维护**。

（1）纠错性维护是指改正在系统开发阶段已发生而系统测试阶段尚未发现的错误。例如，系统漏洞补丁。

（2）适应性维护是指使用软件适应信息技术变化和管理需求变化而进行的修改。例如，由于业务变化，业务员代码长度由现有的 5 位变为 8 位，增加了 3 位。

（3）预防性维护是为了改进应用软件的可靠性和可维护性，为了适应未来的软硬件环境的变化，主动增加预防性的新功能，以使应用系统适应各类变化而不被淘汰。例如，网吧老板为适应将来网速的需要，将带宽从 2Mb/s 提高到 100Mb/s。

（4）完善性维护是为扩充功能和改善性能而进行的修改，主要是指对已有的软件系统增加一些在系统分析和设计阶段中没有规定的功能与性能特征，这方面的维护占整个维护工作的 50%～60%。例如，为方便用户使用和查找问题，系统提供联机帮助。

4.2.7 软件生命周期

软件生命周期是指软件产品从软件构思一直到软件被废弃或升级替换的全过程。软件生命周期一般包括问题提出、可行性分析、需求分析、概要设计、详细设计、软件实现、软件测试、维护等阶段。

引入三个概念，用于描述软件开发时需要做的工作：

（1）软件过程：活动的集合。

（2）活动：任务的集合。

（3）任务：一个输入变为输出的操作。

软件生命周期过程分为三类：

（1）基本过程：与软件生产直接相关的活动集，包括获取过程、供应过程、开发过程、运作过程、维护过程。

（2）支持过程：软件开发各方所从事的一系列支持活动集，包括文档编制过程、配置管理过程、质量保证过程、验证过程、确认过程、联合评审过程、审计过程、问题解决等。

（3）组织过程：与软件生产组织有关的活动集，包括管理过程、基础设施过程、改进过程、人力资源过程、资产管理过程、重用大纲管理过程、领域工程过程。

4.3 软件过程改进

软件过程改进（Software Process Improvement，SPI）帮助软件企业对其软件过程的改进进行计划、制定以及实施，它的实施对象就是软件企业的**软件过程**，也就是**软件产品的生产过程**，当然也包括软件维护之类的维护过程。

软件能力成熟度模型（Capability Maturity Model for Software，CMM，全称为 SW-CMM）就是结合了**质量管理**和**软件工程**的双重经验而制定的一套针对软件生产过程的规范。

能力成熟度模型集成（Capability Maturity Model Integration，CMMI）是 CMM 模型的最新版本。

中国电子工业标准化技术协会推出了《软件过程能力成熟度模型》（T/CESA 1159-2021）（CSMM）团体标准。CSMM 模型有治理、开发与交付、管理与支持、组织管理共 4 个能力域组成。CSMM 分为五级，具体如图 4-3-1 所示。

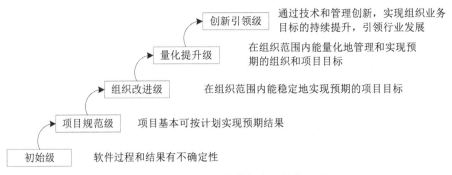

图 4-3-1　CSMM 软件能力成熟度评估

4.4 软件复用

软件复用,又称**软件重用**,是指在两次或多次不同的软件开发过程中重复使用相同或相近软件元素的过程。软件元素包括**程序代码**、**测试用例**、**设计文档**、**设计过程**、**需求分析文档**甚至领域知识。通常,把这种可重用的元素称作软件构件,简称为构件。**可重用的软件元素越大,就说重用的粒度越大。**

4.5 面向对象基础

首先要掌握一些基本的术语。对象是系统中用来描述客观事物的一个实体,它是构成系统的一个基本单位。面向对象的软件系统是由对象组成的,复杂的对象由比较简单的对象组合而成;类是对象的抽象定义,是一组具有相同数据结构和相同操作的对象的集合,类的定义包括一组数据属性和在数据上的一组合法操作。也就是说,**类是对象的抽象,对象是类的具体实例**。一个类可以产生一个或多个对象。面向对象方法使系统的描述及信息模型的表示与客观实体相对应,符合人们的思维习惯,有利于系统开发过程中用户与开发人员的交流和沟通。

封装是对象的一个重要原则。它有两层含义:第一,对象是其全部属性和全部服务紧密结合而成的一个不可分割的整体;第二,对象是一个不透明的黑盒子,表示对象状态的数据和实现操作的代码都被封装在黑盒子里面。使用一个对象的时候,只需知道它向外界提供的接口形式,无须知道它的数据结构细节和实现操作的算法。

继承是使用已存在的定义作为基础建立新的定义。继承表示类之间的层次关系。

多态中最常用的一种情况就是,类中具有相似功能的不同函数是用同一个名称来实现的,从而可以使用相同的调用方式来调用这些具有不同功能的同名函数。多态在多个类中可以定义同一个操作或属性名,并在每个类中可以有不同的实现。

消息是对象交互、通信的规格说明,通过消息可以向目标对象发送操作请求。

4.6 UML

统一建模语言(Unified Modeling Language,UML)是一个通用的可视化建模语言。UML 特点如下:

(1)是可视化的建模语言,不是可视化的程序设计语言。
(2)不是过程、方法,但允许过程和方法调用。
(3)简单、可扩展,不因扩展而修改核心。
(4)属于建模语言的规范说明,是面向对象分析与设计的一种标准表示。
(5)支持高级概念(如框架、模式、组件等),并可重用。
(6)可集成最好的软件工程实践经验。

4.6.1 事物

事物（Things）：是 UML 最基本的构成元素（结构、行为、分组、注释）。UML 中将各种事物构造块归纳成了以下四类。

（1）结构事物：静态部分，描述概念或物理元素。主要结构事物见表 4-6-1。

表 4-6-1 主要结构事物

事物名	定义	图形
类	是对一组具有相同属性、相同操作、相同关系和相同语义的对象的抽象	图形 位置 颜色 Draw()
对象	类的一个实例	图形A：图形
接口	服务通告，分为供给接口（能提供什么服务）和需求接口（需要什么服务）	○— 供给接口 ⊃— 需求接口
用例	某类用户的一次连贯的操作，用以完成某个特定的目的	用例1
协作	协作就是一个"用例"的实现	(虚线椭圆)
构件	构件是系统设计的一个模块化部分，它隐藏了内部的实现，对外提供了一组外部接口	构件名称

（2）行为事物：动态部分，是一种跨越时间、空间的行为。

（3）分组事物：大量类的分组。UML 中，包（Package）可以用来分组。包图形如图 4-6-1 所示。

（4）注释事物：图形如图 4-6-2 所示。

图 4-6-1 包

图 4-6-2 注释

4.6.2 关系

关系（Relationships）：任何事物都不应该是独立存在的，总存在一定的关系，UML 的关系（例如依赖、关联、泛化、实现等）把事物紧密联系在一起。UML 关系就是用来描述事物之间的关系。常见的 UML 关系见表 4-6-2。

表 4-6-2 常见的 UML 关系

名称	子集	举例	图形
关联	一般的关联关系	两个类之间存在某种语义上的联系，执行者与用例的关系。例如，一个人为一家公司工作，人和公司有某种关联	
	聚合	整体与部分的关系。例如，狼与狼群的关系	
	组合	"整体"离开"部分"将无法独立存在的关系。例如，车轮与车的关系	
泛化		一般事物与该事物中特殊种类之间的关系。例如，猫科与老虎的继承关系	
实现		规定接口和实现接口的类或组件之间的关系	
依赖		例如，人依赖食物	

4.6.3 图

图（Diagrams）：是事物和关系的可视化表示。UML 中事物和关系构成了 UML 的图。在 UML 2.0 中总共定义了 13 种图（也有说是 14 种，多一个制品图，制品图描述计算机系统的物理结构。制品是包括文件、数据库和类似的物理比特集合）。图 4-6-3 从使用的角度将 UML 的 13 种图分为结构图（又称静态模型）和行为图（又称动态模型）两大类。

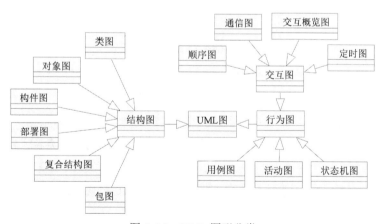

图 4-6-3 UML 图形分类

（1）类图：描述类、类的特性以及类之间的关系。具体类图如图 4-6-4 所示，该图描述了一个电子商务系统的一部分，表示客户、订单等类及其关系。

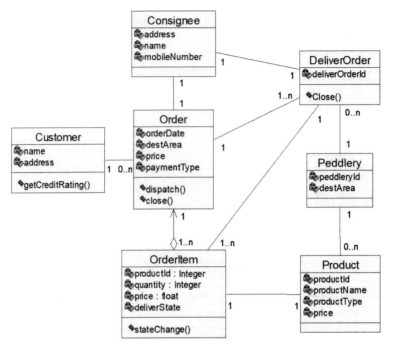

图 4-6-4　类图图例

（2）对象图：对象是类的实例，而对象图描述一个时间点上系统中各个对象的快照。对象图和类图看起来是十分相近的，实际上，除了在表示类的矩形中添加一些"对象"特有的属性，其他元素的含义是基本一致的。具体对象图如图 4-6-5 所示。

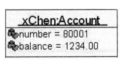

图 4-6-5　对象图图例

- 对象名：由于对象是一个类的实例，因此其名称的格式是"对象名:类名"，这两个部分是可选的，但如果是包含了类名，则必须加上":"。另外，为了和类名区分，还必须加上下划线。
- 属性：由于对象是一个具体的事物，所有的属性值都已经确定，因此通常会在属性的后面列出其值。

（3）包图：对语义联系紧密的事物进行分组。在 UML 中，包是用一个带标签的文件夹符号来表示的，可以只标明包名，也可以标明包中的内容。具体如图 4-6-6 所示，本图表示一订单系统的局部模型。

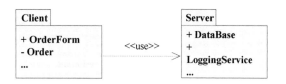

图 4-6-6 包图图例

（4）用例图：描述用例、参与者及其关系。具体如图 4-6-7 所示，该图描述一张小卡片公司的围棋馆管理系统，描述了预订座位、排队等候、安排座位、结账（现金、银行卡支付）等功能。

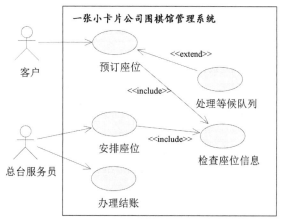

图 4-6-7 用例图图例

（5）构件图：描述构件的结构与连接。通俗地说，构件是一个模块化元素，隐藏了内部的实现，对外提供一组外部接口。具体如图 4-6-8 所示，该图是简单图书馆管理系统的构件局部。

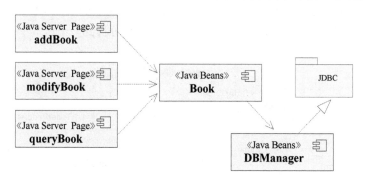

图 4-6-8 构件图图例

（6）复合结构图：显示结构化类的内部结构。具体如图 4-6-9 所示，该图描述了船的内部构造，包含螺旋桨和发动机。螺旋桨和发动机之间通过传动轴连接。

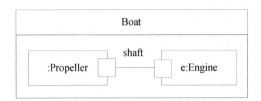

图 4-6-9 复合结构图图例

（7）顺序图：描述对象之间的交互，重点强调顺序，反映对象间的消息发送与接收。具体如图 4-6-10 所示，该图将一个订单分拆到多个送货单。

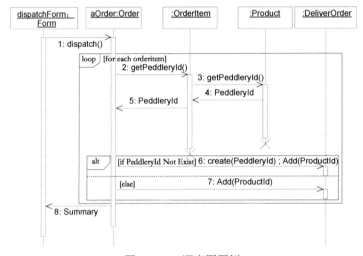

图 4-6-10 顺序图图例

（8）通信图：描述对象之间的交互，重点在于连接。通信图和顺序图语义相通，关注点不同，可相互转换。具体如图 4-6-11 所示，该图仍然是将一个订单分拆到多个送货单。

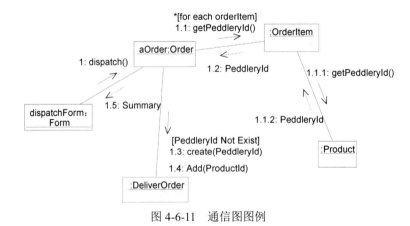

图 4-6-11 通信图图例

（9）定时图：描述对象之间的交互，重点在于给出消息经过不同对象的具体时间。

（10）交互概览图：属于一种顺序图与活动图的混合。

（11）部署图：描述在各个节点上的部署。具体如图 4-6-12 所示，该图描述了某 IC 卡系统的部署图。

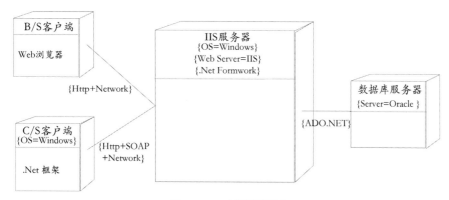

图 4-6-12　部署图图例

（12）活动图：描述过程行为与并行行为。如图 4-6-13 所示，该图描述了网站上用户下单的过程。

（13）状态机图：描述对象状态的转移。具体如图 4-6-14 所示，该图描述考试系统中各过程状态的迁移。

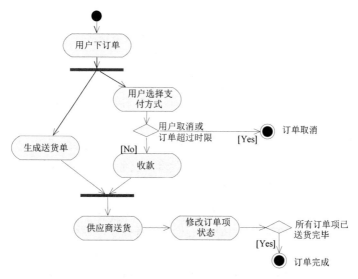

图 4-6-13　活动图图例

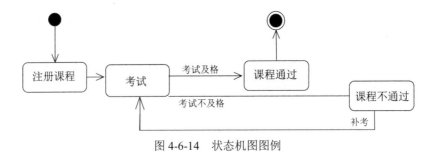

图 4-6-14　状态机图图例

（14）制品图：有资料表示，UML 包含 14 种图而不是 13 种图，多出来的一个图就是制品图。制品图描述计算机中一个系统的物理结构，属于结构图。

4.7　SOA 与 Web Service

面向服务的体系结构（Service-Oriented Architecture，SOA）是一个组件模型，它将应用程序的不同功能单元（称为服务）通过这些服务之间定义良好的接口和契约联系起来。

SOA 是一种**粗粒度**、**松耦合**的服务架构，服务之间通过简单、精确定义的**接口**进行通信，不涉及底层编程接口和通信模型。接口是采用中立的方式进行定义的，它独立于实现服务的硬件平台、操作系统和编程语言。这使得构建在各种此类系统中的服务可以以一种统一和通用的方式进行交互。SOA 可以看作 B/S 模型、XML/Web Service 技术之后的自然延伸，Web Service 即 Web 服务。

在理解 SOA 和 Web 服务的关系上，经常发生混淆。Web 服务是技术规范，而 SOA 是设计原则。特别是 Web 服务中的 Web 服务描述语言（Web Services Description Language，**WSDL**），是一个 SOA 配套的接口定义标准，这是 Web 服务和 SOA 的根本联系。从本质上来说，SOA 是一种架构模式，而 Web 服务是利用一组标准实现的服务。**Web 服务是实现 SOA 的方式之一，换句话说 Web Service 让 SOA 真正得到了应用。**

Web Service 是解决应用程序之间相互通信的一项技术。严格地说，Web Service 是描述一系列操作的接口，它使用标准的、规范的 XML 描述接口。这一描述包括与服务进行交互所需要的全部细节，包括消息格式、传输协议和服务位置。而在对外的接口中隐藏了服务实现的细节，仅提供一系列可执行的操作，这些操作独立于软、硬件平台和编写服务所用的编程语言。在 Web Service 模型的解决方案中共有三种工作角色，其中**服务提供者**（服务器）和**服务请求者**（客户端）是必需的，**服务注册中心**是一个可选的角色。它们之间的交互和操作（图 4-7-1）构成了 Web Service 的体系结构。服务提供者定义并实现 Web Service，然后将服务描述发布到服务请求者或服务注册中心；服务请求者使用查找操作从本地或服务注册中心检索服务描述，然后使用服务描述与服务提供者进行绑定并调用 Web Service。

与 Web Service 有关的协议和术语还有 SOAP、XML、UDDI、XSD、WSDL 等。

可扩展标记语言（eXtensible Markup Language，**XML**）规定了服务之间以及服务内部数据交换的格式和结构，通过 XML 可以将任何文档转换成 XML 格式，然后跨越 Internet 协议传输。**XML**

是 **Web Service 表示数据的基本格式**。除了易于建立和易于分析外,XML 的主要优点在于它既是与平台无关的,又是与厂商无关的。

XML 解决了数据表示的问题,但它没有定义一套标准的数据类型,更没有说明如何扩展这套数据类型。例如,整型数到底代表什么?16 位,32 位,还是 64 位?这些细节对实现互操作性都是很重要的。W3C 制定的 XML Schema Definition(XSD)就是专门解决这个问题的一套标准。它定义了一套标准的数据类型,并给出了一种语言来扩展这套数据类型。**Web Service 就是用 XSD 来作为其数据类型系统的**。

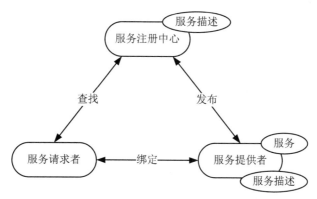

图 4-7-1 Web Service 模型的三种工作角色

Web Service 建好以后,你或者其他人就可以去调用它。简单对象访问协议(Simple Object Access Protocol,**SOAP**)提供了标准的 RPC 方法来调用 Web Service。SOAP 规范定义了 SOAP 消息的格式,以及如何通过 HTTP 协议来使用 SOAP。SOAP 也是基于 XML 和 XSD 的,XML 是 SOAP 的数据编码方式。

Web Service 有什么功能、调用的函数参数数据类型是什么、有几个参数等,这些描述就需要一种语言,这就是 Web 服务描述语言(Web Services Description Language,**WSDL**)。WSDL 本身其实就是一个标准的 XML 文档,用于描述 Web Service 及其函数、参数和返回值。

通用描述、发现与集成服务(Universal Description, Discovery and Integration,**UDDI**)是一种目录服务,可以使用它对 Web Services 进行注册和搜索。UDDI 是一个分布式的互联网服务注册机制,它集描述、**检索**和**集成**为一体,其核心是**注册机制**。UDDI 实现了一组可公开访问的接口,通过这些接口,网络服务可以向服务信息库注册其服务信息,服务需求者可以找到分散在世界各地的网络服务。

4.8 软件构件

构件(组件)是可复用的软件组成成分,可被用来构造其他软件。它可以是被封装的对象类、类树、一些功能——软件工程中的构件模块、软件框架、软件构架(或体系结构)、文档、分析件、设计模式等。组件可以看成是实现了某些功能的、有输入输出接口的黑盒子，具有相对稳定的公开接口，可用任何支持组件编写的工具实现。

构件模型是对构件本质特征的抽象描述。已形成三个主要流派，分别是对象管理组织（Object Management Group，**OMG**）的公共对象请求代理体系结构（Common Object Request Broker Architecture，**CORBA**）、**Sun** 的企业级 Java 组件（Enterprise JavaBean，**EJB**）和 **Microsoft** 的分布式构件对象模型（Distribute Component Object Model，**DCOM**）。这些实现模型将构件的接口与实现进行了有效的分离，提供了构件交互的能力，从而增加了重用的机会，并适应了网络环境下大型软件系统的需要。

CORBA 体系结构是 OMG 为解决分布式处理环境中硬件和软件系统的互连而提出的一种解决方案，OMG 是一个国际性的非营利组织，其职责是为应用开发提供一个公共框架，制订工业指南和对象管理规范，加快对象技术的发展。CORBA 是一种标准的面向对象的应用程序架构规范。

EJB 是 Sun 的服务器端组件模型，最大的用处是部署分布式应用程序。凭借 Java 跨平台的优势，用 EJB 技术部署的分布式系统可以不限于特定的平台。EJB 是 J2EE 的一部分，定义了一个用于开发基于组件的企业多重应用程序的标准。

DCOM 是一系列微软的概念和程序接口，利用这个接口，客户端程序对象能够请求来自网络中另一台计算机上的服务器程序对象。Microsoft 的 DCOM 扩展了组件对象模型技术（Component Object Model，COM），使其能够支持在局域网、广域网甚至 Internet 上不同计算机的对象之间的通信。使用 DCOM，你的应用程序就可以在位置上达到分布性，从而满足你的客户和应用的需求。

4.9 中间件技术

中间件位于操作系统、网络和数据库之上，应用软件的下层，为上层应用软件提供运行、开发环境。中间件屏蔽了底层操作系统的复杂性，程序开发人员只需面对简单而统一的开发环境，减少程序设计的复杂性，只需专注业务，不必考虑不同系统软件上的软件移植问题，大大减少了技术上的负担，减轻了系统维护与管理的工作量，从而减少了总的投入。常见的中间件有 Tomcat、WebSphere、ODBC、JDBC 等。

中间件是位于平台（硬件和操作系统）和应用之间的通用服务，这些服务具有标准的程序接口和协议。针对不同的操作系统和硬件平台，它们可以有符合接口和协议规范的多种实现。

基于目的和实现机制的不同，中间件主要分为**远程过程调用**、**面向消息的中间件**、**对象请求代理**、**事务处理监控**。

4.10 J2EE 与.NET

Java 2 平台企业版（Java 2 Platform,Enterprise Edition，J2EE）的核心是一组技术规范与指南，

其中所包含的各类组件、服务架构及技术层次均有共同的标准及规格，让各种依循 J2EE 架构的不同平台之间存在良好的兼容性。

Java 2 平台有 3 个版本，它们是适用于小型设备和智能卡的 Java 2 平台 Micro 版（Java 2 Platform Micro Edition，**J2ME**）、适用于桌面系统的 Java 2 平台标准版（Java 2 Platform Standard Edition，**J2SE**）、适用于创建服务器应用程序和服务的 Java 2 平台企业版（Java 2 Platform Enterprise Edition，**J2EE**）。

J2EE 的 4 层结构如图 4-10-1 所示，各层如下：

（1）运行在客户端机器上的**客户层**组件。
（2）运行在 J2EE 服务器上的 **Web 层**组件。
（3）运行在 J2EE 服务器上的**业务逻辑层**组件。
（4）运行在企业信息系统层（EIS）服务器上的**企业信息系统层**软件。

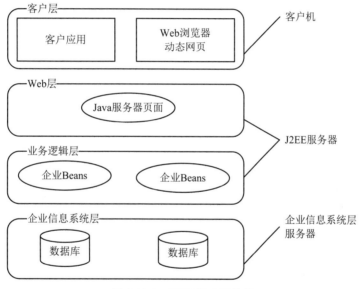

图 4-10-1　J2EE 的 4 层结构

J2EE 应用程序是由组件构成的 J2EE 组件，是具有独立功能的软件单元，它们通过相关的类和文件组装成 J2EE 应用程序，并与其他组件交互。J2EE 说明书中定义了以下 J2EE 组件：**应用客户端程序和 Applets 是客户层组件，Java Servlet 和 JSP 是 Web 层组件，EJB 是业务层组件。**

.NET 的结构如图 4-10-2 所示。.NET 将范围广泛的微软产品和服务组织起来，置于各种互联设备共同的视野范围内。只要是.NET 支持的编程语言，开发者就可以便捷利用各类.NET 工具。

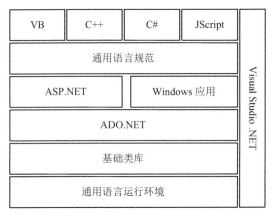

图 4-10-2 .NET 的结构

4.11 课堂巩固练习

1．信息系统的生命周期分为四个阶段，即产生阶段、开发阶段、运行阶段和消亡阶段。___(1)___ 是信息系统生命周期中最为关键的一个阶段。该阶段又可分为五个子阶段，即总体规划、系统分析、系统设计、系统实施和系统验收子阶段。

（1）A．产生阶段　　　B．开发阶段　　　C．运行阶段　　　D．消亡阶段

【攻克要塞软考研究团队讲评】开发阶段是信息系统生命周期中最为关键的一个阶段。

参考答案：（1）B

2．在软件开发模型中，___(2)___ 的特点是引进了增量包的概念，无须等到所有需求都出来，只要某个需求的增量包出来即可进行开发；___(3)___ 将瀑布模型和快速原型模型结合起来，强调了其他模型所忽视的风险分析，特别适合于大型复杂的系统；___(4)___ 是一种以用户需求为动力，以对象为驱动的模型，主要用于描述面向对象的软件开发过程。

（2）A．瀑布模型　　　B．演化模型　　　C．增量模型　　　D．V 模型

（3）A．构件组装模型　B．RUP　　　　　C．V 模型　　　　D．螺旋模型

（4）A．喷泉模型　　　B．V 模型　　　　C．螺旋模型　　　D．演化模型

【攻克要塞软考研究团队讲评】软件开发模型中，增量模型引入了增量包的概念；螺旋模型强调风险分析；喷泉模型主要用于面向对象的软件开发；瀑布模型适用于需求稳定的项目；V 模型强调软件测试；演化模型适用需求不稳定的项目，逐个原型递进成熟；RUP 是一个面向对象且基于网络的程序开发方法论；构件组装模型是利用预先包装好的软件构件来构造应用程序的。

参考答案：（2）C　（3）D　（4）A

3．模块的独立性内聚强度最高的是___(5)___；耦合性最弱的是___(6)___。

（5）A．功能内聚　　　B．顺序内聚　　　C．通信内聚　　　D．偶然内聚

（6）A．数据耦合　　　B．非直接耦合　　C．标记耦合　　　D．内容耦合

【攻克要塞软考研究团队讲评】解此题则马上想起两句口诀，内聚性参考记忆口诀："偶逻时过通顺功"，耦合性参考记忆口诀："非数标控外公内"。

参考答案：（5）A （6）B

4. 以下有关软件测试的说法正确的是 __(7)__ 。

（7）A. 程序员自己无须进行软件测试

B. 桌前检查由程序员自己检查自己编写的程序

C. 代码审查是由若干程序员和测试员组成一个会审小组，通过阅读、试运行程序、讨论和争议，对程序进行动态分析的过程

D. 软件测试工作的目的是确定软件开发的正确性

【攻克要塞软考研究团队讲评】这里考查的都是基本概念题。程序员自己要进行一部分的测试工作，比如白盒测试的相当部分工作；代码审查是要看代码找出问题；测试的目的在于检验它是否满足规定的需求或弄清预期结果与实际结果之间的差别。

参考答案：（7）B

5. __(8)__ 不属于软件需求规格说明书的内容。对软件需求变更策略的叙述中，不正确的是 __(9)__ 。

（8）A. 业务功能　　　　　　　　B. 应用系统性能

C. 交互界面　　　　　　　　D. 算法的详细过程

（9）A. 所有需求变更必须遵循变更控制过程

B. 对于未获得批准的变更，不应该做设计和实现工作

C. 应该由项目经理决定实现哪些变更

D. 项目风险承担者应该能够了解变更的内容

【攻克要塞软考研究团队讲评】软件需求规格说明书内容包括范围、引用文件、需求、合格性规定、需求可追踪性、尚未解决的问题、注解、附录等。

项目变更控制委员会决定实现哪些变更，而不是由项目经理决定。

参考答案：（8）D （9）C

6. UML是用来对软件密集系统进行可视化建模的一种语言。UML 2.0有13种图，__(10)__ 属于结构图，__(11)__ 属于行为图。__(12)__ 是活动图和序列图的混合物。

（10）A. 活动图　　B. 交互图　　C. 构件图　　D. 状态机图

（11）A. 类图　　　B. 交互图　　C. 构件图　　D. 部署图

（12）A. 对象图　　B. 类图　　　C. 包图　　　D. 交互概览图

【攻克要塞软考研究团队讲评】在UML 2.0中有两种基本的图范畴：结构图和行为图。每个UML图都属于这两个图范畴。结构图的目的是显示建模系统的静态结构，包括类图、组合结构图、构件图、部署图、对象图和包图；行为图显示系统中对象的动态行为，包括活动图、交互图、用例图和状态机图，其中交互图是顺序图、通信图、交互概览图和时序图的统称。交互概览图是活动图

和序列图的混合物。

参考答案：（10）C （11）B （12）D

7．下列有关软件体系架构的说法错误的是＿＿（13）＿＿。

（13）A．软件架构也称为软件体系结构，是一系列相关的抽象模式，用于指导软件系统各个方面的设计

B．2层C/S架构的数据库服务功能部署在客户端

C．3层C/S架构将应用功能分成表示层、功能层和数据层三部分

D．B/S架构是对C/S结构的一种变化或者改进的结构

【攻克要塞软考研究团队讲评】2层C/S架构中，服务器负责各种数据的处理和维护，为各个客户机应用程序管理数据。

参考答案：（13）B

第5学时 信息系统集成专业技术知识2——数据库知识

第5学时中的知识点大多出现在上午试题中，主要涉及数据库相关的知识。本学时的知识图谱如图5-0-1所示。

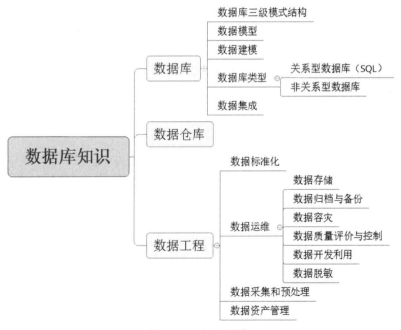

图5-0-1 知识图谱

5.1 数据库

数据库（Database，DB）是长期存储在计算机内的、大量的、有组织的、可共享的数据集合。**数据库技术**是一种管理数据的技术，是信息系统的核心和基础。**数据库系统**（Database System，DBS）由数据库、软件、硬件、人员组成。

5.1.1 数据库三级模式结构

模式是数据库中的全体数据逻辑结构与特征的描述，模式只描述类型，不涉及值。在数据库管理系统中，将数据按**外模式、模式、内模式** 3 层结构来抽象，属于数据的 3 个抽象级别。数据库三级模式结构如图 5-1-1 所示。

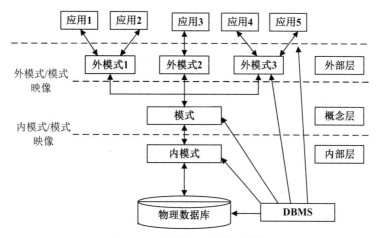

图 5-1-1　数据库三级模式结构

外模式又称用户模式、子模式，是用户的数据视图，是站在用户的角度所看到的数据特征、逻辑结构。**模式**又称概念模式，是所有用户公共数据视图集合，用于描述数据库全体逻辑结构和特征。一个数据库只有一个模式。**内模式**又称存储模式，描述了数据的物理结构和存储方式，是数据在数据库内部的表达方式。

5.1.2 数据模型

模型是对现实世界的模拟和抽象。**数据模型**用于表示、抽象、处理现实世界中的数据信息。例如，把学生信息抽象为学生（学号、姓名、性别、出生年月、入校年月）就是一种数据模型。

根据应用的不同，数据模型可分为概念模型、逻辑模型、物理模型。

（1）概念模型（信息模型）基于用户角度对数据和信息建模，把现实世界中的客观对象抽象为信息结构。这种信息结构不依赖于具体的计算机系统，也不对应某个 DBMS。

（2）逻辑模型是在概念模型的基础上确定模型的数据结构，可以分为网状模型、层次模型、关系模型、对象关系模型等。

- 网状模型：用**有向图**表示类型及实体间的联系。
- 层次模型：用**树型结构**表示类型及实体间的联系。
- 关系模型：用**表格表示实体集**，使用**外键**表示实体间的联系。

目前的企业信息系统所使用的数据库管理系统多为关系型数据库。关系模型常用术语见表 5-1-1，主要术语应用如图 5-1-2 所示。

表 5-1-1　关系模型常用术语

名称	定义
关系	描述一个实体及其属性，也可以描述实体间的联系。一个关系实质上是一张二维表，是元组的集合
元组	表中每一行叫作一个元组（属性名所在行除外）
属性	每一列的名称
属性值	列的值
主属性和非主属性	包含在任何一个候选码中的属性就是主属性，否则就是非主属性
候选码（候选键）	唯一标识元组而且不含有多余属性的属性集
主键（主码）	关系模式中正在使用的候选键

图 5-1-2　关系模型常用术语图示

（3）物理模型描述了数据在物理储存介质上的组织结构，它不但与具体的 DBMS 有关，而且还与操作系统和硬件有关。

5.1.3　数据建模

概念结构设计基于需求分析，是一个对用户需求进行归纳、总结、综合、抽象的过程，这个过程又称为数据建模。概念结构设计的目标是产生反映系统信息需求的数据库概念结构，也就是概念模式。概念结构设计常用的方法有实体-联系（E-R）方法。

数据建模过程包括数据需求分析、概念模型设计、逻辑模型设计和物理模型设计等。

5.1.4 数据库类型

根据存储方式的不同，数据库可以分为关系型数据库和非关系型数据库。

1. 关系型数据库（SQL）

关系型数据库是采用了关系模型来组织数据的数据库。关系型数据库以行和列的形式存储数据，一系列的行和列被称为表，一组表组成了数据库。关系型数据库容易理解、使用方便、易于维护，但是由于大量数据、高并发下读写性能不足，固定表结构扩展困难，多表关联式查询效率低下。

事务是 DBMS 的基本工作单位，是由用户定义的一个操作序列。关系型数据库支持事务的 ACID 原则：原子性（Atomicity），**要么都做，要么都不做**；一致性（Consistency），事务开始之前和事务结束后，数据库的完整性约束没有被破坏；隔离性（Isolation），多事务互不干扰；持久性（Durability），事务结束前所有数据改动必须保存到物理存储中。

2. 非关系型数据库

非关系型数据库（No only SQL，NoSQL）去掉了关系数据库的关系型特性，具有分布式、不一定遵循 ACID 原则等特点。非关系型数据库典型特征包括非结构化的存储，基于多维关系模型，具有特定的使用场景。非关系型数据库支持高并发、易于扩展、可伸缩、非结构化存储；但是对事务支持较弱，通用性差，没有完整性约束。

非关系型数据库主要有四种数据存储类型：键值存储、文档存储、基于列的数据库、图形数据库。

5.1.5 数据集成

数据集成是将信息系统的数据按规则组织成一个整体。数据集成可分为基本数据集成、多级视图集成、模式集成、多粒度数据集成。

5.2 数据仓库

数据仓库（Data Warehouse，DW）是一个面向主题的、集成的、相对稳定的、反映历史变化的数据集合，用于支持各种决策。数据仓库的主要特征：数据仓库是面向主题的；数据仓库是集成的；数据仓库是非易失的（在数据仓库环境中并不进行一般意义上的数据更新）；随时间变化而变化。

数据仓库的主要术语和整体结构如图 5-2-1 所示。

- 抽取/转换/加载（Extract/Transform/Loading，ETL）：从数据源抽取出所需的数据，经过数据清洗、转换，最终按照预先定义好的数据仓库模型将数据加载到数据仓库中去。
- 元数据：是关于数据的数据，指在数据仓库建设过程中所产生的有关数据源定义、目标定义、转换规则等相关的关键数据。典型的元数据包括：数据仓库表的结构、数据仓库表的属性、数据仓库的源数据（记录系统）、从记录系统到数据仓库的映射、数据模型的规格说明、抽取日志和访问数据的公用例行程序等。
- 粒度：数据仓库的数据单位中保存数据的细化或综合程度的级别。细化程度越高，粒度级就越小；相反，细化程度越低，粒度级就越大。

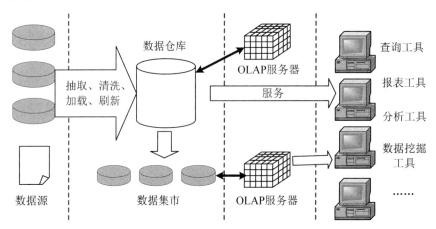

图 5-2-1 数据仓库的主要术语和整体结构

- **分割**：结构相同的数据被分成多个数据物理单元。任何给定的数据单元属于且仅属于一个分割。
- **数据集市**：小型的面向部门或工作组级数据仓库。
- **操作数据存储**（Operation Data Store，ODS）：能支持企业日常全局应用的数据集合，是不同于 DB 的一种新的数据环境，是 DW 扩展后得到的一个混合形式，其 4 个基本特点：面向主题的、集成的、可变的、当前或接近当前的。
- **前端工具**：包括查询工具、报表工具、分析工具、数据挖掘工具等。

数据源是数据仓库系统的基础，数据源可以有多种，比如关系型数据库、数据文件（Excel、XML）等。数据仓库的真正**关键是数据的存储和管理**。数据仓库按照数据的覆盖范围可以分为企业级数据仓库和部门级数据仓库（通常称为数据集市）。

OLAP 服务器对分析需要的数据进行有效集成，按多维模型予以组织，以便进行多角度、多层次的分析，并发现趋势。前端工具主要包括各种报表工具、查询工具、数据分析工具、数据挖掘工具以及各种基于数据仓库或数据集市的应用开发工具。其中数据分析工具主要针对 OLAP 服务器，报表工具、数据挖掘工具主要针对数据仓库。

主题库是指数据仓库中围绕特定业务主题进行逻辑分类的数据集合。例如，网站流量指标分析、客户价值指标分析等主题。

5.3 数据工程

数据工程是信息系统的基础工程，其目标是为信息系统提供数据保障与服务，以及安全高效的数据共享环境，是信息系统间互连、互通的支撑。

5.3.1 数据标准化

数据标准化的主要内容包括元数据、数据元、数据模式、数据分类与编码等方面的标准化和数据管理标准化。

（1）元数据：元数据是关于数据的数据。元数据标准化是建立结构化描述数据标准，描述数据的内容、范围、质量、管理方式、所有者、数据提供方式等信息的结构化数据。

（2）数据元：数据元是数据库、文件和数据交换的基本数据单元。数据库或文件由记录或元组等组成，记录或元组则由数据元组成。数据元一般由对象、特性、表示组成。

数据元制定的基本过程：描述；界定业务范围；开展业务流程分析与信息建模；借助信息模型提取数据元并按照一定规则规范其属性；对于代码型的数据元，编制其值域（代码表）；与现有的国家标准或行业标准进行协调；发布实施数据元标准并建立动态维护管理机制。

（3）数据模式：数据的概念、组成、结构和相互关系的总称。

（4）数据分类与编码：数据分类是根据内容的属性或特征将数据按一定方法进行区分和归类，并建立起一定的分类体系和排列顺序；数据编码是给事物或概念赋予具有一定规律并易于计算机识别处理的符号（代码元素集合）。

（5）数据管理标准化：数据管理标准化包含确定数据需求、制定数据标准、批准数据标准和实施数据标准四个阶段。

5.3.2 数据运维

1. 数据存储

数据存储就是在不同的应用环境下安全、有效地将数据保存到物理介质上，并能有效访问。

存储管理的主要工作是提高存储系统的访问性能，满足数据量不断增长的需要，有效保护数据，提高数据可用性等。存储管理的主要内容包含资源调度管理、存储资源管理、负载均衡管理、安全管理。数据的存储形式包含文件存储、块存储和对象存储。

2. 数据归档与备份

数据归档是将数据从主要存储设备中移动到较低成本、较低性能的存储设备中的过程。数据归档过程是可逆的，归档数据可以恢复到原存储设备中。

数据备份是将数据复制到其他存储介质上的过程。常见的数据备份系统架构见表 5-3-1。

表 5-3-1 常见的数据备份系统架构

数据备份系统架构名称	典型特点	优缺点
基于主机（Host-Base）	Host-Base 是最简单的一种数据保护方案，这种备份大多采用服务器上自带的磁带机或备份硬盘，而备份操作往往是手工操作	优点：数据传输速度快、备份管理简单； 缺点：不利于备份系统的共享，不适于现在大型的数据备份要求
基于局域网（LAN-Base）	LAN-Base 数据的传输以网络为基础。LAN-Base 方式下，会配置一台服务器作为备份服务器，负责整个系统的备份操作。磁带库或者硬盘池则接在某台服务器上，在进行数据备份时，备份对象将数据通过网络传输到磁带库中实现备份	优点：节省投资、磁带库共享、集中备份管理； 缺点：对网络传输压力大

续表

数据备份系统架构名称	典型特点	优缺点
LAN-Free	基于 SAN 的备份彻底解决了传统备份方式需要占用 LAN 带宽的问题。LAN-Free 就是指数据无须通过局域网而直接进行备份,用户只需要把磁带机或磁带库等备份设备连接到 SAN 中,服务器直接把需要备份的数据发送到共享的备份设备上,不需要经过局域网络。由于数据备份是通过 SAN 网络进行的,局域网只承担各服务器间的通信,而无须承担数据传输的任务	优点:数据备份统一管理、备份速度快、网络传输压力小、磁带库资源共享; 缺点:少量文件恢复操作烦琐,并且技术实施复杂、投资较高
Server-Free	LAN-Free 备份需要占用备份主机的 CPU 资源。Server-Free 备份方式下,虽然服务器仍然需要参与备份过程,但负担已大大减轻,此时服务器类似于交通警察,只用于指挥方向,不用于装载和运输,不是主要的备份数据通道	优点:与 LAN-Free 相似,更能缩短备份及恢复所用的时间; 缺点:难度大、成本高,而且虽然服务器的负担大大减轻,但仍需要备份软件控制备份过程。元数据必须记录在备份软件的数据库上,仍需要占用 CPU 资源

数据备份方式有如下三种:

- 完全备份:将系统中所有的数据信息全部备份。
- 差分备份:每次备份的数据是相对于上一次全备份之后新增加的和修改过的数据。
- 增量备份:备份自上一次备份(包含完全备份、差分备份、增量备份)之后所有变化的数据。

3. 数据容灾

灾难包含一切引起系统非正常停机的事件。容灾系统分为应用容灾和数据容灾两类。

(1)应用容灾:克服灾难保证应用的完整性、可靠性和安全性,保证系统持续提供服务。

(2)数据容灾:数据容灾是应用容灾的基础和子集,保证灾难发生时,数据尽量少丢失或不丢失,保证系统尽快恢复运行。

衡量容灾系统有两个主要指标:恢复点目标(Recovery Point Object,RPO),它表示数据库应该恢复到的时间点,相当于所允许的最大数据丢失量;恢复时间目标(Recovery Time Object,RTO),它表示在发生问题后允许用于恢复的最长时间。数据备份是数据容灾的基础。

数据容灾的关键技术主要包括远程镜像技术和快照技术。

(1)远程镜像技术。是指主数据中心和备份中心之间保持远程数据同步技术。镜像技术是指将一个磁盘、文件、数据、系统完全复制到另一个设备上,创建完全一样的副本的过程。

(2)快照技术。快照技术用于记录某一时间点的系统状态或数据状态。快照可以被看作源数据在某个时间点的一致性数据副本,可以被主机读取或用于数据恢复。

4. 数据质量评价与控制

数据质量是数据产品满足指标、状态和要求能力的特征总和。

(1)数据质量描述:数据质量可通过数据质量元素描述,数据质量元素分为数据质量定量元素和数据质量非定量元素。

（2）数据质量评价过程：生成并报告数据质量结果的一系列活动。

（3）数据质量评价方法：可以分为直接评价法和间接评价法，直接评价法是指通过将数据与内、外部的参照数据（如理论值）对比来评估数据质量；间接评价法是指利用数据相关信息（如数据源、采集方法的描述、推断）来评估数据质量。

（4）数据质量控制：包括对数据的前期控制（包含数据录入前的质量控制、数据录入过程中的实时质量控制）和后期控制（数据录入完成后的后处理质量控制与评价）。

（5）数据清理（数据清洗）：精简数据库，去除重复记录，并将剩余数据转换为标准数据的过程。数据清理包括数据分析、数据检测、数据修正3个步骤。

5．数据开发利用的技术手段

数据开发利用的技术手段有数据集成、数据挖掘和数据服务（目录服务、查询服务、浏览和下载服务、数据分发服务）、数据可视化、信息检索等。

6．数据脱敏

数据脱敏就是对数据去隐私化处理。

5.3.3 数据采集和预处理

数据采集是指根据需求收集相关数据的过程。数据采集的方法包含网络采集（接口采集、爬虫采集）、传感器采集、日志采集等。

数据预处理是为了保证数据的一致性、完整性、准确性、有效性、唯一性，而实施的去除重复数据、数据纠错、数据标准化的过程。数据预处理包括数据分析、数据检测和数据修正3个步骤，具体如图5-3-1所示。

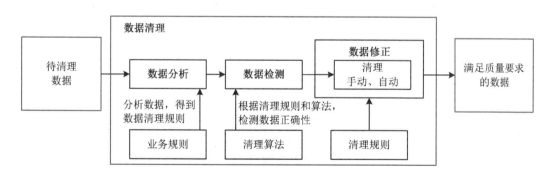

图 5-3-1　数据预处理的过程

数据预处理的方法主要包括缺失数据、异常数据、不一致数据、重复数据、格式不符数据的预处理。

5.3.4 数据资产管理

数据资产管理（Data Asset Management，DAM）是规划、控制和提供数据及信息资产的活动、方法、流程等，旨在保护、交付、监控、提高数据资产的价值。数据转换为可流通数据，要经历数据资源化、数据资产化两个重要步骤。

（1）数据资源化：将原始数据转变为具备一定潜在价值的数据资源。

（2）数据资产化：开发数据资源的潜在价值，成为数据资产。

5.4 课堂巩固练习

1．数据仓库技术中，用户从数据源抽取出所需的数据，经过数据清洗、转换，最终按照预先定义好的数据仓库模型将数据加载到数据仓库中去，这指的是___（1）___。

（1）A．导入/导出　　B．XML　　　　C．SQL Loader　　D．ETL

【攻克要塞软考研究团队讲评】ETL 正是题目所解释的定义。

参考答案：（1）D

2．数据库系统通常采用三级模式结构：外模式、模式和内模式。这三级模式分别对应数据库的___（2）___。

（2）A．基本表、存储文件和视图　　　B．视图、基本表和存储文件

　　　C．基本表、视图和存储文件　　　D．视图、存储文件和基本表

【攻克要塞软考研究团队讲评】外模式、模式和内模式分别对应数据库的视图、基本表和存储文件。

参考答案：（2）B

3．___（3）___不属于数据预处理的方法。

（3）A．数据缺失　　B．数据不一致　　C．数据安全　　D．数据重复

【攻克要塞软考研究团队讲评】数据预处理的方法主要包括缺失数据、异常数据、不一致数据、重复数据、格式不符数据的预处理。

参考答案：（3）C

4．衡量容灾系统或能力的主要指标是___（4）___。

（4）A．远程镜像技术　　　　　　　　B．RTO/RPO

　　　C．异地容灾　　　　　　　　　　D．数据备份策略

【攻克要塞软考研究团队讲评】衡量容灾系统有两个主要指标，分别是恢复点目标（Recovery Point Object，RPO）、恢复时间目标（Recovery Time Object，RTO）。

参考答案：（4）B

第 6 学时　信息系统集成专业技术知识 3——网络与信息安全知识

第 6 学时中的知识点大多出现在上午试题中，主要涉及计算机网络基础、信息安全等方面的知识。本学时的知识图谱如图 6-0-1 所示。

图 6-0-1　知识图谱

6.1　计算机网络基础

通信就是将信息从源地传送到目的地。**通信研究**就是解决从一个信息的源头到信息的目的地整个过程的技术问题。**信息**是通过通信系统传递的内容，其形式可以是声音、动画、图像、文字等。信息传输过程可以进行抽象，通常称为数据通信系统模型，具体如图 6-1-1 所示。

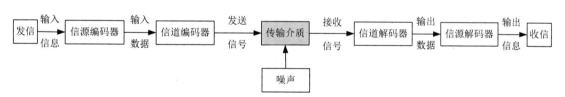

图 6-1-1　数据通信系统模型

计算机网络是指将地理位置不同的具有独立功能的多台计算机及其外部设备，通过通信线路连接起来，进行资源共享与通信。网络协议（简称**协议**）是网络中的数据交换建立的一系列规则、标准或约定。网络协议由**语法、语义和时序关系**三个要素组成。

- 语法：数据与控制信息的结构或形式。即"怎么做"。
- 语义：根据需要发出哪种控制信息，依据情况完成哪种动作以及做出哪种响应。即"要做什么"。
- 时序关系：又称为同步，即事件实现顺序的详细说明。即"做的顺序"。

6.1.1 OSI/RM

开放系统互连参考模型（Open System Interconnection/Reference Model，OSI/RM）是1983年ISO颁布的网络体系结构标准。从低到高分七层：**物理层**、**数据链路层**、**网络层**、**传输层**、**会话层**、**表示层**、**应用层**。各层之间相对独立，第 N 层向第 $N+1$ 层提供服务。

【辅导专家提示】OSI/RM 的七层体系结构参考记忆口诀："物数网传会表应"。

表 6-1-1 对 OSI/RM 七层体系结构的主要功能、主要设备及协议进行了总结。不过，OSI/RM 只是一个参考模型，并不是实际应用的模型。应用最为广泛的是 TCP/IP，表 6-1-1 中的主要设备及协议其实就是 TCP/IP 的 4 层中的主要设备及协议。从对应关系来看，相当于 TCP/IP 的应用层完成了 OSI/RM 的应用层、表示层、会话层 3 层的功能。

表 6-1-1 OSI/RM 七层体系结构的主要功能、主要设备及协议

层次	名称	主要功能	主要设备及协议
7	应用层	实现具体的应用功能	POP3、FTP、HTTP、Telnet、SMTP DHCP、TFTP、SNMP、DNS
6	表示层	数据的格式与表达、加密、压缩	
5	会话层	建立、管理和终止会话	
4	传输层	端到端连接	TCP、UDP
3	网络层	分组传输和路由选择	三层交换机、路由器 ARP、RARP、IP、ICMP、IGMP
2	数据链路层	传送以帧为单位的信息	网桥、交换机（二层交换机或者多端口网桥）、网卡 PPTP、L2TP、SLIP、PPP
1	物理层	二进制传输	中继器、集线器 RS-232、V.35、RJ-45、FDDI

物理层的数据单位是**比特**，传输方式一般为**串行**。数据链路层的数据单位是**帧**。网络层处理与寻址和传输有关的管理问题，提供**点对点的连接**，数据单位是**分组**。传输层的数据单位是**报文**，建立、维护和撤销传输连接（**端对端的连接**），并进行**流量控制**和**差错控制**。

6.1.2 TCP/IP

TCP/IP 是实际在用的模型，分为 4 层（有的书中也分为 5 层，区别就是分为 4 层的说法中将数据链路层和物理层合为网络接口层）。图 6-1-2 表示了 TCP/IP 各层的协议以及与 OSI/RM 七层的对应关系。哪个协议位于哪一层、协议是什么协议、用来做什么，这些是考试中比较容易出考题的地方，考试中一出现这方面的考题就要马上想起图 6-1-2，题目即可迎刃而解。

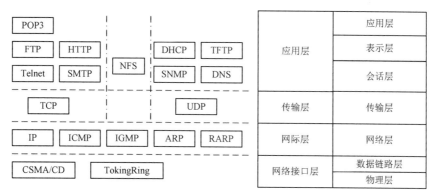

图 6-1-2　TCP/IP 各层的协议以及与 OSI/RM 七层的对应关系

传输控制/网际协议（Transmission Control Protocol/Internet Protocol，TCP/IP 协议），又叫网络通信协议。这个协议是 Internet 国际互联网络的基础，它实际上是一个协议族，也就是说其中还含有很多的协议，只是其中 TCP 和 IP 是最为重要的两个协议，故提取出来作为协议族的名称。

网络接口层是 TCP/IP 的最底层，负责接收 IP 数据报并通过网络发送，或者从网络上接收物理帧，抽出 IP 数据报交给 IP 层。网络层、传输层功能与 OSI/RM 中对应的层相同，不再赘述。

应用层向用户提供一组常用的应用程序，比如电子邮件、文件传输访问、远程登录等。远程登录 Telnet 使用 Telnet 协议提供在网络其他主机上注册的接口。Telnet 会话提供了基于字符的虚拟终端。文件传输访问使用 FTP 协议来提供网络内机器间的文件复制功能。

下面对图 6-1-2 中的协议进行说明：

- 载波侦听多路访问/冲突检测（Carrier Sense Multiple Access/Collision Detected，**CSMA/CD**）：也可称为"**带有冲突检测的载波侦听多路访问**"。CSMA/CD 工作在**网络接口层**，应用最多的就是**以太网**。
- TokingRing：即令牌环网 IEEE 802.5 LAN 协议。
- 网际协议（Internet Protocol，IP）：实际上是一套由软件程序组成的协议软件，它把各种不同"**帧**"统一转换成"**IP 数据包**"格式，并给 Internet 上的每台计算机和其他设备都规定了一个唯一的地址，叫作"**IP 地址**"。
- 互联网控制报文协议（Internet Control Message Protocol，ICMP）：用于在 IP 主机、路由器之间传递控制消息；控制消息是指网络通不通、主机是否可达、路由是否可用等网络本身的消息。
- Internet 组管理协议（Internet Group Management Protocol，IGMP）：是 Internet 协议家族中的一个组播协议，用于 IP 主机向任意一个直接相邻的路由器报告它们的组成情况；IGMP 信息封装在 IP 报文中。
- 地址解析协议（Address Resolution Protocol，ARP）：实现**通过 IP 地址得知其物理地址**。以以太网环境为例，为了正确地向目的主机传送报文，必须把目的主机的 **32 位 IP 地址**

转换成为 **48 位以太网地址**。
- 反向地址解析协议（Reverse Address Resolution Protocol，RARP）：允许局域网的物理机器从网关服务器的 ARP 表或者缓存上请求其 IP 地址。
- 传输控制协议（Transmission Control Protocol，TCP）：是一种面向连接（连接导向）的、可靠的、**基于字节流**的传输层通信协议；TCP 建立连接之后，通信双方可以同时进行数据的传输，TCP 是**全双工**的；在保证可靠性上，采用**超时重传**和**捎带确认**机制。
- 用户数据报协议（User Datagram Protocol，UDP）：位于**传输层**；提供面向事务的简单**不可靠**信息传送服务；是一个**无连接**协议，传输数据之前源端和终端不建立连接；在网络质量不十分令人满意的环境下，UDP 协议数据包丢失会比较严重，但是具有资源消耗小、处理速度快的优点，比如我们聊天用的 **QQ 就是使用的 UDP 协议**。
- 邮局协议的第 3 个版本（Post Office Protocol 3，POP3）：是规定个人计算机如何连接到互联网上的邮件服务器进行**收发邮件**的协议；是 Internet 电子邮件的第一个**离线**协议标准，POP3 协议允许用户从服务器上把邮件存储到本地主机（即自己的计算机）上，同时根据客户端的操作删除或保存在邮件服务器上的邮件。
- 文件传输协议（File Transfer Protocol，FTP）：用于 Internet 上的**文件双向传输**。
- Telnet：是 Internet **远程登录服务**的标准协议和主要方式；为用户提供了在本地计算机上完成远程主机工作的能力。
- 超文本传输协议（HyperText Transfer Protocol，HTTP）：是**客户端浏览器或其他程序与 Web 服务器之间的应用层通信协议**。
- 简单邮件传输协议（Simple Mail Transfer Protocol，SMTP）：是一种提供可靠且有效**电子邮件传输**的协议。
- 网络文件系统（Network File System，NFS）：允许一个系统在网络上与他人**共享目录和文件**。
- 动态主机配置协议（Dynamic Host Configuration Protocol，DHCP）：是一个局域网的网络协议，**使用 UDP 协议工作**，主要用途是为内部网络或网络服务供应商**自动分配 IP 地址**，给用户、内部网络管理员作为对所有计算机做**中央管理**的手段。
- 简单网络管理协议（Simple Network Management Protocol，SNMP）：应用层上进行网络设备间通信的管理协议，可以进行网络状态监视、网络参数设定、网络流量统计与分析、发现网络故障等。
- 简单文件传输协议（Trivial File Transfer Protocol，TFTP）：与 FTP 类似，是一个小而简单的文件传输协议。
- 域名系统（Domain Name System，DNS）：由**解析器**和**域名服务器**组成；域名服务器是指保存有该网络中所有主机的域名和对应 IP 地址，并具有将域名转换为 IP 地址功能的服务器；**域名必须对应一个 IP 地址，而 IP 地址不一定有域名**；域名系统采用类似**目录树**的等级结构；将域名映射为 IP 地址的过程就称为"域名解析"；域名解析需要由专门的域名解析服务器来完成，DNS 就是进行域名解析的服务器。

6.1.3 网络规划与设计

网络规划与设计首先要进行需求分析。需求主要考虑网络的**功能要求、性能要求、运行环境要求、可扩充性和可维护性要求**。

1. 网络规划原则

网络规划要遵循**实用性、开放性和先进性**的原则。网络的设计与实施要遵循**可靠性、安全性、高效性和可扩展性**原则。层次化的网络设计主要包括**核心层、汇聚层和接入层** 3 个层次。

2. 软件定义网络

软件定义网络（Software Defined Network，SDN）是一种网络设计理念或者是推倒重来的设计思想。只要是网络硬件可以集中式软件管理、可编程、控制部分和数据转发分开，就可以理解为 SDN 网络。

现代网络观点将网络层划分成了数据平面和控制平面两个相互作用的部分。数据平面负责数据转发和处理；控制平面负责确定数据从源端到中间节点到目的端的路由方式。

（1）传统网络的控制平面，路由器以分布式方式执行路由算法，生成本地转发表。传统网络的数据平面，则基于本地转发表进行转发。传统网络的控制平面和数据平面往往耦合在同一设备中。

（2）SDN 网络的控制平面，路由器上传本地链路状态信息给 SDN 控制器；再由 SDN 集中下发转发表。SDN 网络的路由器依据下发的转发表，进行数据转发。SDN 网络控制平面和数据平面已经分散，解耦了。

SDN 方式下，网络部署新设备变得相对容易，网络发生变化时设备交互也变得相对容易，设备间可以更好地进行协同工作，能更好地解决带宽分配的问题，能从更广的角度进行流量控制，可以实现按需编程。

SDN 的具体网络结构如图 6-1-3 所示。

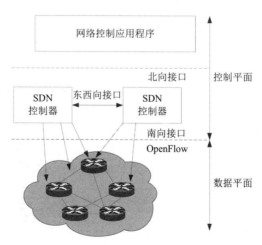

图 6-1-3　SDN 体系结构

6.1.4 计算机网络分类

计算机网络按分布范围可分为个人局域网、**局域网**、**城域网**和**广域网**。按拓扑结构可分为**总线型**、**星型**、**环型**，如图 6-1-4 所示。

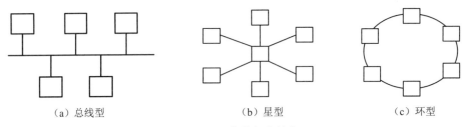

（a）总线型　　　　　　　　（b）星型　　　　　　　　（c）环型

图 6-1-4　网络的拓扑结构

局域网的主流架构有单核心架构、双核心架构、环型架构、层次局域网架构。

- 单核心架构：网络核心设备为一台核心交换机，下连多台接入层交换机，终端设备通过接入层交换机接入网络。
- 双核心架构：网络核心设备为两台核心交换机，核心之间互联实现负载均衡。
- 环型架构：网络核心设备为多台核心交换机，核心设备组成环网结构。
- 层次局域网架构：层次局域网架构通常由接入层设备、汇聚层设备、核心层设备及终端设备构成。

广域网是连接不同局域网或城域网的远程网络。广域网的主流架构有单核心广域网、双核心广域网、环型广域网、层次子域广域网等。

IEEE 802 致力于研究局域网和城域网的物理层和 MAC 层中定义的服务和协议，对应 OSI 网络参考模型的最低两层（即物理层和数据链路层）。IEEE 802 也指 IEEE 标准中关于局域网和城域网的一系列标准，主要见表 6-1-2。

表 6-1-2　IEEE 802 关于局域网和城域网的主要标准

标准	网络技术类型	标准	网络技术类型
IEEE 802.3	以太网	IEEE 802.8	光纤技术
IEEE 802.4	令牌总线	IEEE 802.11	无线局域网
IEEE 802.5	令牌环	IEEE 802.13	有线电视
IEEE 802.6	城域网	IEEE 802.14	交互式电视网
IEEE 802.7	宽带技术	IEEE 802.15	无线个人局域网

IEEE 802.3 是以太网的协议。以太网（Ethernet）最早由 Xerox（施乐）公司创建，DEC、Intel 和 Xerox 三家公司于 1980 年联合开发成为一个标准。以太网是应用最为广泛的局域网，包括标准的以太网（10Mb/s）、快速以太网（100Mb/s）、1000M 以太网和 10G（10Gb/s）以太网。

- **10M 以太网**：10Base5 和 10Base2，采用同轴粗缆介质，是总线型网络；10Base-T，采用**非屏蔽双绞线**，是**星型**网络；10Base-F 采用**光纤**介质，是**星型**网络。
- **100M 以太网**：100Base-TX，采用 5 类**非屏蔽双绞线**或 **1、2 类 STP** 介质；100Base-FX 采用 62.5/125 **多模光纤**介质；100Base-T4，采用 3 类**非屏蔽双绞线**介质。
- **1000M 以太网**：1000Base-LX 采用**多模光纤**或**单模光纤**，最大传输距离 5000m；1000Base-SX 采用**多模光纤**，最长有效距离 550m(50μm)/275m(62.5μm)；1000Base-T 采用 **5 类 UTP**，最长有效距离 100m。

非屏蔽双绞线（Unshielded Twisted Paired，UTP）无金属屏蔽材料只有一层绝缘胶皮包裹，价格相对便宜，组网灵活，其线路优点是阻燃效果好，不容易引起火灾。

【**辅导专家提示**】F 表示光纤，T 表示双绞线。

IEEE 802.11 是 IEEE 最初制定的一个无线局域网标准，主要用于解决办公室局域网和校园网中用户与用户终端的无线接入，业务主要限于数据存取，**速率最高只能达到 2Mb/s**。由于 IEEE 802.11 在速率和传输距离上都不能满足人们的需要，因此，IEEE 小组又相继推出了 IEEE 802.11a、IEEE 802.11b、IEEE 802.11g、IEEE 802.n、IEEE 802.11ac 等标准。

6.1.5 网络接入方式

网络接入方式主要有有线和无线两种。有线接入技术有**拨号连接**、非对称数字用户环路（Asymmetric Digital Subscriber Line，**ADSL**）、数字数据网（Digital Data Network，**DDN**）、局域网接入等。无线接入有 **Wi-Fi、Bluetooth（蓝牙）、IrDA（红外线）**、无线局域网鉴别和保密基础结构（Wireless LAN Authentication and Privacy Infrastructure，**WAPI**）、4G 接入等。

6.1.6 网络存储技术

（1）开放系统的直连式存储（Direct Attached Storage，DAS），如图 6-1-5 所示，这是一种直接与主机系统相连接的存储设备。

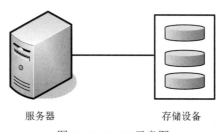

服务器　　　　存储设备

图 6-1-5　DAS 示意图

（2）网络附属存储（Network Attached Storage，NAS），如图 6-1-6 所示。它采用单独为网络数据存储而开发的文件服务器来连接所有的存储设备。数据存储在这里不再是服务器的附属设备，而成为网络的一个组成部分。

（3）存储域网络（Storage Area Network，SAN），如图 6-1-7 所示。SAN 是一种专用的存储网络，用于将多个系统连接到存储设备和子系统。SAN 可以被看作负责存储传输的后端网络，而前端的数据网络负责正常的 TCP/IP 传输。SAN 可以分为 FC SAN 和 IP SAN。FC SAN 的网络介质为光纤通道，而 IP SAN 使用标准的以太网。

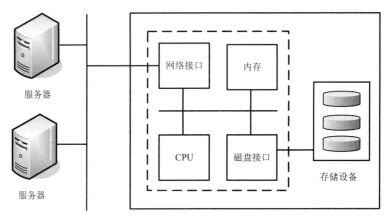

图 6-1-6　NAS 示意图

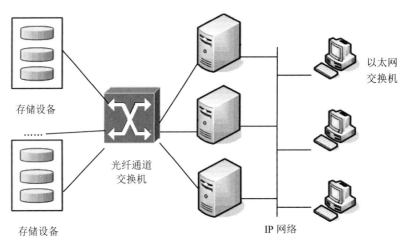

图 6-1-7　SAN 示意图

（4）Internet 小型计算机系统接口（Internet Small Computer System Interface，iSCSI），如图 6-1-8 所示，是由互联网工程任务组（Internet Engineering Task Force，IETF）开发的网络存储标准，目的是用 IP 协议将存储设备连接在一起。**通过在 IP 网上传送 SCSI 命令和数据**，iSCSI 推动了数据在网际之间的传递，同时也促进了数据的远距离管理。因为 IP 网络的广泛应用，iSCSI 能够在 LAN、WAN 甚至 Internet 上进行数据传送，使得数据的存储不再受地域的限制。

（5）虚拟存储化。虚拟存储化统一了多种、多个存储设备，同服务器操作系统分隔开来，为用户提供大容量、高速率的存储称为存储虚拟化。

（6）绿色存储。绿色存储是设计高效能的存储，减少存储容量满足业务需求，从而消耗最低能源。绿色存储技术包含重复数据删除、自动精简配置、磁带备份等。

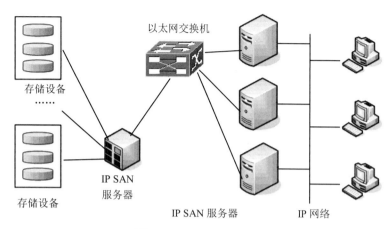

图 6-1-8 iSCSI 示意图

6.1.7 虚拟局域网

IEEE 于 1999 年颁布了用以标准化 VLAN 实现方案的 **IEEE 802.1Q** 协议标准草案。虚拟局域网（Virtual Local Area Network，VLAN）是一种**将局域网设备从逻辑上划分成一个个网段**，从而实现虚拟工作组的新兴数据交换技术。这一新兴技术主要应用于交换机和路由器中，但主流应用还是在交换机之中。

使用 VLAN 可以实现虚拟工作组，提高管理效率，控制广播数据，增强网络的安全性。划分 VLAN 的方法主要有按**交换机端口号**划分、按 **MAC 地址**划分、按**第三层协议**划分（**IP 组播** VLAN、**基于策略**的 VLAN）、按用户定义、非用户授权划分等方式。

6.1.8 综合布线与机房工程

综合布线主要考虑六大子系统，如图 6-1-9 所示，即**工作区子系统、水平干线子系统、管理间子系统、垂直干线子系统、设备间子系统、建筑群子系统**。

机房工程的设计原则主要有：实用性和先进性原则、安全可靠性原则、灵活性和可扩展性原则、标准化原则、经济性原则、可管理性原则。

6.1.9 IP 地址

所谓 IP 地址，就是给每个连接在 Internet 上的主机分配的一个 32bit 地址。按照 TCP/IP 协议规定，IP 地址用二进制来表示，每个 IP 地址长 **32bit**，将比特换算成字节，就是 4 个字节。例如，一个采用二进制形式的 IP 地址是"00001010000000000000000000000001"，这么长的地址，人们处理起来太费劲了。为了方便人们的使用，IP 地址经常被写成十进制的形式，中间使用符号"."分开不同的字节。于是，上面的 IP 地址可以表示为"10.0.0.1"。IP 地址的这种表示法叫作"**点分十进制表示法**"，这显然比 1 和 0 容易记忆得多。

IP 地址由两部分组成，一部分为**网络地址**，另一部分为**主机地址**。网络号的位数直接决定了可以分配的网络数（计算方法为 $2^{网络号位数}-2$）；主机号的位数则决定了网络中**最大的主机数**（计算方法 $2^{主机号位数}-2$）。

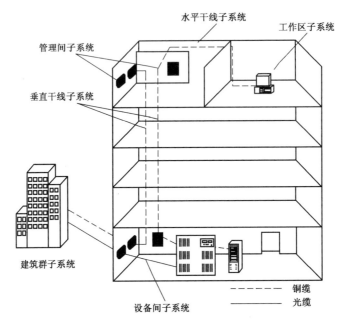

图 6-1-9　综合布线要考虑的六大子系统

IP 地址分为 A、B、C、D、E 五类。常用的是 B 类和 C 类。

A 类 IP 地址由 1 字节的网络地址和 3 字节主机地址组成，网络地址的最高位必须是"0"。A 类 IP 地址中网络的标识长度为 7 位，主机标识的长度为 24 位，A 类网络地址数量较少，可以用于主机数达 1600 多万台的大型网络。A 类 IP 地址的子网掩码为 **255.0.0.0**，每个网络支持的最大主机数为 $256^3-2=16777214$ 台。

B 类 IP 地址由 2 字节的网络地址和 2 字节主机地址组成，网络地址的最高位必须是"10"。B 类 IP 地址中网络的标识长度为 14 位，主机标识的长度为 16 位，B 类网络地址适用于中等规模的网络，每个网络所能容纳的计算机数为 6 万多台。B 类 IP 地址的子网掩码为 **255.255.0.0**，每个网络支持的最大主机数为 $256^2-2=65534$ 台。

C 类 IP 地址由 3 字节的网络地址和 1 字节主机地址组成，网络地址的最高位必须是"110"。C 类 IP 地址中网络的标识长度为 21 位，主机标识的长度为 8 位，C 类网络地址数量较多，适用于小规模的局域网络。C 类 IP 地址的子网掩码为 **255.255.255.0**，每个网络支持的最大主机数为 $256-2=254$ 台。

IP 地址中的每一个字节都为 0 的地址（"0.0.0.0"）对应于**当前主机**；IP 地址中的每一个字节都为 1 的 IP 地址（255.255.255.255）是当前子网的**广播地址**。地址中不能以十进制"127"作为开头，该类地址中，数字 127.0.0.1～127.1.1.1 用于**回路测试**。

D 类 IP 地址的第一个字节以"1110"开始，它是一个专门保留的地址，并不指向特定的网络，目前这一类地址被用在多点广播中。多点广播地址用来一次寻址一组计算机，它标识共享同一协议的一组计算机。地址范围为 224.0.0.1～239.255.255.254。

E 类 IP 地址以"11110"开始，保留以为实验所用。

综上所述，A 类地址以二进制"0"开头；B 类地址以"10"开头；C 类地址以"110"开头；D 类地址以"1110"开头；E 类地址以"11110"开头。要判断一个 IP 地址属于哪一类，要会做二进制和十进制的转换，再根据以上规则判断。

6.1.10　IPv6

IPv6（Internet Protocol Version 6）是 IETF 设计的用于替代现行 IPv4 的下一代 IP 协议。IPv6 的地址长度为 128 位，通常写作 8 组，每组为 4 个十六进制数的形式，如 2002:0db8:85a3:08d3:1319:8a2e:0370:7345 是一个合法的 IPv6 地址。IPv6 地址数量为 2^{128}。

IPv6 书写规则如下：

（1）任何一个 16 位段中起始的 0 不必写出来；任何一个 16 位段如果少于 4 个十六进制的数字，就认为其忽略了起始部分的数字 0。例如，2002:0db8:85a3:08d3:1319:8a2e:0370:7345 的第 2、第 4 和第 7 段包含起始 0。使用简化规则，该地址可以书写为 2002:db8:85a3:8d3:1319:8a2e:370:7345。

注意：只有起始的 0 才能被忽略，末尾的 0 不能被忽略。

（2）任何由全 0 组成的一个或多个 16 位段的单个连续字符串都可以用一个双冒号"::"表示。例如，2002:0:0:0:0:0:0:0001 可以简化为 2002::1。

注意：双冒号只能用一次。

6.2　信息与网络安全

从外部给系统造成的损害，称为**威胁**；从内部给系统造成的损害，称为**脆弱性**。**系统风险**则是威胁利用脆弱性造成损坏的可能。

图 6-2-1 所示蛋的裂缝可以看成"鸡蛋"系统的脆弱性，而苍蝇可以看成威胁，苍蝇叮有缝的蛋表示威胁利用脆弱性造成了破坏。

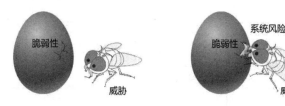

图 6-2-1　威胁、脆弱性、系统风险示例

6.2.1 信息安全基础

信息系统安全属性有不可抵赖性、完整性、保密性、可用性。

（1）不可抵赖性。数据的发送方与接收方都无法对数据传输的事实进行抵赖。

（2）完整性。信息只能被得到允许的人修改，并且能够被判别该信息是否已被篡改过。常用的保证完整性手段有安全协议、纠错编码、数字签名、密码检验、公证。应用数据完整性机制可以防止数据在途中被攻击者篡改或破坏。

（3）保密性。保证信息不泄露给未经授权的进程或实体，只供授权者使用。常用保密技术有最小授权原则、防暴露、信息加密、物理保密。

应用系统运行中涉及的安全和保密层次包括4层，这4个层次按粒度从粗到细的排列顺序是系统级安全、资源访问安全、功能性安全、数据域安全。

1）系统级安全。系统级安全是分析现行安全技术，制订系统级安全策略。具体策略有隔离敏感系统、IP地址限制、登录时间和会话时间限制、连接数和登录次数的限制、远程访问控制等。

2）资源访问安全。对程序资源的访问进行安全控制。

3）功能性安全。功能性安全会对程序流程产生影响，如用户操作业务记录、是否需要审核、上传附件不能超过指定大小等。安全限制不是入口级的限制，是程序流程内的限制，会影响程序流程运行。

4）数据域安全。数据域安全包括两个方面：

- 行级数据域安全：用户可以访问哪些业务记录。
- 字段级数据域安全：用户可以访问业务记录的哪些字段。

（4）可用性。只有授权者才可以在需要时访问该数据，而非授权者应被拒绝访问数据。

系统安全设计目标是CIA，即保密性（Confidentiality）、完整性（Integrity）、可用性（Availability），又称为信息安全三元组。

信息系统安全可以划分为4个层次，具体见表6-2-1。

表6-2-1 信息系统安全层次

层次	属性	说明
设备安全	设备稳定性	设备一定时间内不出故障的概率
	设备可靠性	设备一定时间内正常运行的概率
	设备可用性	设备随时可以正常使用的概率
数据安全	数据秘密性	数据不被未授权方使用的属性
	数据完整性	数据保持真实与完整，不被篡改的属性
	数据可用性	数据随时可以正常使用的概率
内容安全	政治健康	确保数据的政治、法律、道德的安全
	合法合规	
	符合道德规范	

层次	属性	说明
行为安全	行为秘密性	行为的过程和结果是秘密的，不影响数据的秘密性
	行为完整性	行为的过程和结果可预期，不影响数据的完整性
	行为可控性	可及时发现、纠正、控制偏离预期的行为

6.2.2 加密技术

（1）对称加密技术。在对称加密算法中，数据发信方将明文（原始数据）和加密密钥一起经过特殊加密算法处理后，使其变成复杂的加密密文发送出去。收信方收到密文后，若想解读原文，则需要使用加密用过的密钥及相同算法的逆算法对密文进行解密，才能使其恢复成可读明文。在对称加密算法中，使用的密钥只有一个，发收信双方都使用这个密钥对数据进行加密和解密，这就要求解密方事先必须知道加密密钥。常用的对称加密算法有 **DES 和 IDEA** 等。

（2）不对称加密算法。不对称加密算法使用两把完全不同但又完全匹配的一对钥匙——公钥和私钥。在使用不对称加密算法加密文件时，只有使用匹配的一对公钥和私钥，才能完成对明文的加密和解密过程。加密明文时采用公钥加密，解密密文时使用私钥才能完成，而且发信方（加密者）知道收信方的公钥，只有收信方（解密者）才是唯一知道自己私钥的人。广泛应用的不对称加密算法有 **RSA 和 DSA**。

RSA 算法是第一个能同时用于加密和数字签名的算法，也易于理解和操作。

（3）不可逆加密算法（报文摘要算法）。报文摘要算法（Message Digest Algorithms）使用特定算法对明文进行摘要，生成固定长度的密文。这种密文是无法被解密的，也不可逆，只有重新输入明文，并再次经过同样不可逆的报文摘要算法处理，才能得到相同的加密密文。

这类算法的"摘要"数据与原始数据一一对应，只要原始数据稍有改动，"摘要"的结果就不同。因此，这种方式可以验证原文是否被修改。

消息摘要算法采用"单向函数"，即只能从输入数据得到输出数据，无法从输出数据得到输入数据。常见报文摘要算法有 SHA1、MD5 等。

6.2.3 数字签名

数字签名（又称**公钥数字签名、电子签章**）就是附加在数据单元上的一些数据，或是对数据单元所作的密码变换。这种数据或变换允许数据单元的接收者用以确认数据单元的来源和数据单元的完整性并保护数据，防止被人（例如接收者）伪造。它是对电子形式的消息进行签名的一种方法，一个签名消息能在一个通信网络中传输。

数字签名技术是**不对称加密算法**的典型应用。数字签名功能有**信息身份认证、信息完整性检查、信息发送不可否认性**，但不提供原文信息加密，不能保证对方能收到消息，也不对接收方身份进行验证。

6.2.4 认证

认证（Authentication）用于证实某事是否真实或有效，是向对方证实身份的过程。

认证的原理：通过核对人或事的特征参数（如智能卡、指纹、密钥、口令等），来验证目标的真实性和有效性。认证机制是进行访问控制的前提条件，是保护网络安全的基础技术。认证与加密的对比见表6-2-2。

表6-2-2　认证与加密的对比

对比项	认证	加密
防止攻击的种类	阻止主动攻击（冒充、篡改、重播等）	阻止被动攻击（截取、窃听、流量分析等）
侧重点	身份验证、消息完整性验证	数据保密

6.2.5 访问控制

（1）自主访问控制（Discretionary Access Control，DAC）是根据自主访问控制策略建立的一种模型，针对主体的访问控制技术，对每个用户给出访问资源的权限，如该用户能够访问哪些资源。

（2）访问控制列表（Access Control List，ACL）是目前应用得最多的方式，是针对客体的访问控制技术，对每个目标资源拥有访问者列表，如该资源允许哪些用户访问。允许合法用户以用户或用户组的身份访问策略规定的客体，同时阻止其他非授权用户的访问。

（3）强制访问控制模型（Mandatory Access Control，MAC）是一种多级访问控制策略，它的主要特点是系统对访问主体和受控对象实行强制访问控制，系统事先给访问主体和受控对象分配不同的安全级别属性（如客体安全属性可定义为公开、限制、秘密、机密、绝密等）。在实施访问控制时，系统先对访问主体和受控对象的安全级别属性进行比较，再决定访问主体能否访问该受控对象。主体安全级别低于客体信息资源的安全级别时限制其操作，主体安全级别高于客体安全级别可以允许其操作。

（4）基于角色的访问控制模型（Role-Based Access Model，RBAC Model）的基本思想是将访问许可权分配给一定的**角色**，用户通过饰演不同的角色获得角色所拥有的访问许可权。

6.2.6 各种安全等级划分

（1）系统可靠性等级。根据系统处理数据的重要性，**系统可靠性分A级、B级、C级**。其中可靠性要求最高的是A级，最低的是C级。

（2）系统保密性等级。系统保密等级分为绝密、机密、秘密三级。

6.2.7 安全管理与制度

信息安全管理涉及组织控制（包括信息安全策略、信息安全角色与职责、职责分离、管理职责、威胁情报、身份管理、信息资产管理、访问控制等手段）、人员控制（包含筛选、劳动合同与协议、保密或保密协议、信息安全意识和培训、安全纪律等）、物理控制（包含物理安全边界、物理安全监控、防范物理和环境威胁、设备选址和保护、设备安全、存储与布线安全等）和技术控制（包括特殊访问权限设置、信息访问限制与备份、身份验证、恶意代码防范、技术漏洞管理、配置管理、数据屏蔽与防泄露等）。

信息安全管理贯穿信息安全的全过程，也贯穿信息系统的全生命周期。

（1）日常安全管理。常考的日常管理手段如下：

- 企业加强应用系统管理工作，至少每年组织一次系统运行检查工作，而部门则需要按季度检查一次。检查方式：普查、抽查、专项检查。
- 分配用户权限应该遵循"**最小特权**"原则，避免滥用。
- 系统维护、数据转储、擦除、卸载硬盘、卸载磁带等必须有安全人员在场。

（2）系统运行安全管理制度。系统运行安全管理制度能确保系统按照预定目标运行，并充分发挥效益的必要条件、运行机制、保障措施。为保证系统安全，可行的用户管理办法有：

- 建立用户身份识别与验证机制，拒绝非法用户。
- 设定严格的权限管理，遵循"最小特权"原则。
- 用户密码应严格保密，并定时更新。
- 重要密码交专人保管，并且相关人员调离需修改密码。

6.2.8 信息安全等级保护

数据分类分级保护制度是根据数据在经济社会发展中的重要程度以及一旦遭到篡改、破坏、泄露或者非法获取、非法利用，对国家安全、公共利益或者个人、组织合法权益造成的危害程度，进行不同级别的数据保护。信息系统的安全保护等级由两个定级要素决定：等级保护对象受到破坏时所侵害的客体和对客体造成侵害的程度。《信息安全等级保护管理办法》（公通字〔2007〕43号）是为规范信息安全等级保护管理，提高信息安全保障能力和水平，维护国家安全、社会稳定和公共利益，保障和促进信息化建设，根据《中华人民共和国计算机信息系统安全保护条例》等有关法律法规而制定的办法，由四部委下发。

该办法重要条款如下：

第七条　信息系统的安全保护等级分为以下五级：

第一级，信息系统受到破坏后，会对公民、法人和其他组织的合法权益造成损害，但不损害国家安全、社会秩序和公共利益。

第二级，信息系统受到破坏后，会对公民、法人和其他组织的合法权益产生严重损害，或者对社会秩序和公共利益造成损害，但不损害国家安全。

第三级，信息系统受到破坏后，会对社会秩序和公共利益造成严重损害，或者对国家安全造成损害。

第四级，信息系统受到破坏后，会对社会秩序和公共利益造成特别严重损害，或者对国家安全造成严重损害。

第五级，信息系统受到破坏后，会对国家安全造成特别严重损害。

网络安全等级保护2.0的新特点如下：

（1）新增了针对云计算、移动互联网、物联网、工业控制系统及大数据等新技术和新应用领域的要求。

（2）采用"一个中心，三重防护"的总体技术设计思路。一个中心即安全管理中心，三重防护即安全计算环境、安全区域边界、安全通信网络。

（3）各级技术要求修订为"**安全物理环境、安全通信网络、安全区域边界、安全计算环境、安全管理中心**"共五个部分。各级管理要求修订为"**安全管理制度、安全管理机构、安全管理人员、安全建设管理、安全运维管理**"共五个部分。

（4）纳入了安全监测、通报预警、风险评估、应急处置、效果评价、综治考核、数据防护、灾难备份、供应链安全等措施。《信息安全技术 网络安全等级保护基本要求》（GB/T 22239—2019）规定了不同等级的信息系统应具备的基本安全保护能力。

第一级安全保护能力：应能够防护系统免受来自个人的、拥有很少资源的威胁源发起的恶意攻击、一般的自然灾难，以及其他相当危害程度的威胁所造成的关键资源损害，在系统遭到损害后，能够恢复部分功能。

第二级安全保护能力：应能够防护系统免受来自外部小型组织的、拥有少量资源的威胁源发起的恶意攻击、一般的自然灾难，以及其他相当危害程度的威胁所造成的重要资源损害，能够发现重要的安全漏洞和安全事件，在系统遭到损害后，能够在一段时间内恢复部分功能。

第三级安全保护能力：应能够在统一安全策略下防护系统免受来自外部有组织的团体、拥有较为丰富资源的威胁源发起的恶意攻击、较为严重的自然灾难，以及其他相当危害程度的威胁所造成的主要资源损害，能够发现安全漏洞和安全事件，在系统遭到损害后，能够较快恢复绝大部分功能。

第四级安全保护能力：应能够在统一安全策略下防护系统免受来自国家级别的、敌对组织的、拥有丰富资源的威胁源发起的恶意攻击、严重的自然灾难，以及其他相当危害程度的威胁所造成的资源损害，能够发现安全漏洞和安全事件，在系统遭到损害后，能够迅速恢复所有功能。

第五级安全保护能力：（略）。

6.2.9 网络安全工具与技术

目前主流的网络安全工具包括安全操作系统、应用系统、防火墙、IDS/IPS、流量控制、上网行为管理、网络监控、扫描器、防杀毒软件、日志备份与审计、安全审计系统等。

（1）防火墙（Firewall）是网络关联的重要设备，用于控制网络之间的通信。外部网络用户的访问必须先经过安全策略过滤，而内部网络用户对外部网络的访问则无须过滤；防火墙对预先定义好的策略中涉及的网络访问行为可实施有效管理，而对于策略之外的网络访问行为则无法控制。现在的防火墙还具有隔离网络、提供代理服务、流量控制等功能。

下一代防火墙是一种可以全面处理应用层威胁的高性能防火墙。除了具有标准防火墙的数据包过滤、NAT、VPN、协议状态检测等功能外，还具有 IPS、数据防泄露、识别并管控应用、URL 过滤、恶意代码防护、QoS 优化与带宽管理等功能。

（2）入侵检测（Intrusion Detection System，IDS）是从系统运行过程中和监管网络中产生或发现的各类威胁系统与网络安全的因素,并可增加威胁处理模块。一般认为 **IDS 是被动防护**。

(3) 入侵防护 (Intrusion Prevention System, IPS) 是一种可识别潜在的威胁并迅速地做出应对的网络安全防范办法。一般认为 **IPS 是主动防护**。

(4) 虚拟专用网络 (Virtual Private Network, VPN) 是在公用网络上建立专用网络的技术。由于整个 VPN 网络中的任意两个节点之间的连接并没有传统专网所需的端到端的物理链路,而是架构在公用网络服务商所提供的网络平台,所以称之为虚拟网。

(5) Web 应用防护墙 (Web Application Firewall, WAF) 通过执行一系列针对 HTTP/HTTPS 的安全策略来专门为 Web 应用提供保护的一款产品。Web 防护通常包括 Web 访问控制、单点登录、网页防篡改、Web 内容安全管理等技术。

(6) 网页防篡改用于保护网站,防止网站网页被篡改。网页防篡改的实现技术主要有外挂轮询技术、核心内嵌技术、事件触发技术等。

(7) 单点登录 (SSO):多系统的统一身份认证即"一点登录、多点访问"。

(8) Web 内容安全管理包括电子邮件过滤、网页过滤、反间谍软件等技术。

(9) 安全扫描包括端口扫描、漏洞扫描、密码类扫描等。

(10) 蜜罐是网络管理员经过周密布置而设下的"黑匣子",看似漏洞百出却尽在掌握之中,它收集的入侵数据十分有价值。网络蜜罐技术是一种主动防御技术。蜜罐的价值在于被探测、攻击和损害。

(11) 网络安全态势感知技术帮助网络安全人员宏观把握整个网络的安全状态,识别出当前网络中的问题和异常活动,并作出相应的反馈或改进。网络安全态势感知的关键技术包括面向多类型的网络安全威胁评估技术、海量多元异构数据的汇聚融合技术、网络安全态势评估与决策支撑技术、网络安全态势可视化等。

6.2.10 常见的网络安全威胁

目前常见的网络安全威胁如下:

(1) 高级持续性威胁 (Advanced Persistent Threat, APT):利用先进的攻击手段和社会工程学方法,对特定目标进行长期持续性网络渗透和攻击。

(2) 网络监听:一种监视网络状态、数据流程以及网络上信息传输的技术。黑客则可以通过侦听,发现有兴趣的信息,比如用户名、密码等。

(3) 口令破解:在不知道密钥的情况下,恢复出密文中隐藏的明文信息的过程。

(4) 拒绝服务 (Denial of Service, DoS):利用大量合法的请求占用大量网络资源,以达到瘫痪网络的目的。

(5) 分布式拒绝服务攻击 (Distributed Denial of Service, DDoS):很多 DoS 攻击源一起攻击某台服务器就形成了 DDoS 攻击。

(6) 僵尸网络 (Botnet):是指采用一种或多种手段(主动攻击漏洞、邮件病毒、即时通信软件、恶意网站脚本、特洛伊木马)使大量主机感染 bot 程序(僵尸程序),从而在控制者和被感染主机之间所形成的一个可以一对多控制的网络。

（7）网络钓鱼（Phishing）：通过大量发送声称来自于银行或其他知名机构的欺骗性垃圾邮件，意图引诱收信人给出敏感信息（如用户名、口令、信用卡详细信息等）的一种攻击方式。

（8）社会工程学：利用社会科学（心理学、语言学、欺诈学）并结合常识，将其有效地利用（如人性的弱点），最终获取机密信息的学科。

6.2.11 信息系统安全体系

图 6-2-2 给出了开放系统互连安全体系结构示意图。

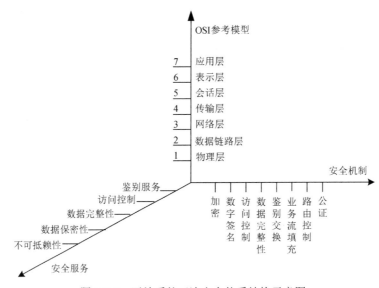

图 6-2-2 开放系统互连安全体系结构示意图

ISO 的开放系统互连安全体系结构包含了安全机制、安全服务、OSI 参考模型，并明确了三者之间的逻辑关系。

- 安全机制：保护系统免受攻击、侦听、破坏及恢复系统的机制。
- 安全服务：加强数据处理系统和信息传输的安全性服务，利用一种或多种安全机制阻止安全攻击。
- OSI 参考模型：开放系统互连参考模型，即常见的七层协议体系结构。

信息系统安全体系分为物理安全、运行安全、数据安全。物理安全分为环境安全（主要为机房安全和供电）、设备安全、记录介质安全。

（1）机房安全包含下面几点：

- 机房场地选择：包含基本要求、防火、防污染、防地震、防电磁、防雷、防潮等方面。
- 机房空调：保持完备空调系统控温。
- 机房防静电：接地与屏蔽、服装防静电、温湿度防静电、地板防静电、材料防静电、使用静电消除仪。
- 机房接地与防雷：包含设置信号地、直流地保证去耦、滤波；良好的避雷设施；各类接地使用低阻抗的良好导体。

（2）供电与配电安全。机房供电、配电分类见表 6-2-3。

表 6-2-3 机房供电、配电分类

分类	特点
分开供电	计算机系统供电与其他供电分开，配备应急照明
紧急供电	配置设备，提供紧急时供电，如基本 UPS、改进的 UPS、多级 UPS 和应急电源（发电机组）等
备用供电	备用的供电系统，停电时能完成系统必要保存
稳压供电	线路稳压器，防止电压波动
电源保护	电源保护装置，如金属氧化物可变电阻、二极管、气体放电管、滤波器、电压调整变压器和浪涌滤波器等，防止/减少电源发生故障
不间断供电	不间断电源，防止电压波动、电器干扰和断电等对计算机系统的不良影响
电器噪声防护	减少机房中电器噪声干扰

（3）设施安全。设施安全包含以下几个方面：

1）设备的防盗、防毁。
- 计算机系统的设备和部件应有明显的无法擦去的标记。
- 计算机中心设备防盗。
- 机房外设备防盗。

2）设备安全可用。提供必要容错能力和故障恢复能力。

6.2.12 信息系统安全模型与安全架构

安全模型用于精确和形式地描述信息系统的安全特征，以及用于解释系统安全相关行为的理由。常见安全模型见表 6-2-4。

表 6-2-4 常见安全模型

模型名称	模型特点
PDRR	4 个环节： 保护（Protection）包含加密、数字签名、访问控制、认证、信息隐藏、防火墙等。 检测（Detection）包含入侵检测、系统脆弱性检测、数据完整性检测、攻击性检测等。 响应（Response）包含应急策略/机制/手段、入侵过程分析、安全状态评估等。 恢复（Recovery）包含数据备份与修复、系统恢复等
P2DR	4 个要素：策略（Policy）、防护（Protection）、检测（Detection）、响应（Response）

续表

模型名称	模型特点
WPDRRC	WPDRRC 属于国产模型 6 个环节：预警（Warning）、保护（Protection）、检测（Detection）、响应（Response）、恢复（Recovery）、反击（Counterattack）

信息系统需要从体系架构上进行安全设计，不能单靠一两个技术来保障安全。信息系统安全设计主要从系统安全保障体系（包含确定安全区域策略、统一配置防病毒系统、网络与信息安全管理等）、信息安全体系架构（包含物理安全、系统安全、网络安全、应用安全、安全管理等）两个方面来进行设计。

6.2.13 信息安全系统工程

信息安全系统工程（Information Security System Engineering，ISSE）属于确定系统安全风险、降低和控制安全风险的系统工程。信息安全系统工程包含信息安全相关的风险评估、策略制订、需求确定等工作；还包含信息安全系统相关的总体设计、详细设计、设备选型、工程招投标、资源界定和授权、密钥密码机制确定、运维与管理等工作。

信息安全系统工程能力成熟度模型（ISSE Capability Maturity Model，ISSE-CMM）是一种衡量信息安全系统工程实施能力的方法，是使用面向工程过程的一种方法。ISSE-CMM 将安全工程划分为风险、工程、保证 3 个过程域组，如图 6-2-3 所示。

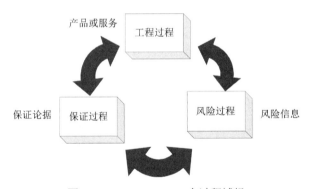

图 6-2-3　ISSE-CMM 3 个过程域组

（1）风险过程域组。该组包含 4 个过程域，分别是评估影响、评估安全风险、评估威胁、评估脆弱性。其中"评估风险"过程域要在其他三个域完成之后再进行。该组各过程域的关联关系如图 6-2-4 所示。

（2）工程过程域组。该组包含 5 个过程域，分别是实施安全控制、协调安全、监视安全态势、提供安全输入、确定安全需求。该组各过程域的关联关系如图 6-2-5 所示。

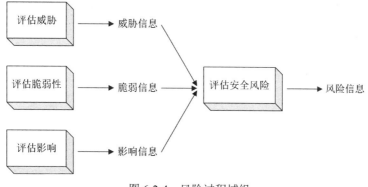

图 6-2-4　风险过程域组

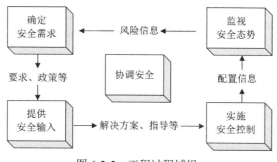

图 6-2-5　工程过程域组

（3）保证过程域组。该组包含两个过程域,分别是建立保证论据、校验和确认安全。该组各过程域的关联关系如图 6-2-6 所示。

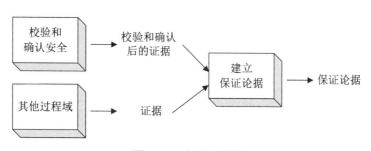

图 6-2-6　保证过程域组

ISSE-CMM 模型采用"域"和"能力与公共特性"两维设计。域维包含了信息安全系统工程的所有实施活动,具体包含 11 个安全工程过程域、11 个与项目和组织实施有关的过程域。

公共特性用于描述在执行工作过程中组织特征方式的主要变化;能力是指评估和改进组织过程的能力。公共特性和能力的成熟度等级均可以分为 Level 1（非正规实施级）、Level 2（规划和跟踪级）、Level 3（充分定义级）、Level 4（量化控制级）、Level 5（持续改进级）。

6.3 课堂巩固练习

1. 关于 TCP 和 UDP 的说法，___(1)___ 是错误的。

   （1）A．TCP 和 UDP 都是传输层的协议　　B．TCP 是面向连接的传输协议

   　　　C．UDP 是可靠的传输协议　　　　　D．TCP 和 UDP 都是以 IP 协议为基础的

   【攻克要塞软考研究团队讲评】TCP 是一种面向连接（连接导向）的、可靠的、基于字节流的传输层通信协议；TCP 建立连接之后，通信双方可以同时进行数据的传输，TCP 是全双工的；在保证可靠性上，采用超时重传和捎带确认机制。UDP 位于传输层；提供面向事务的简单不可靠信息传送服务；是一个无连接协议，传输数据之前源端和终端不建立连接；在网络质量不十分令人满意的环境下，UDP 协议数据包丢失会比较严重，但是具有资源消耗小、处理速度快的优点。

   参考答案：（1）C

2. ___(2)___ 不属于 CIA 三要素。

   （2）A．可靠性　　　　B．保密性　　　　　C．完整性　　　　D．可用性

   【攻克要塞软考研究团队讲评】系统安全设计目标是 CIA，即保密性（Confidentiality）、完整性（Integrity）、可用性（Availability），又称为信息安全三元组。

   参考答案：（2）A

3. ISSE-CMM 模型中公共特性和能力的成熟度等级分为___(3)___。

   （3）A．3 级　　　　B．4 级　　　　　C．5 级　　　　D．6 级

   【攻克要塞软考研究团队讲评】ISSE-CMM 模型中，公共特性和能力的成熟度等级均可以分为 Level 1（非正规实施级）、Level 2（规划和跟踪级）、Level 3（充分定义级）、Level 4（量化控制级）、Level 5（持续改进级）。

   参考答案：（3）C

4. ___(4)___ 不属于信息系统安全层次。

   （4）A．设备安全　　　B．数据安全　　　　C．内容安全　　　D．人员安全

   【攻克要塞软考研究团队讲评】信息系统安全可以划分为四个层次，具体为设备安全、数据安全、内容安全、行为安全。

   参考答案：（4）D

5. WPDRRC 信息安全体系架构模型有___(5)___个环节。

   （5）A．6　　　　　B．5　　　　　　C．4　　　　　　D．3

   【攻克要塞软考研究团队讲评】WPDRRC 信息安全体系架构模型有 6 个环节，分别是预警（Warning）、保护（Protection）、检测（Detection）、响应（Response）、恢复（Recovery）、反击（Counterattack）。

   参考答案：（5）A

第 7 学时　信息系统集成专业技术知识 4——系统集成知识

软硬件系统集成以信息的集成为目标，功能的集成为结构，平台的集成为基础，人员的集成为保证。只有实现了信息、功能、平台、人员全方位的集成，才是满足现代新业态需求的系统集成。本学时的知识图谱如图 7-0-1 所示。

图 7-0-1　知识图谱

7.1　计算机软件知识基础

计算机软件主要涉及系统软件、应用软件等概念。

（1）系统软件用于控制和协调计算机硬件设备，是支持应用软件开发和运行的系统，是无须用户干预的各种程序的集合。系统软件一般包括操作系统、语言处理程序、数据库管理系统等。

（2）应用软件是专门为某一应用目的而编制的软件。应用软件可以分为应用软件包和用户程序。

7.2　计算机硬件知识基础

计算机硬件主要涉及控制器、运算器、存储器、输入输出设备等概念。

（1）控制器（Controller）是计算机系统的核心组成部分，它负责控制计算机系统的各个部件，包括 CPU、内存、输入/输出设备等，以确保它们能够按照预定的程序或指令协同工作。控制器通常由指令寄存器、程序计数器、地址寄存器、指令译码器和操作控制器等组成。

指令寄存器用于存放当前正在执行的指令，程序计数器则存放下一条指令的地址。地址寄存器用来保存当前 CPU 所访问的内存单元的地址。指令译码器则是对指令进行解码，将其操作码和地址码分别送到相应的部件，以便进行后续的操作。

（2）运算器（Arithmetic Unit）是计算机中执行各种算术和逻辑运算操作的部件，又称为算术逻辑部件（Arithmetic Logic Unit，ALU），它是计算机中处理数据的功能部件。运算器的基本操作包括加、减、乘、除四则运算，与、或、非、异或等逻辑操作，以及移位、比较和传送等操作。运算器的操作和操作种类由控制器决定。

（3）存储器用于存储程序、数据和各种信号、命令等信息。存储器可以分为内存和外存两类。

（4）输入输出设备属于计算机外部设备，起着人与机器之间进行联系的作用。常见的 I/O 设备有打印机、硬盘、键盘和鼠标等。

7.3 系统集成

计算机软硬件系统集成对计算机硬件、软件、网络、数据、应用等进行统一规划、设计、开发、测试、实施与维护，构建出一个具有高性能、高可用性、高可扩展性的计算机系统。

1. 基础设施集成

基础设施集成包含弱电集成、网络集成（传输子系统、交换子系统、安全子系统、网管子系统、服务子系统）、数据中心集成（机柜集成、服务器集成、存储集成、网络设备集成、安全设备集成）等基础设施集成。

2. 软件集成

软件集成包含基础软件集成（操作系统、网络操作系统、分布式操作系统、虚拟化与安全）、数据库、中间件、办公软件等方面的集成。

3. 业务应用集成

业务应用集成是指将独立的软件应用连接起来，实现协同工作。业务应用集成的技术应该保证应用间的互操作性，应用的可移植性；无须关注应用是分布的还是集成的透明性。

7.4 课堂巩固练习

1. 以下关于系统集成的说法，不正确的是＿＿（1）＿＿。

（1）A．系统集成是根据组织治理、管理、业务、服务等场景化需求，优选各种信息技术和产品等，并使之能彼此协调工作，达到整体优化的目的

B．系统集成一般可以分为软件集成、硬件集成、网络集成、数据集成和业务应用集成等

C．系统集成项目属于典型的多学科合作项目

D．系统集成是一项聚焦技术的融合活动，安全、产品、服务、人员等因素可不作为关键因素

【攻克要塞软考研究团队讲评】 软硬件系统集成是以信息的集成为目标，功能的集成为结构，平台的集成为基础，人员的集成为保证。只有实现了安全、产品、服务、人员全方位的集成，才是满足现代新业态需求的系统集成。

参考答案：（1）D

2. ＿＿（2）＿＿的主要任务是调度和管理网络资源，为网络用户提供统一、透明使用网络资源的手段。

（2）A．单机操作系统　　　　　　　　B．网络操作系统

C．物联网操作系统　　　　　　D．分布式操作系统

【攻克要塞软考研究团队讲评】网络操作系统是为网络环境而设计的操作系统,它提供了一组管理网络资源和服务的功能,使得多个计算机可以协同工作、共享资源。

参考答案:(2)B

3. ___(3)___ 不属于存储集成过程中常见的、需要优先考虑的因素。

(3)A.磁盘阵列空间和类型　　　　　B.RAID 控制器结构

　　C.存储产品供应商的品牌　　　　D.IOPS 读写性能和数据传输能力

【攻克要塞软考研究团队讲评】存储集成需要优先和重点考虑的因素有硬件方面(磁盘阵列类型;RAID 控制器结构;阵列硬盘数量;IOPS 读写性能和数据传输能力),软件方面(是否支持 RAID 0、RAID 1、RAID 5 等)。相对其他选项,存储品牌选择不是存储集成优先考虑的因素。

参考答案:(3)C

第2天 打好基础，深入考纲

通过第 1 天对信息化知识、信息系统服务管理，以及系统集成专业技术知识的学习，考生应当对考试的知识点、应对的方法有了整体把握，而且也应当找出了自己的弱点在哪里。

第 2 天主要学习的知识点包括项目管理一般知识、项目立项与招投标管理、项目整合管理、项目范围管理、项目成本管理。考生应当掌握这些基础知识点，并学会分析、解题，在项目成本管理领域还会涉及一些计算题。

第 8 学时　项目管理一般知识

在这个学时中学习的项目管理一般知识，是所有项目管理知识的总起，因此要理解一些最基本的术语，如项目、项目管理等；还要初步地了解 PMBOK。本学时的知识图谱如图 8-0-1 所示。

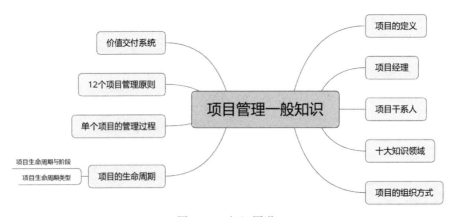

图 8-0-1　知识图谱

8.1 项目的定义

作为项目经理、程序员或是美工、工程师，总是在不断地从事项目的研发，比如一个人事管理系统、一栋大楼的建造等，那么到底什么样的情况才叫一个项目呢？可能很多人都没想清楚，下面一起来体会一下。

项目是为达到特定的目的，使用一定资源，在确定的期间内为特定发起人提供独特的产品、服务或成果而进行的一次性努力。项目管理则是要把各种知识、技能、手段和技术应用于项目活动之中，以达到项目的要求。

从项目的定义可以看出，无论是工作、过程还是努力，都包含三层含义：

（1）项目是一项**有待努力完成的任务，有特定的环境与要求**。

（2）项目任务是**有限**的，它要满足一定的**性能、功能、质量、数量、技术指标等要求**。

（3）项目是在一定的组织机构内，利用**有限的人、财、物等资源**，在**规定的时间内完成**的任务。

由项目的定义可以看出，项目可以是建造一栋大楼、修建一条大道、开发一种产品，也可以是某项课题的研究、某种流程的设计、某类软件的开发，还可以是某个组织的建立、某类活动的举办、某项服务的实施等。项目是建立一个新企业、新组织、新产品、新工程、新流程，或规划实施一项新活动、新系统、新服务的总称。项目的外延是广泛的，大到我国的南水北调工程建设，小到组织一次聚会都可以称其为一个项目。所以有人说："一切都是项目，一切也都将成为项目。"

项目目标的描述通常包含在**项目建议书**中。项目的目标特性有：①项目的目标有不同的优先级；②项目目标具有层次性；③项目具有**多目标性**；④项目的目标常体现为**成果性目标、约束性目标**。

清晰的项目目标最可能提供判断项目成功与否的标准，最可能降低项目风险。成本、进度、质量、技术的要求都可以成为项目的目标。而上述要求的量化就是项目的具体目标。

项目目标分为成果性目标和约束性目标。成果性目标（项目目标）指通过项目开发出的满足客户要求的产品、系统、服务或成果；约束性目标（管理性目标）包括时间、费用以及要求满足的质量等。

项目目标需遵循 SMART 原则，即：

- S（Specific）：目标明确。
- M（Measurable）：目标可度量。
- A（Attainable）：目标可实现。
- R（Relevant）：目标与工作相关。
- T（Time-based）：有时间限制。

项目具有以下特点：

（1）**临时性**：有明确的起点和终点。

（2）**独特性**：世上没有两个完全相同的项目，项目是为了创造独特的产品、服务或者成果。

（3）**渐进明细性**：前期只能粗略定义，然后逐渐明朗、完善和精确，这也就意味着变更不可避免，所以要控制变更。

（4）项目驱动变更，创造业务价值：项目驱动组织的状态升级，创造并获得更高业务价值。信息系统集成项目的产品是满足需求、支持用户业务的信息系统。信息系统集成项目建设的指导方法为"总体规划、分步实施"。

项目管理是指在项目活动中综合运用知识、技能、工具、技术按照一定时间、质量、成本等要求实现项目目标的系列行为。

项目管理3个基本目标是质量、成本和进度。确定项目成功的因素包括质量、成本、进度、范围、项目目标实现情况。

项目管理原则用于指导项目参与者的行为，让相关组织、个人在项目执行过程中保持一致性。主要的项目管理原则见表8-1-1。

表8-1-1 项目管理12项原则

原则	关注的关键点
勤勉、尊重和关心他人	关注组织内外部职责；坚持诚信、关心、可信、合规原则；秉持整体观，综合考虑财务、社会、技术和可持续发展等因素
营造协作的项目团队环境	项目是由项目团队交付的；项目团队在组织文化和准则范围内开展工作，通常会建立自己的本地文化；协作的项目团队环境有助于与其他组织文化和指南保持一致；个人和团队的学习和发展；为交付期望成果做出最佳贡献
促进干系人有效参与	干系人会影响项目、绩效和成果；项目团队通过与干系人互动来为干系人服务；干系人的参与可主动地推进价值交付
聚焦于价值	价值是项目成功的最终指标；价值可以在整个项目进行期间、项目结束或完成后实现；价值可以从定性和（或）定量的角度进行定义和衡量；以成果为导向可帮助项目团队获得预期收益，从而创造价值；评估项目进展并做出调整，使期望的价值最大化
识别、评估和响应系统交互	项目是由多个相互依赖且相互作用的活动域组成的一个系统，需要从系统角度进行思考，整体了解项目的各个部分如何相互作用，以及如何与外部系统进行交互；系统不断变化，需要始终关注内外部环境；对系统交互作出响应，可以使项目团队充分利用积极的成果
展现领导力行为	有效的领导力有助于项目成功，并有助于取得积极的成果；任何项目团队成员都可以表现出领导力行为；领导力与职权不同；有效的领导者会根据情境调整自己的风格；有效的领导者会认识到项目团队成员之间动机的差异性；领导者应该在诚实、正直和道德行为规范方面展现出期望的行为
根据环境进行裁剪	每个项目都具有独特性；项目成功取决于适合项目的独特环境和方法；裁剪应该在整个项目进展过程中持续进行
将质量融入到过程和成果中	项目成果的质量要求是达到干系人期望并满足项目和产品需求；质量通过成果的验收标准来衡量；项目过程的质量要求是确保项目过程尽可能适当有效

续表

原则	关注的关键点
驾驭复杂性	复杂性是由人类行为、系统交互、不确定性和模糊性造成的;复杂性可能在项目生命周期的任何时间出现;影响价值、范围、沟通、干系人、风险和技术创新的因素都可能造成复杂性;在识别复杂性时,项目团队需要保持警惕,应用各种方法来降低复杂性的数量及其对项目的影响
优化风险应对	单个和整体的风险都会对项目造成影响;风险可能是积极的(机会),也可能是消极的(威胁);项目团队需要在整个项目生命周期中不断应对风险;组织的风险态度、偏好和临界值会影响风险的应对方式;项目团队持续反复地识别风险并积极应对,关注要点包括明确风险的重要性、考虑成本效益、切合项目实际、与干系人达成共识、明确风险责任人
拥抱适应性和韧性	适应性是应对不断变化的能力;韧性是接受冲击的能力和从挫折或失败中快速恢复的能力;聚焦于成果而非某项输出有助于增强适应性
为实现目标而驱动变革	采用结构化变革方法,帮助个人、群体和组织从当前状态过渡到未来的期望状态;变革源于内部和外部的影响;变革具有挑战性,并非所有干系人都接受变革;在短时间内尝试过多的变革会导致变革疲劳,使变革易受抵制;干系人参与、激励,有助于变革顺利进行

8.2 项目经理

项目经理是由组织委派,带领项目团队完成项目的个人。

项目经理要担当**领导者**和**管理者**的双重角色。领导者要解决的是本组织发展中的根本性问题,同时还要对组织的未来进行一定程度的预见,总地来说,其工作要具有概括性、创新性、前瞻性。给成员指明方向,并让大家朝着共同的方向努力。管理者要做的是具体化的东西,需要在已有规划指导下做好细化工作,为组织日常工作做出贡献。管理者要研究的不是变革,而是如何维持目前良好状态并使之保持稳定,将已出现的问题很好地解决。

从项目经理承担的角色来看,项目经理需要有广博的知识,不仅仅是 IT 技术领域知识,还要有客户的业务领域知识、项目管理知识等;要有丰富的经验和经历;具有良好的沟通与协调能力;具有良好的职业道德;具有一定的领导和管理能力。项目经理不需要精通技术。

项目经理的关键技能包括项目管理技能、战略和商务管理技能、领导力。

项目管理技能是指能有效运用项目管理知识,达成项目预期的能力。战略和商务管理技能包含了解组织的能力、协商能力、落实战略决策的能力,这要求项目经理掌握财务、市场、运营等知识。领导力是指在管辖范围内充分利用人力和客观条件,以较小成本提高项目团队效率的能力。

8.3 项目干系人

项目干系人包括项目当事人,以及其利益受该项目影响的(受益或受损)个人和组织,又称作项目的**利害关系者**。对所有项目而言,主要的项目干系人包括:

（1）**项目经理**。负责管理项目的个人。

（2）**用户**。使用项目成果的个人或组织。

（3）**项目执行组织**。项目组成员，直接实施项目的各项工作，包括可能影响他们工作投入的其他社会人员。

（4）**项目发起者**。执行组织内部或外部的个人或团体，他们以现金和实物的形式为项目提供资金资源。

（5）**职能经理**。为项目经理提供专业技术支持，为项目提供资源保障。

（6）**项目管理办公室**（Project Management Office，PMO）。PMO 是组织中负责项目治理过程标准化工作的部门，通过它可以实现资源、工具与技术、方法论在组织中的共享。而项目治理是覆盖项目生命周期的、符合组织模式的项目监管。项目治理为确保项目，尤其是大型、复杂项目的成功提供了一整套方法、工具、结构、流程，如设立该办公室，则直接或间接对项目结果负责。PMO 监控项目、大型项目或各类项目组合的管理。PMO 分为如下 3 种：

- 支持型：PMO 充当顾问角色，可提供模板、培训、经验支持。
- 控制型：提供项目支持，并要求项目服从其管理策略。
- 指令型：直接管理、控制项目。

支持型 PMO 的项目控制度较低，控制型 PMO 的项目控制度比较适中，指令型 PMO 的项目控制度较高。PMO 就是为创造和监督整个管理系统而负责的组织元素，这个管理系统是为项目管理行为的有效实施和为最大限度地达到组织目标而存在的。

1）PMO 日常职能。
- 培养项目经理，提供项目指导。
- 制订项目管理规范、标准。
- 多项目资源共享、项目间协调。
- 建立组织内项目管理的支撑环境。
- 监控项目，管理项目风险。

2）PMO 战略职能。
- 项目组合管理。
- 提高组织项目管理能力。
- 统一项目实施流程，形成文档模板，提供项目管理工具、系统。

（7）**影响者**。不直接购买项目产品的个人和团队，但可能会影响项目进程。

管理项目干系人的各种期望有时比较困难。这是因为各个项目干系人常有不同的目标，这些目标可能会发生冲突。例如，对于一个需求新管理信息系统的部门，部门领导可能要求低成本，而系统设计者则可能强调技术最好，而编制程序的承包商最感兴趣的是获得最大利润。

项目一开始，各项目干系人就以各自不同的方式不断地给项目组施加压力或侧面影响，企图项目向有利于自己的方向发展。由于项目干系人之间的利益往往相互矛盾，项目经理又不可能面面俱到，所以，项目管理中最重要的就是平衡，平衡各方利益关系，尽可能消除项目干系人对项目的不利影响。

8.4 十大知识领域

项目管理知识体系（Project Management Body Of Knowledge，PMBOK）把项目管理归纳为十大知识领域，如图 8-4-1 所示。

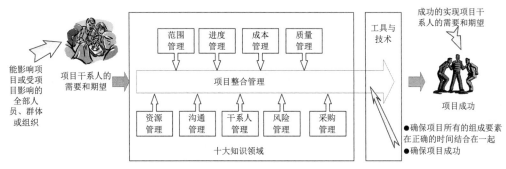

图 8-4-1　项目管理的十大知识领域

（1）**项目范围管理**。为了实现项目的目标，对项目的工作内容进行控制的管理过程。它包括范围的界定、范围的规划、范围的调整等。

（2）**项目时间管理，也叫项目进度管理**。为了确保项目最终按时完成的一系列管理过程。它包括具体活动界定、活动排序、时间估计、进度安排及时间控制等项工作。

（3）**项目成本管理**。为了保证完成项目的实际成本、费用不超过预算成本、费用的管理过程。它包括资源的配置，成本、费用的预算以及费用的控制等工作。

（4）**项目质量管理**。为了确保项目达到客户所规定的质量要求所实施的一系列管理过程。它包括质量规划、质量控制和质量保证等。

（5）**项目资源管理**。为了保证所有项目干系人的能力和积极性都得到最有效的发挥和利用所做的一系列管理措施。它包括组织的规划、团队的建设、人员的选聘和项目的班子建设等一系列工作。

（6）**项目沟通管理**。为了确保项目的信息合理收集和传输所需要实施的一系列措施。它包括沟通规划、信息传输、进度报告等。

（7）**项目干系人管理**。识别能影响项目或受项目影响的全部人员、群体或组织，分析干系人对项目的期望和影响，制订合适的管理策略来有效调动干系人参与项目决策和执行。该过程包括识别干系人、编制项目干系人管理计划、管理干系人参与、项目干系人参与的监控。新版考纲中，项目沟通管理和项目干系人管理统称为项目沟通管理和干系人管理。

（8）**项目风险管理**。用于识别项目可能遇到的各种不确定因素，增加积极事件的概率和影响，降低消极事件的概率和影响。它包括风险识别、风险量化、制订对策、风险控制等。

（9）**项目采购管理**。为了从项目实施组织之外获得所需资源或服务所采取的一系列管理措施。它包括采购计划、采购与征购、资源的选择以及合同的管理等项目工作。

（10）**整合管理，又叫项目整合管理**。指为确保项目各项工作能够有机地协调和配合所展开的综合性和全局性的项目管理工作和过程。它包括项目集成计划的制订、项目集成计划的实施、项目变动的总体控制等。

8.5 项目的组织方式

项目运行会受到组织方式（结构）、治理框架、管理要素多种因素的影响。

（1）组织方式。项目的组织方式主要可以分为**职能型、项目型、矩阵型**三种。职能型适用于规模较小、偏重于技术的项目；项目型适用于规模较大、技术复杂的项目；矩阵型适用于规模巨大、技术复杂的项目。矩阵型又可细分为**弱矩阵型、平衡矩阵型（又称中矩阵型）、强矩阵型**。所谓强和弱都是相对项目中项目经理的权力而言的，比如弱矩阵中项目经理的权力较弱。

职能型的组织示意图如图 8-5-1 所示。职能型项目组织形式是指企业按职能以及职能的相似性来划分部门，如一般企业要生产市场需要的产品，必须具有计划、采购、生产、营销、财务、人事等职能，那么企业在设置组织部门时，按照职能的相似性将所有计划工作及相应人员归为计划部门，从事营销的人员划归营销部门等。于是企业便有了计划、采购、生产、营销、财务、人事等部门。

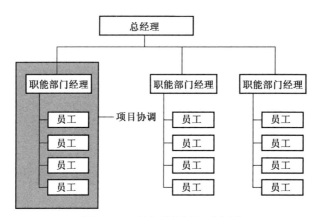

图 8-5-1 职能型的组织示意图

职能型组织的优点：①具有强大的技术支持，便于知识、技能和经验的交流；②员工有清晰的职业生涯晋升路线；③员工直线沟通简单，责任和权限很清晰；④有利于重复性工作为主的过程管理。

职能型组织的缺点：①职能利益优先于项目，具有狭隘性；②组织横向之间的联系薄弱、部门间协调难度大；③项目经理极少或缺少权力、权威；④项目管理发展方向不明，缺少项目基准等。

项目型组织的示意图如图 8-5-2 所示。

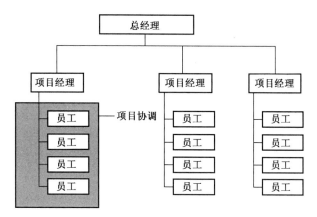

图 8-5-2　项目型组织的示意图

在项目型组织中,一个组织被分为一个一个的项目经理部。一般项目团队成员直接隶属于某个项目而不是某个部门。绝大部分的组织资源直接配置到项目工作中,并且项目经理拥有相当大的独立性和权限。项目型组织通常也有部门,但这些部门或是直接向项目经理汇报工作,或是为不同项目提供支持服务。

项目型组织的优点:结构单一,责权分明,利于统一指挥,目标明确单一,沟通简洁、方便,决策快。

项目型组织的缺点:管理成本过高,如项目的工作量不足则资源配置效率低;项目环境比较封闭,不利于沟通、技术知识等共享;员工缺乏事业上的连续性和保障等。

矩阵型组织的示意图如图 8-5-3 所示。

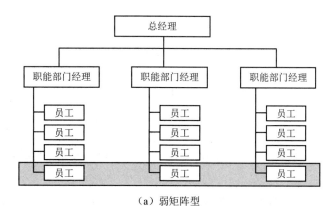

(a) 弱矩阵型

图 8-5-3(一)　矩阵型组织的示意图

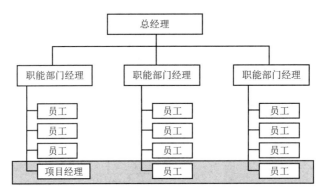

（b）平衡矩阵型

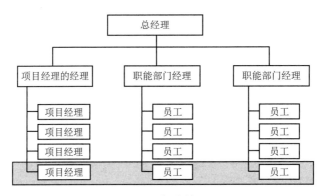

（c）强矩阵型

图 8-5-3（二） 矩阵型组织的示意图

在矩阵型组织内，项目团队的成员来自相关部门，同时接受部门经理和项目经理的领导，**矩阵型组织兼有职能型和项目型的特征。**

弱矩阵型组织保持着很多职能型组织的特征，弱矩阵型组织内项目经理对资源的影响力弱于部门经理，项目经理的角色与其说是管理者，不如说是协调人和发布人。平衡矩阵型组织内项目经理要与职能经理平等地分享权力。强矩阵型中项目经理的权力要大于职能部门经理。

项目的各种组织类型及其特点见表 8-5-1。

其他类型的组织结构还包括系统型或简单型、虚拟、混合、PMO 等类型。

（2）治理框架。治理是指对一个组织的运营和决策进行有效管理和监督的过程。治理框架是组织内部行政职权框架，包含政策、规则、关系、程序、过程等。

（3）管理要素。组织管理要素包括部门，工作职权、职责及纪律，统一指挥和领导原则，正确领导，优化资源，组织目标高于个人，合理薪酬，一视同仁，保障员工安全和提升员工士气等。组织根据需要，进行员工赋权和落实管理要素。

表 8-5-1　项目的各种组织类型及其特点

项目特点	组织类型				
	职能型	矩阵型			项目型
		弱矩阵型	平衡矩阵型	强矩阵型	
项目经理的权力	很小和没有	有限	小～中等	中等～大	权力很大或近乎全权
全职参与项目工作职员比例	没有	0～25%	15%～60%	50%～95%	85%～100%
项目经理的职位	兼职	兼职	兼职	全职	全职
项目经理的一般头衔	项目协调人 项目领导人	项目协调人 项目领导人	项目经理	项目经理	项目经理
项目管理/行政人员	兼职	兼职	兼职	全职	全职

8.6　项目的生命周期

8.6.1　项目生命周期与阶段

项目的生命周期定义了项目从开始到结束的阶段,项目阶段的划分根据项目和行业的不同有所不同,但几个基本的阶段包括**启动、组织与准备、执行、收尾**,如图 8-6-1 所示。

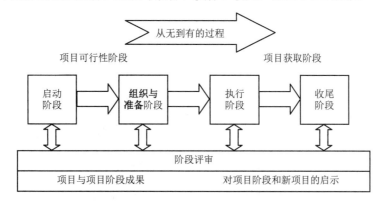

图 8-6-1　项目的生命周期

项目的各个阶段构成项目的整个生命周期。每个项目阶段都以一个或一个以上的工作成果的完成为标志。

（1）定义阶段的主要任务是制订项目建议书,项目建议书主要描述为什么要做、做什么。对于项目目标来说,项目建议书决定着其未来的蓝图与框架。

（2）开发阶段的主要任务是规划项目怎么做、谁来做。项目组要根据项目建议书,制订出更为详细的项目计划。

（3）实施阶段的主要工作是执行项目计划，并进行项目的监督和控制。其目的就是完成项目的内容。

（4）收尾阶段的主要任务是完成项目的验收与工作总结，为后续的项目提供经验、教训和帮助。

此外，项目生命周期与产品生命周期是有所不同的，**项目生命周期往往只是产品生命周期的一部分**。即使不同领域的项目甚至同领域的不同项目，其项目生命周期也具有以下共同特点：

（1）项目阶段一般按顺序首尾衔接，各阶段通过规定的技术信息、文档、部件以及相关的管理文档等中间成果的交接来确定。

（2）项目开始时对费用和人员的需求比较少，随着项目的发展，人力投入和费用会越来越多，并达到一个最高点，当项目接近收尾时又会迅速地减少，如图8-6-2所示。人员与费用的投入同时也体现了项目生命周期内完成的工作量与时间的关系。

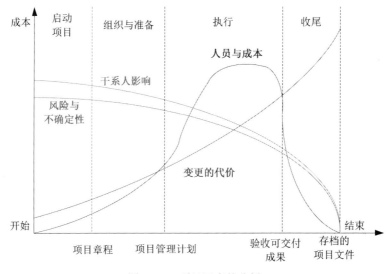

图8-6-2　项目因素的分析

项目开始时，成功地完成项目的把握性较低，因此风险和不确定性是最高的。随着项目逐步地向前发展，成功的可能性也越来越高。

8.6.2　项目生命周期类型

对照软件开发模型，项目生命周期模型可以分为瀑布型（预测型）、增量型、迭代型、敏捷型（适应型）以及它们的混合模型，常见的项目生命周期模型如图8-6-3所示。

项目生命周期模型的特点与区别见表8-6-1。

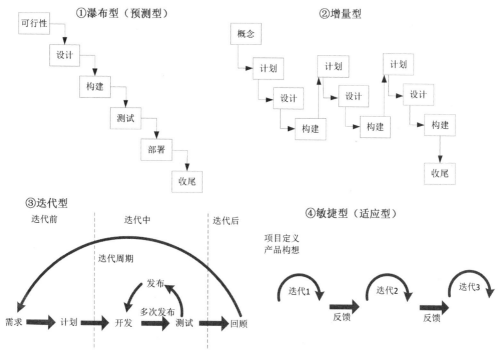

图 8-6-3 常用的项目生命周期模型

表 8-6-1 项目生命周期模型的特点与区别

模型异同点	模型类型		
	瀑布型（预测型）	增量型与迭代型	敏捷型（适应型）
适用范围	需求明确的项目	增量型：项目范围在早期确定，后期需不断完善和修改。 迭代型：最后一次迭代，交付成果才算完整	需求不确定,不断变化的项目
需求确定时间	开发前确定	交付期间定期细化	交付期间频繁细化
交付频度	项目结束时交付	增量型：通过重复循环活动，分批交付产品 迭代型：渐进分批增加产品功能	频繁交付产品子集
变更	限制变更	定期融入变更	实时融入变更
干系人参与的时间点	里程碑点参与	定期参与	持续参与
风险与控制成本	基于已知信息编制详细的计划	通过新信息逐步细化计划	随着需求、制约因素出现随时控制

8.7 单个项目的管理过程

一个过程是指为了得到预先指定的结果而要执行的一系列相关的行动和活动。过程与过程之间会发生相互作用。

整体上看，项目管理过程比基本的 PDCA 循环（图 8-7-1）要复杂得多。可是，这个循环可以被应用于项目过程组内部及各过程组之间的相互关联。**规划过程组**符合 PDCA 循环中相应的 Plan 部分。**执行过程组**符合 PDCA 循环中相应的 Do 部分，而**监控过程组**则符合 PDCA 循环中的 Check/Act 部分。另外，因为项目管理是项有始有终的工作，**启动过程组**开始循环，而**收尾过程组**则结束循环。从整体上看，项目管理的监控过程组与 PDCA 循环中的各个部分均进行交互。

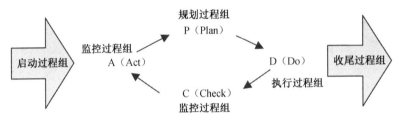

图 8-7-1 PDCA 循环

项目管理过程组是对项目管理的过程进行逻辑分组，达成特定的目标。单个项目管理的过程组关系如图 8-7-2 所示。

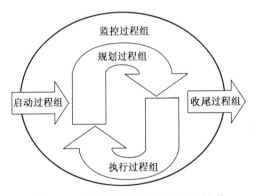

图 8-7-2 单个项目管理的过程组关系

（1）**启动过程组**的主要任务是确定并核准项目或项目阶段。启动过程组主要目的是保证干系人期望与项目目的的一致性，让干系人明了项目范围和目标，明白他们在项目和项目阶段中的参与情况，有助于实现他们的期望。

在适应型（敏捷型）项目中，需要在项目开始就识别出关键干系人，依赖他们的经验开展执行和监控过程，对可交付物提出反馈意见。启动过程需要定期、频繁的启动，重新确认项目章程，确保项目朝着不断更新的目标推进。

（2）**规划过程组**的主要任务是确定和细化目标，并规划为实现项目目标和项目范围的行动方针和路线，确保实现项目目标。

在适应型（敏捷型）项目中，应让更多的干系人参与到规划中，减少不确定性。这类项目，前期需求规划属于高层级、抽象的，后期逐步详细。高度预测型项目中，干系人形成了高度共识，前期需求规划较为详细，后期范围变化较少。

（3）**执行过程组**的主要任务是通过采用必要的行动协调人力资源和其他资源，整体地、有效地实施项目计划。

在适应型（敏捷型）项目中，执行过程是以迭代方式进行的。每次迭代可在较短时间内完成。每次迭代完成后，演示工作成果并进行回顾性审查，然后确定项目范围、进度、绩效，发现问题并提出解决方案，最后决定是否变更。

（4）**监控过程组**的主要任务是定期测量并实时监控项目的进展情况，发现偏离项目管理计划之处，及时采取纠正措施并变更控制，确保项目目标的实现。

在适应型（敏捷型）项目中，可利用未完项清单，跟踪、审计项目的进度、绩效。未完项清单包含了工作和变更工作，并可根据优先级等进行工作排序。团队可提取未完项清单最靠前的工作，进入下一轮迭代；也可依据变更请求、缺陷报告，增加未完项清单的内容。未完项清单可以为范围、控制、变更等管理工作提供统一平台；可提供已完成工作趋势、变更工作量、缺陷率等指标。

（5）**收尾过程组**的主要任务是采取正式的方式对项目成果、项目产品、项目阶段进行验收，确保项目或项目阶段有条不紊地结束。

在适应型（敏捷型）项目中，收尾过程可对工作排序，并优先完成最具有价值的工作。这样可以提前收益并减少损失。

对于每一个项目，无论是项目的整个生命周期还是项目生命周期的每一个阶段，大都使用这5个过程组并按照同样的顺序来实施，但不是所有交互过程都会应用在项目中。

表 8-7-1 反映 5 个过程组、10 个项目管理知识域的关系。

表 8-7-1 过程组、项目管理知识域的关系

知识域	项目管理过程组				
	启动过程组	规划过程组	执行过程组	监控过程组	收尾过程组
整合管理	制订项目章程	制订项目管理计划	指导与管理项目执行 管理项目知识	监控项目工作 实施整体变更控制	结束项目或阶段
范围管理		规划范围管理 收集需求 定义范围 创建 WBS		确认范围 控制范围	

续表

知识域	项目管理过程组				
	启动过程组	规划过程组	执行过程组	监控过程组	收尾过程组
进度管理		规划进度管理 定义活动 排列活动顺序 估算活动持续时间 制订进度计划		控制进度	
成本管理		规划成本管理 估算成本 **制订预算**		控制成本	
质量管理		规划质量管理	管理质量	控制质量	
资源管理		规划资源管理 估算活动资源	获取资源 建设团队 管理团队	控制资源	
沟通管理		规划沟通管理	管理沟通	监督沟通 （原控制沟通）	
风险管理		规划风险管理 识别风险 实施定性风险分析 实施定量风险分析 规划风险应对	实施风险应对	监督风险 （原控制风险）	
采购管理		规划采购管理	实施采购	控制采购	
干系人管理	识别干系人	规划干系人参与	管理干系人参与	监督干系人参与（原控制干系人参与）	

8.8 12个项目管理原则

项目管理原则用于指导项目参与者的行为，确保项目参与者在项目执行过程中保持一致性。主要原则包括：成为勤勉、尊重和关心他人的管家；营造协作的项目团队环境；有效的干系人参与；聚焦于价值；识别、评估和响应系统交互；展现领导力行为；根据环境进行裁剪；将质量融入过程和可交付物中；驾驭复杂性；优化风险应对；拥抱适应性和韧性；为实现预期的未来状态而驱动变革。

8.8.1 成为勤勉、尊重和关心他人的管家

项目管理者提供管家式服务。项目管理者应遵守内部和外部准则，以负责任的方式行事，以正直、关心和可信的态度开展活动，并对所负责的项目的财务、社会和环境影响做出承诺。

项目管理者在坚持本原则时，应关注的关键点包括：关注组织内部和外部的职责；做到诚信、关心、可信、合规；整体考虑财务、社会、技术和可持续等因素。

8.8.2 营造协作的项目团队环境

项目团队是由具备多种技能、经验、知识的个人组成的。协同工作的团队比单独工作的个人可以更有效率、更有效果地实现共同目标。

项目管理者在坚持本原则时，应关注的关键点包括：项目由项目团队交付；项目团队在组织文化和准则范围内开展工作，通常会建立自己的"本地"文化；个人和团队的学习和发展；协作的项目团队环境有助于与其他组织文化和指南保持一致；为交付期望成果作出最佳贡献。

8.8.3 有效的干系人参与

积极主动地让干系人参与进项目管理，尽最大可能保证项目成功，让客户满意。

项目管理者在坚持本原则时，应关注的关键点包括：干系人能影响项目、绩效和成果；干系人主动的参与可推进价值交付；项目团队通过与干系人互动来为干系人服务。

8.8.4 聚焦于价值

持续评估项目是否符合商业目标以及预期收益和价值，根据评估结果进行调整。价值可以通过可交付物的预期成果来体现。

项目管理者在坚持该原则时，应关注的关键点包括：价值是项目成功的最终指标；价值可以进行定性和/或定量的定义和度量；价值可以在项目期间、结束或完成后实现；聚焦成果可帮助项目团队获得预期收益；评估项目进展并进行调整，保证期望价值最大化。

8.8.5 识别、评估和响应系统交互

从整体的角度识别、评估、响应项目的内外部环境，从而积极地影响绩效。

项目管理者在坚持该原则时，应关注的关键点包括：项目是由多个相互依赖和作用的活动域组成的一个系统；系统会不断变化，需要一直关注内外部环境；从系统角度进行思考，即从整体了解项目各组成部分的相互作用及与外部系统的交互；项目团队对系统交互作出响应，从而能够充分利用积极的成果。

8.8.6 展现领导力行为

展现并调整领导力行为，为个人及团队提供支持。

项目管理者在坚持本原则时，应关注的关键点包括：有效的领导力有助于项目成功并取得积极的成果；领导力与职权不同；任何项目团队成员都可以展现出领导力；领导者应该采取相应措施，鼓励和奖励诚实、正直和道德的行为；有效的领导者会根据情况灵活调整风格；有效的领导者会认识到不同的团队成员动机不同。

8.8.7 根据环境进行裁剪

根据不同的项目背景、目标、干系人环境，采用使其"刚刚好"的开发方法和过程，实现预期成果，同时最大化价值、最小化管理成本并加快进度。

项目管理者在坚持本原则时，应关注的关键点包括：每个项目都具有独特性；裁剪工作应在整

个项目期间持续进行;项目成功取决于适合项目的独特环境和方法。

8.8.8 将质量融入过程和可交付物中

持续关注可交付物(产品、服务或结果)的质量,确保可交付物符合项目目标与干系人所提出的需求、用途、验收标准保持一致。

项目管理者在坚持本原则时,应关注的关键点包括:项目质量要求符合干系人期望和产品需求;项目质量要求是确保项目过程尽可能适当、有效;衡量质量可以依据成果验收标准。

8.8.9 驾驭复杂性

在整个项目生命周期中,需持续评估,确定项目的复杂性,并找到正确的方法应对复杂情况。

项目管理者在坚持本原则时,应关注的关键点包括:复杂性是由人类行为、系统交互、不确定性和模糊性造成的;复杂性可能在整个项目生命周期任何时间点发生;范围、沟通、影响价值、干系人、风险和技术创新的因素都可能造成复杂性;识别复杂性要素时,项目团队要采用各种方法来降低复杂性的数量及影响。

8.8.10 优化风险应对

持续评估风险(机会和威胁),采取应对措施,控制影响(机会最大化,威胁最小化)。

项目管理者在坚持本原则时,应关注的关键点包括:项目团队要在整个项目生命周期中不断应对风险;风险可以分为积极风险(机会)和消极风险(威胁);单个和整体的风险都会影响项目;组织的风险态度、偏好和临界值会影响风险的应对方式;项目团队的风险应对措施应和风险重要性匹配,应切合实际并考虑成本效率;应和干系人达成共识;应明确风险责任人。

8.8.11 拥抱适应性和韧性

项目团队方法应融入适应性和韧性,从而适应变革。

项目管理者在坚持本原则时,应关注的关键点包括:适应性是指应对不断变化的能力;韧性是接受冲击的能力和从挫折或失败中快速恢复的能力;聚焦于成果而非输出有助于增强适应性。

8.8.12 为实现预期的未来状态而驱动变革

让受影响者做好准备,采用新过程、新方法,从当前状态过渡到预期的未来状态。

项目管理者在坚持本原则时,应关注的关键点包括:采用结构化变革方法,帮助个人、组织从当前状态过渡到预期的未来状态;变革具有挑战性,并非所有人都接受变革;变革源于内外部;在短时间内尝试过多变革会导致疲劳,容易受抵制;干系人参与、激励有助于变革顺利进行。

8.9 价值交付系统

价值交付系统是为组织、干系人创造价值的一系列战略业务活动。价值交付系统描述了项目在系统内的运作过程;描述了项目为组织、干系人创造价值、价值交付组件和信息流的过程。价值交付系统是组织内部环境的一部分,受政策、程序、方法论、框架、治理结构等制约。内部环境受更大的外部环境制约,包括经济、竞争环境、法律等。

1. 创造价值

项目创造价值的方式有：创造满足需求的新产品、新服务；维持老项目、项目集、运营的收益；提高组织的生产力、效率、响应能力；推动组织变革，过渡；为社会、环境做出积极的贡献。

【攻克要塞专家提示】创造价值的参考记忆口诀为：按收益对象的大小分为 2 小（创造产品和服务、维持收益）、2 中（推动组织的生产力、变革）、1 大（为社会做大贡献）。

2. 价值交付组件

价值交付组件（例如产品、项目、项目集、项目组合、运营等）创建用于产出成果的可交付物，创造价值。组件之间可以相互支持、影响。符合组织战略的价值交付系统由一个组件或者组件组合构成。

3. 信息流

信息流的作用是保证信息分发和反馈在所有组件中的一致性，最终达到战略一致，并让价值交付系统最有效。图 8-9-1 给出了价值交付系统中，信息在各级组件中的分享与反馈的模型，即信息流模型。

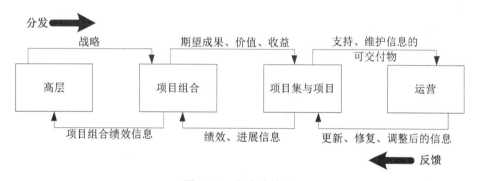

图 8-9-1　信息流模型

8.10　课堂巩固练习

1. 下列有关项目的说法错误的是　（1）　。

（1）A．项目都具有特定的目标，且应当在有限的时间内完成

　　　B．项目具有临时性和独特性，不可能有完全相同的项目

　　　C．项目经理要担当领导者和管理者的双重角色

　　　D．项目需求一般比较明确，后期变更较少

【攻克要塞软考研究团队讲评】项目的前期只能粗略定义，然后逐渐明朗、完善和精确，这也就意味着变更不可避免，所以要控制变更。

参考答案：（1）D

2. PMBOK 把项目管理归纳为十大知识领域，其中核心知识领域有项目范围管理、项目时间

管理、项目成本管理、___(2)___等；保障域有项目人力资源管理、干系人管理、___(3)___、项目采购管理等。

(2) A．项目风险管理　　　　　　　　B．项目配置管理
　　 C．项目合同管理　　　　　　　　D．项目质量管理
(3) A．项目合同管理　　　　　　　　B．项目整合管理
　　 C．项目成本管理　　　　　　　　D．项目质量管理

【攻克要塞软考研究团队讲评】项目管理是通过执行一系列相关过程完成：

1）核心知识域：整体管理、范围管理、进度管理、成本管理、质量管理、信息安全管理。

2）保障域：人力资源管理、干系人管理、合同管理、采购管理、风险管理、信息（文档）与配置管理、知识产权管理、法律法规标准规范和职业道德规范等。

3）伴随域：变更管理、沟通管理。

参考答案：(2) D　(3) A

3．项目的组织方式可以分为3种，即职能型、项目型、___(4)___。

(4) A．部门型　　　B．矩阵型　　　C．平衡型　　　D．纵向型

【攻克要塞软考研究团队讲评】项目的组织方式可以分为职能型、项目型、矩阵型3种。矩阵型又可细分为弱矩阵型、平衡矩阵型（又称中矩阵型）、强矩阵型。

参考答案：(4) B

4．下列有关项目生命周期的说法错误的是___(5)___。

(5) A．项目的生命周期分为启动、计划、执行、收尾4个阶段
　　 B．项目的生命周期往往涵盖了产品的生命周期
　　 C．项目开始时对费用和人员的需求比较少，随着项目的发展，人力投入和费用会越来越多，并达到一个最高点，当项目接近收尾时又会迅速地减少
　　 D．项目开始时，成功地完成项目的把握性较低，因此风险和不确定性是最高的

【攻克要塞软考研究团队讲评】项目生命周期与产品生命周期是有所不同的，项目生命周期往往只是产品生命周期的一部分。

参考答案：(5) B

5．单个项目管理的过程组中，___(6)___的主要任务是确定和细化目标，并规划为实现项目目标和项目范围的行动方针和路线，确保实现项目目标。

(6) A．启动过程组　　　　　　　　　B．规划过程组
　　 C．执行过程组　　　　　　　　　D．监控过程组

【攻克要塞软考研究团队讲评】题干中提到"目标"及"规划项目方针、路线"，故可明确理解为这是规划过程组。

参考答案：(6) B

第 9 学时　项目立项与招投标管理

立项管理即管理一个项目从提出申请到批准立项的整个过程，它能有效管理立项前的项目需求、相关文档和审批过程，从而保证项目立项的严谨性和科学性。招投标是在市场经济条件下进行大宗货物的买卖时所采取的一种交易方式，如工程建设项目的发包与承包、设备的采购与提供。招投标的特点是公开、公正、公平、诚实信用。

因为项目立项以后，接下来通常就是进行招投标工作，所以这里将这两者合在一起作为 1 个学时来讲解。本学时的知识图谱如图 9-0-1 所示。

图 9-0-1　知识图谱

9.1　项目立项管理的内容

项目立项管理包括的主要内容有：**需求分析**、**编制项目建议书**、**可行性研究**、项目审批、**招投标**、**合同谈判与签订**。

需求分析是指对要解决的问题进行详细的分析，弄清**项目发起人及其他干系人**的要求、待开发的信息系统要解决客户和用户的什么问题及这些问题的来龙去脉。可以说，需求分析就是确定待开发信息系统要"做什么"。

项目建议书是由项目筹建单位或项目法人，根据国民经济发展情况、国家和地方中长期规划、产业政策等，提出某一具体项目建议文件，是对拟建项目的框架性的总体设想。

可行性研究是为避免盲目投资，在决定一个信息系统项目是否应该立项之前，对项目的背景、意义、目标、开发内容、国内外同类产品和技术、本项目的创新点、技术路线、投资额度与详细预算、融资措施、投资效益，以及项目的社会效益等多方面进行全面的分析研究，从而提出该**项目是**

否值得投资和如何进行建设**的咨询意见。

9.2 项目建议书

项目建议书（又称**立项申请**）是项目建设单位向本单位内的项目主管机构或上级主管部门提交项目申请时所必需的文件。项目建议书是项目发展周期的初始阶段，是国家或上级主管部门选择项目的依据，也是**可行性研究的依据**。有些企业单位根据自身发展需要自行决定建设的项目，也参照这一模式首先编制项目建议书。系统集成项目的项目建议书可以裁剪，也不是必须提供的内容。

项目建议书的主要内容有：项目**简介**与项目**建设单位**情况、项目的**必要性**、**业务**分析、**总体建设方案**、**本期**项目建设方案、环保、消防、职业**安全**、项目实施**进度**、**投资**估算与**资金筹措**、效益**风险**分析等。其中的核心内容是项目的必要性，项目、方案、服务等市场预测，项目建设的必需条件。

【辅导专家提示】项目建议书主要内容参考记忆口诀："简介建设单位必要业务，总体本期建设安全进度，投资资金筹措风险市场方案条件"。

9.3 可行性研究的内容

信息系统项目可行性分析的目的就是用最小的代价在尽可能短的时间内确定以下问题：项目**有无必要**？**能否完成**？**是否值得去做**？

针对项目建议书，可行性报告要拿出具体的、能够说话的数据，需要对项目的背景、意义、目标、开发内容、国内外同类产品和技术、本项目的创新点、技术路线、投资额度与详细预算、融资措施、投资效益，以及项目的社会效益等多方面进行全面的评价，对项目的**技术**、**经济**、**社会**等可行性进行研究。项目建议书可以和可行性研究报告合并。

可行性研究一般应包括以下内容：

（1）**技术可行性**。主要是从项目实施的技术角度合理设计技术方案，并进行比较、选择和评价。**技术可行性分析往往决定项目方向**。技术可行性分析考虑的因素包括项目开发风险、人力资源的有效性、技术能力的可能性、物资（产品）的可用性等。

（2）**经济可行性**。从投资和收益的角度进行分析，常见的分析方法见表 9-3-1。

表 9-3-1 常见的经济可行性分析方法

方法		说明
支出分析	一次性支出	开发费、差旅费、培训费、设备购置、数据录入费等
	非一次性支出	软、硬件租金，人员工资及福利，水电等公用设施使用费及其他消耗品支出等
收益分析	直接收益	通过项目实施获得的直接经济效益，如销售产品收入
	间接收益	通过项目实施间接获得的收益，如节约的成本
收益投资比、投资回收期分析		对比分析投入产出，确定项目收益率和投资回收期等指标

续表

方法	说明
敏感性分析	经济可行性分析的常用方法。从多个不确定性因素中，找出对投资项目经济效益指标有重要影响的敏感性因素，分析、测算其对项目经济效益指标的影响程度和敏感性程度，进而判断项目承受风险的能力

可行性分析阶段，经济分析选用动态评价指标，常用的指标有净现值、内部收益率，有时采用投资回收期。

（3）**社会效益可行性**。分析组织内部效益可行性（包括品牌效益、技术创新力、竞争力、人员提升与管理提升收益）与对社会发展可行性（包括公共、文化、环境、社会责任感、国防等效益）。

（4）**运行环境可行性**。从用户的管理体制、管理方法与制度、人员素质、工作习惯、数据积累、软硬件基础等方面进行分析。

（5）其他可行性。从法律、政策、合同合规、知识产权等方面进行的可行性分析。

【攻克要塞专家提示】可行性研究主要内容的参考记忆口诀为"**技经社运**"。

9.4 成本效益分析

这里要重点掌握几个公式的应用。一是**利率**的计算；二是**净现值**的计算；三是**净现值率**的计算；四是**投资回收期**的计算。记忆这些公式对初学的考生来说并不容易，一定要从理解上来记忆，其实理解了也就会做应用题了。

先来看利率的计算公式。利率有单利和复利之说，对于单利来说，很好理解：

$$利息 = 本金 \times 利率 \times 期限$$

比如 100 万元存入银行，年利率为 2%，以单利计算，2 年后有多少利息？据此，2 年后利息为 $100 \times 2\% \times 2 = 4$ 万元。

复利，俗称"利滚利"，即第一个时期的利息会作为本金计入第二个时期的本金之中，公式如下：

$$F = P \times (1+i)^n$$

式中，F 为复利终值；P 为本金；i 为利率；n 为利率获取时间的整数倍。

比如 100 万元存入银行，年利率为 2%，以复利计算，2 年后有多少利息？据此，$F = 100 \times (1+0.02)^2 = 104.04$ 万元，2 年后利息值为 $F - P = 104.04 - 100 = 4.04$ 万元。

净现值（Net Present Value，NPV）是指投资方案所产生的现金净流量以资金成本为贴现率折现之后与原始投资额现值的差额。净现值法就是按净现值大小来评价方案优劣的一种方法。**净现值大于 0 则方案可行，且净现值越大，方案越优，投资效益越好。**

按财务管理学的观点来看，投资项目投入使用后的净现金流量，按资本成本或企业要求达到的报酬率折算为现值，减去初始投资以后的余额，叫净现值。

$$NPV = \sum_{t=0}^{n} \frac{(CI-CO)_t}{(1+i)^t}$$

式中：CI 为现金流入；CO 为现金流出；$(CI-CO)_t$ 为第 t 年净现金流量；i 为基准收益率。

NPV 的计算步骤如下：

（1）根据项目的资本结构设定项目的折现率。

（2）计算每年项目现金流量的净值。

（3）根据设定的折现率计算每年的净现值。

（4）将净现值累加起来。

净现值率（Net Present Value Ratio，NPVR）是指投资项目的净现值占原始投资现值总和的比率，也可将其理解为单位原始投资的现值所创造的净现值。

净现值率的计算公式为：

净现值率（NPVR）=项目的净现值（NPV）/原始投资的现值合计

即

$$NPVR = NPV/P = \frac{\sum_{t=0}^{n}(CI-CO)_t(1+i)^{-t}}{\sum_{t=0}^{n}I_t(1+i)^{-t}}$$

似乎仍不太好理解，那就通过做题来理解透彻一些。

例题：某信息系统项目，假设现在的时间点是 2015 年**年初**，预计投资和收入情况见表 9-4-1。假定折现率为 10%，请计算 NPV，并判断方案是否可行。

表 9-4-1　某信息系统项目预计投资和收入情况　　　　　　单位：万元

科目	年份					
	2015	2016	2017	2018	2019	2020
投资	600	400	—	—	—	—
成本	—	—	900	700	600	500
收入	—	—	1200	1500	1100	700

【辅导专家提示】这道题有一定的计算量，但不必纠缠于计算，要理解计算过程。在看后续内容之前，可先自行在草稿纸上演算一下。

根据 NPV 的计算步骤，先来计算每年项目现金流的净值。2015 年净现金流为-600 万元，是负数的原因是只有投资；2016 年净现金流为-400 万元；2017 年净现金流为 300 万元；2018 年净现金流为 800 万元；2019 年净现金流为 500 万元；2020 年净现金流为 200 万元。

根据利率计算公式：

2015 年净现金流=-600（万元）

2016 年净现值=2016 年净现金流/(1+折现率)^1=-400/(1+0.1)^1=-364（万元）

2017 年净现值=2017 年净现金流/(1+折现率)^2=300/(1+0.1)^2=300/1.21=248（万元）

2018 年净现值=2018 年净现金流/(1+折现率)^3=800/(1+0.1)^3=800/1.331=601（万元）

2019 年净现值=2019 年净现金流/(1+折现率)^4=500/(1+0.1)^4=500/1.4641=342（万元）

2020 年净现值=2020 年净现金流/(1+折现率)^5=200/(1+0.1)^5=200/1.61=124（万元）

NPV=2015 年净现值+2016 年净现值+2017 年净现值+2018 年净现值+2019 年净现值+2020 年净现值=-600-364+248+601+342+124=351（万元）

可见净现值大于 0，故项目可行。

理解以上内容后，再来看**内部收益率、投资回收期、投资回报率**的定义和计算。

净现值为 0 时的折现率就是项目的内部收益率。它是一项投资可望达到的报酬率，该指标**越大越好**。一般情况下，**内部收益率大于或等于基准收益率时，该项目是可行的。**

投资回收期是指从项目的投建之日起，**用项目所得的净收益偿还原始投资所需要的年限**。投资回收期分为静态投资回收期与动态投资回收期两种。

静态投资回收期是在不考虑资金时间价值的条件下，以项目的净收益回收其全部投资所需要的时间。投资回收期可以自项目建设开始年算起，也可以自项目投产年开始算起，但应予以注明。

动态投资回收期是把投资项目各年的净现金流量按基准收益率折成现值之后，再来推算投资回收期，这就是它与静态投资回收期的根本区别。动态投资回收期就是净现金流量累计现值等于 0 时的年份。

投资回报率（Return On Investment，ROI）是指生产期正常年度利润或年均利润占投资总额的百分比。再简单地说，ROI 的值其实就是投资回收期的倒数。

【辅导专家提示】建议考生细细体会这些定义，定义理解了就能解题，公式其实可以不必死记。

仍以本节中的例题来进行演算，假定要求静态投资回收期、动态投资回收期和相应的投资回报率。

如果是计算静态投资回收期，则不考虑资金的时间价值，因此要根据现金流量净值来判断。可知 2015 年和 2016 年共投入了 1000 万元；2017 年赚回 300 万元；2018 年赚回 800 万元，至此累计赚回 1100 万元，故在 2018 年收回了投资。到 2018 年已经过去了 3 年的时间，因此静态投资回收期应当是 3 年多一点，3 年多多少呢？则看 2018 年还有多少投资没有赚回，用这个数除以 2018 年总计可赚回的数量可得到还要多长的时间，即(1000-300)/800=700/800=0.875，所以静态投资回收期为 3.875 年。对应的投资回报率则为 1/3.875，结果为 0.258，即投资回报率为 25.8%。

如果是计算动态投资回收期，则应考虑资金的时间价值，因此要根据净现值来判断。可知累计投资值为(-600-364)= -964；2017 年赚回净现值 248 万元；2018 年赚回净现值 601 万元，累计赚回净现值 849 万元，尚未收回投资；2019 年赚回净现值 342 万元，累计赚回净现值 1191 万元，已经超过了累计投资值，因此应当是在 2019 年收回了投资，此时已经过去了 4 年，故投资回收期应当是 4 年多一点。4 年多多少呢？即 2019 年还有多少投资没有赚回，用这个数除以 2019 年总计可赚回的数量可得到还要多长的时间,即(964-849)/342=0.34,所以动态投资回收期为 4.34 年。对应的投资回报率则为 1/4.34,结果为 0.23,即投资回报率为 23%。

9.5 立项管理

建设方的立项管理要经历**项目建议书的编写、申报和审批,初步可行性研究,详细可行性研究,编写可行性报告,项目论证与评估,招标**等步骤。

首先要注意区分建设方和承建方的概念。需要获得产品、服务或成果的一方称为**采购方**(或称为**建设方**),提供产品、服务或成果的一方称为**供应方**(或称为**承建方**)。

企业自建的项目一般可自行进行立项,企业应当有立项的业务流程,常由项目发起人或组织来编写立项申请书,再由相关的审批机构、人员来进行审批。**企业内部立项流程一般包括项目资源估算、项目资源分配、准备项目任务书和任命项目经理等**。国家的各种各级项目均会有相应的立项流程,如国家科技攻关计划项目、国家自然科学基金计划项目等,不同类型的项目可能有不同的审批流程。

(1)项目资源估算。依据项目前期的招投标文件、商务合同、售前资料等,估算项目所需资源,确定项目人员需求与构成。

(2)项目资源分配。依据项目资源估算,协调部门资源,保障项目资源,优化及分配项目资源。

(3)准备项目任务书。依据进度与质量要求、项目面临的风险、合同内容、资源分配情况等准备项目任务书。准备项目任务书包含任务目标和考核要求,这两项会成为评价项目绩效的主要依据。

(4)任命项目经理。组织根据项目实际情况,通常在项目启动会议(开踢会议)中指派项目经理。

9.5.1 初步可行性研究

初步可行性研究是介于机会研究和详细可行性研究的一个中间阶段,是对市场或者客户情况进行调查,是在项目意向确定之后对项目的初步估计。

初步可行性研究的作用是确定项目投资建设必要性;项目建设的周期合理性且可接受;项目需要的人、财、物是否可以接受;项目的功能和目标的可实现性;能否保证项目的经济效益、社会效益;项目在经济上、技术上的合理性。

初步可行性研究的内容与详细的项目可行性研究基本相同,概括为以下内容:需求与市场预测(需求分析预测、营销与推广分析)、设备与资源投入分析(设备与材料投入分析)、空间布局(物理布局、网络规划等)、项目设计(项目总体规划、系统设计)、项目进度安排、项目投资与成本估算等。

经过初步可行性研究,可以形成**初步可行性研究报告**,该报告虽然比详细可行性研究报告粗略,但是对项目已经有了全面的描述、分析和论证,所以初步可行性研究报告可以作为正式的文献供决策参考;也可以依据项目的初步可行性研究报告形成项目建议书,通过审查项目建议书决定项目的取舍,即通常所说的"**立项**"决策。

9.5.2 详细可行性研究

详细可行性研究需要对一个项目的技术、经济、法律、环境及社会影响等进行**系统、全面的**调查研究，对可能的技术方案进行详细论证，预测和评价项目建设完成后可能的经济、社会效益，形成最终的可行性研究报告供项目评估和决策。

详细可行性研究的特点见表 9-5-1。

表 9-5-1 详细可行性研究的特点

分类	说明
详细可行性研究的依据	国家和地区的发展规划；政策、法律、法规和制度；项目主管部门对项目建设设计的批复；项目建议书或者项目建议书批准后签订的意向性协议；信息化规划和标准；市场调研分析报告；技术、产品或工具的有关资料等
详细可行性研究的原则	科学性原则、客观性原则、公正性原则
详细可行性研究的方法	投资估算法和增量净效益法。 （1）投资估算法。投资费用一般包括固定资金（包括设计开发费、设备费、场地费、安装费及项目管理费等）和流动资金两大部分。投资估算的正确性直接影响项目经济效果，需要尽量准确。 （2）增量净效益法（有无比较法）。比较有无项目时的收益，反映项目的真实成本和效益。增量成本（效益）=|有项目时的成本-无项目时的成本|
详细可行性研究的内容	市场需求预测；部件和投入的选择供应；信息系统架构及技术方案的确定；技术与设备选择；网络物理布局设计；投资、成本估算与资金筹措；经济评价及综合分析

详细可行性研究报告主要包括：项目背景（基本信息）、可行性研究的结论、技术背景及现状分析、编制项目建议书的过程及必要性、市场调查分析、客户情况调查、项目目标、项目实施进度计划、项目投资估算、项目组人员组成、项目风险、项目风险分析、经济效益与社会效益分析、可行性研究报告结论。

9.6 项目论证与项目评估

项目论证与评估是项目立项前的最后一关，一般遵循"先论证（评估），后决策"的原则。

项目论证是指对拟实施项目技术上的先进性、成熟性、适用性，经济上的合理性、盈利性，实施上的可能性、风险性进行全面科学的综合分析，为项目决策提供客观依据的一种技术经济研究活动。

项目论证活动包含成立评估小组、机会研究、初步与详细可行性研究、评价和决策、编写评估报告、召开专家论证会、评估报告定稿并发布等工作。项目论证各阶段投资估算误差与时长见表 9-6-1。

表 9-6-1　项目论证各阶段投资估算误差与时长

阶段	估计精度	占总投资额	估计时间
机会研究（毛估）	±30%	0.2%～1%	1～3 个月
初步可行性研究	±20%	0.25%～1.5%	4～6 个月
详细可行性研究	±10%	大项目 1%～3% 小项目 0.2%～1%	大项目 8～12 个月 中小项目 4～6 个月

项目评估指在项目可行性研究的基础上，项目投资者或项目主管部门（如国家各类科技计划或基金的管理机构、银行或投资公司）或其委托的第三方权威机构（如科技计划或基金的评审机构、投资咨询公司）根据国家颁布的政策、法律、法规、标准和技术规范，对拟开发项目的市场需求、技术先进性和成熟性、预期经济效益和社会效益等进行评价、分析和论证，进而判断其是否可行的过程。项目评估是项目立项之前必不可少的重要环节，其目的是审查项目可行性研究的可靠性、真实性和客观性，为行政主管部门的审批决策和投资机构的投资决策提供科学依据。**项目评估的依据：项目建议书及批准的文件；项目可行性研究报告；申请报告及主管部门的初审意见；项目关键建设条件和工程协议等文件；必需的其他文件和资料。**项目评估工作主体流程：成立评估小组，开展调查研究，分析与评估，编写、讨论评估报告，召开专家论证会，评估报告定稿并发布。

项目评估的内容：包含对项目与组织概况、规模，基础与公用设施，投资与筹资，国民经济、财务经济效益和社会效益，技术、设备、信息安全方案，进度、风险、人员等方面的评估。

项目论证与评估可以分步进行，也可以合并进行。实际上，项目论证与评估的内容、程序和依据都是大同小异，只是侧重点稍有不同，**具体不同见表 9-6-2**。

表 9-6-2　项目论证和项目评估的区别

不同点	项目论证	项目评估
针对方案	一般是未完工方案	一般是正式提交方案
目的	听取各方专家意见	得出权威的结论

9.7　承建方的立项管理

承建方的立项管理要经历**项目识别**、**项目论证**、**投标**等步骤。

在项目识别这一步，主要的任务就是"找项目"。项目可从以下 3 个方面去寻找：①从**政策导向**中寻找机会；②从**市场需求**中寻找机会；③从**技术发展**中寻找机会。

承建方也要进行项目论证。由于是承担建设任务，并由采购方支付费用，因此承建方还应投标，根据建设方的要求来编制投标书。

9.8 招投标流程

招投标中主要需要经历**招标、投标、开标、评标、中标** 5 个过程。

【攻克要塞专家提示】记忆口诀:"招投开评中"。

招标一定要坚持公开、公平、公正、诚实信用的原则。采购方也可以委托招标代理机构组织招投标。招标又有公开招标和邀请招标之分,要掌握这些术语,并在实际工作中能够运用。在招投标工作流程中还会有很多注意事项,这些也是考试的重点关注点,在后续内容中还会详细解析。

9.9 课堂巩固练习

1. ___(1)___ 是可行性研究的依据,是项目建设单位向本单位内的项目主管机构或上级主管部门提交项目申请时所必需的文件。

(1)A.项目合同　　B.项目建议书　　C.招标书　　D.投标书

【攻克要塞软考研究团队讲评】项目合同是招投标完成后建设方和承建方签订的合约;招标书是建设方招标时发出的书面文件;投标书是投标人根据招标书的要求编制的投标文件。

参考答案:(1)B

2. 可行性研究概括起来主要包括 3 个方面:___(2)___、经济和社会可行性。

(2)A.组织　　B.财务　　C.投资　　D.技术

【攻克要塞软考研究团队讲评】如果按题目所述概括为 3 个方面,则 B、C 均涵盖在经济可行性之中;题中缺少的部分就是技术了。

参考答案:(2)D

3. 某人向银行存入 10000 元,假设年得率为 5%,采用单利方式,则两年后利息收入为___(3)___元。

(3)A.1000　　B.1025　　C.11000　　D.11025

【攻克要塞软考研究团队讲评】首先要审清题,采取的是单利方式,要求的是利息收入,而并非本息合计值,故 C、D 可以排除。由于是单利方式,故第 1 年的利息为 10000×5%=500 元,第 2 年利息仍为 500 元。所以答案选 A。选项 B 是复利方式下计算而得的利息。

参考答案:(3)A

4. 某信息系统项目的投资、收入情况见表 9-9-1。假定现在是 2016 年年初,据此可知该项目的静态投资回收期为___(4)___年。

表 9-9-1　某信息系统项目的投资、收入情况　　　　　　　单位:万元

	2016 年	2017 年	2018 年	2019 年	2020 年
投资	800	600			
收入			900	1000	800
净现金流量	-800	-600	900	1000	800

（4）A．1.5　　　　　B．2.5　　　　　C．3.5　　　　　D．4.5

【攻克要塞软考研究团队讲评】本题考查的是静态投资回收期的计算。从题目已知条件可知，2016年和2017年累计投入1400万元，从2018年开始不再投入；2018年收入900万元，则尚有500万元投入没有收回；2019年收入1000万元，则可在2019年收回投资。故投资回收期为3年多一点，可排除选项A、B、D，答案为C。

参考答案：（4）C

5．通过审查___（5）___决定项目的取舍，即通常所称的"立项"决策。

（5）A．详细的可行性研究报告　　　　B．需求规格说明书

　　 C．市场调研报告　　　　　　　　D．项目建议书

【攻克要塞软考研究团队讲评】初步可行性研究报告可以作为正式的文献供决策参考；也可以依据项目的初步可行性研究报告形成项目建议书，通过审查项目建议书决定项目的取舍，即通常所说的"立项"决策。详细的可行性研究报告是立项之后再行编写的文件。选项B、C明显不合题意。

参考答案：（5）D

6．小张接到一项任务，要对一个新项目的投资及经济效益进行分拆，包括支出分析、收益分析、敏感性分析等，则小张正在进行___（6）___。

（6）A．技术可行性分析　　　　　　　B．经济可行性分析

　　 C．环境可行性分析　　　　　　　D．法律可行性分析

【攻克要塞软考研究团队讲评】经济可行性分析主要是对整个项目的投资及所产生的经济效益进行分析，具体包括支出分析、收益分析、投资回报分析以及敏感性分析等。

参考答案：（6）B

第10学时　项目整合管理

项目整合管理是十大领域中起到整合作用的知识领域，所以又叫项目组合管理，它位于其他九个知识领域的中心位置。整合管理包括为识别、定义、组合、统一和协调各项目管理过程组的各种过程和活动而开展的过程与活动。整合管理有协调分配资源、平衡和协调竞争的手段与方案，目的就是让项目可控，并能满足干系人要求，达到项目目标。本学时要学习的主要知识点如图10-0-1所示。项目整合管理中项目经理负责整合其他知识领域的成果，整合是其关键技能。项目整合责任不能被授权或者转移，由项目经理负责整个项目的最终责任。

注意： 官方教程对过程的阐述是按启动过程组、规划过程组、执行过程组、监控过程组、收尾过程组的分类方式进行，这种对过程之间联系的描述不够清晰，不利于记忆。因此，我们仍然按项目整合管理、项目范围管理、项目成本管理、项目进度管理、项目质量管理、项目资源管理、项目沟通管理、项目干系人管理、项目采购管理、项目风险管理十大过程域来对过程进行分类和

阐述。具体的考点，不会因为顺序不同而做删减。另外，本书在介绍每个过程的最开始，都会对每个过程所属的过程组做特别说明。

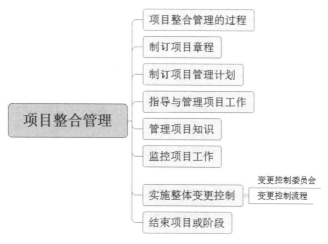

图 10-0-1　知识图谱

10.1　项目整合管理的过程

项目整合管理的主要过程包括**制订项目章程，指导与管理项目工作，管理项目知识，监控项目工作，实施整体变更控制，结束项目或阶段**。整合管理是一项综合性和全面性的工作；整合管理涉及相互竞争的项目各分目标之间的集成；项目经理通过干系人的汇报获取项目需求。

在项目整合之前，项目经理需要充分考虑项目的内外部环境，检查项目特征，考虑项目复杂性。**项目复杂性**的特点有：项目包含多个部分；不同部分之间存在一系列的关联并可以动态交互作用；交互作用所产生的行为远远大于各部分行为的简单相加。

10.2　制订项目章程

制订项目章程属于启动过程组。制订项目章程是编写一份正式批准项目并授权项目经理在项目活动中使用组织资源的文件的过程。本过程的主要作用：①明确项目与组织战略目标之间的直接联系；②确立项目的正式地位；③展示组织对项目的承诺。

项目立项以后，就要正式启动项目。所谓项目启动，就是以书面的、正式的形式肯定项目的成立与存在，同时以书面正式的形式为项目经理进行授权。书面正式的形式即为项目章程。

（1）项目章程的定义。项目章程是正式授权一个项目和项目资金的文件，由项目发起人或者项目组织之外的主办人颁发。

（2）项目章程的作用。第一，项目章程正式**宣布项目的存在**，对项目的开始实施赋予合法地位。项目章程的颁发就意味着项目的企业手续合法，项目的投资者正式启动项目，职业的项目经理人和项目领导班子可以正式接手项目。第二，项目章程将**规定项目总体范围、时间、成本、质量**，这也是项目各管理后续工作的重要依据。项目章程是项目的商业需求文件，项目理由、最新的客户需求、最新的产品、服务或成果的需求在项目章程中都会有所体现。第三，项目章程中**正式任命项目经理**，授权其使用组织的资源开展项目活动，确定组织对项目承诺。第四，明确项目与组织战略的联系。

（3）项目经理的产生。项目经理的产生主要有三种方式：第一种是由**企业高层领导委派**；第二种是由**企业和用户协商选择**；第三种是**竞争上岗**。

一个优秀的IT项目经理至少需要具备三种基本能力：解读项目信息的能力、发现和整合项目资源的能力、将项目构想变成项目成果的能力。项目经理是一个整合者，需要与项目干系人主动、全面沟通，了解他们对项目的需求；在不同干系人甚至是竞争干系人间寻找平衡点；通过协调工作，达到项目需求间平衡，实现整合。

（4）项目章程的发布与修改。项目章程由项目以外的实体［发起人、项目集或项目管理办公室（PMO）职员、项目组合治理委员会主席或授权代表］发布，但允许项目经理参与编制。项目章程遵循"谁签发，谁修改"的原则，一般项目章程定义原则问题和大方向，通常不会修改。

（5）项目章程的内容。项目章程包含的内容有项目目的；可测量的项目目标和相关的成功标准；高层级需求、高层级项目描述、边界定义以及主要可交付成果；关键干系人名单；发起人或其他批准项目章程的人员的姓名和职位等；委派的项目经理及其职责和职权并授权；项目退出标准；整体项目风险；总体里程碑进度计划；预先批准的财务资源；项目审批要求。制订项目章程的输入、工具与技术、输出，如图10-2-1所示。

图10-2-1　制订项目章程的输入、工具与技术、输出

10.2.1　输入

立项管理文件：是制订项目章程的依据，包含市场需求、商业需求、客户要求、技术分析、项目边界等内容，包含项目建议书、可行性研究报告、项目评估报告等文件。立项管理文件不是项目文件，是组织高层管理的决策依据，项目经理只能提建议，不能进行修改。立项管理文件需要定期审核。

协议：可以是合同、协议、口头协议、谅解备忘录、服务水平协议（SLA）等形式。

组织过程资产：组织过程资产包括来自组织的，任何用于管理项目的实践、知识，以往项目的经验教训和历史信息。组织过程资产可分成流程与程序（不属于项目工作，由 PMO 或者更高组织完成），组织知识库（项目期间进行更新或完成）两类。

制订项目章程过程的组织过程资产包含历史信息与经验教训，组织政策、流程，各类模板（例如章程模板），项目组合、项目集和项目的治理框架（用于提供指导和制定决策的治理职能和过程）等。

事业环境因素：是指项目团队无法控制，但对项目产生消极或者积极影响的因素。事业环境因素可以分为内部事业环境因素（包含组织文化、基础设施与资源、员工能力等）、外部事业环境因素（包括物理环境因素、市场条件、社会和文化影响因素、监管环境、行业标准等；汇率、利率、通货膨胀、税收和关税等财务因素）。

制订项目章程过程的事业环境因素包含法律与标准、市场条件、组织文化与框架、人员安排、干系人期望、风险临界值等。

10.2.2 工具与技术

数据收集：具体手段包括头脑风暴、访谈、焦点小组等。①头脑风暴：通过营造一个无批评的自由的会议环境，使与会者畅所欲言、充分交流、相互启迪、产生出大量创造性意见的过程，头脑风暴分为创意产生和创意分析两个部分；②访谈：与干系人直接交谈，了解假设条件、制约因素、需求、审批流程等信息；③焦点小组：召集干系人、专家集中讨论。这种方式比一对一更容易互动。

专家判断：专家基于知识、学科、行业知识，对当前活动进行判断。相关知识包括组织战略、识别风险、专业技术等。

人际关系与团队技能：具体手段包括冲突管理、引导、会议管理等。冲突管理有助于干系人就项目目标、成功标准、高层级需求、总体里程碑、项目描述等内容达成一致意见；引导是指有效引导团队活动，形成决定、结论、解决方案；会议管理包括准备议程，邀请每个关键干系人代表，准备和发送会议纪要和行动计划。

会议：在制订项目章程过程中，与关键干系人举行会议的目的是识别项目目标、成功标准、高层级需求、总体里程碑、主要可交付成果等信息。

10.2.3 输出

项目章程：包含项目目的；项目成功标准；高层需求、项目边界、主要可交付成果；项目审批要求及退出标准；项目经理职责与权力；发起人职责与权力。

假设日志：记录整个项目生命周期中的所有假设条件和制约因素。

10.3 制订项目管理计划

制订项目管理计划属于规划过程组。项目整合管理的过程是围绕项目管理计划进行的。**项目管理计划是说明项目执行、监控和收尾方式的一份文件，它整合并综合了所有知识领域子管理计划和基准**。制订项目管理计划就是定义、准备和协调**所有子计划**，并把它们整合为一份综合项目管理计划的过程。项目管理计划包括经过整合的项目基准（范围基准、进度基准、成本基准、绩效测量基准等）、子计划（质量管理计划、资源管理计划、沟通管理计划、风险管理计划、采购管理计划、干系人参与计划、变更管理计划、配置管理计划等）、项目生命周期描述、开发方法，是说明项目执行、监控和收尾方式的一份文件。项目管理计划围绕项目目标的完成，系统地确定项目的任务，安排任务进度，编制完成任务所需的资源、预算等，从而保证项目能够在合理的工期内，用尽可能低的成本和尽可能高的质量完成。本过程的主要作用是生成一份综合文件，以确定项目所有工作的基础及执行方式。

项目计划包含的内容：**项目的整体介绍、项目的组织描述、项目所需的管理程序和技术程序，以及所需完成的任务、时间进度和预算**等。

【攻克要塞专家提示】参考项目计划内容的记忆口诀为："**整体组织—管理技术任务—进度预算**"。

制订项目管理计划的输入、工具与技术、输出，如图10-3-1所示。

图10-3-1　制订项目管理计划的输入、工具与技术、输出

10.3.1　输入

项目章程：初始项目规划的起点，至少包含项目高层级信息，供后续细化。

其他过程的输出：包含其他过程的子计划和基准。

组织过程资产：组织的标准政策、流程和程序（包含变更程序、风险控制程序）；监督和报告方法及沟通要求；项目管理计划模板；类似项目相关信息；历史信息和经验教训等。

事业环境因素：包含法律与标准；市场条件；垂直和专门领域项目管理知识体系；基础设施等。

10.3.2　工具与技术

专家判断：略。

数据收集：包含头脑风暴、核对单、焦点小组、访谈等。

人际关系与团队技能：包含冲突管理、引导、会议管理等。

会议：通过会议讨论，达成项目目标。项目开工会议通常用于传达项目目标、获取对项目的承诺、明确干系人角色和职责。小型项目启动时就会召开项目开工会议；大型项目的开工会议通常在规划阶段完成、执行阶段开始时召开；多阶段项目则每个阶段开始就要召开一次开工会议。

10.3.3　输出

项目管理计划：包括经过整合的项目基准（范围、进度、成本等基准）、子计划（范围、需求、进度、成本、质量、资源、沟通、风险、采购、干系人参与等管理子计划)、其他组件(包括变更管理和配置管理计划、绩效测量基准、开发方法、管理审查等)。

10.4 指导与管理项目工作

指导与管理项目工作属于执行过程组。 指导与管理项目工作是为实现项目目标而领导和执行项目管理计划中所确定的工作,并实施已批准变更的过程。本过程的主要作用是综合管理项目工作和可交付成果,提高项目的成功率。

指导与管理项目工作会在整个项目期间开展,具体活动包括:开展活动,得到项目成果,实现项目目标;配备、培训和管理团队成员;获取、管理和利用工具、材料、设备等资源;执行计划好的方法和标准;建立、管理项目内外的沟通渠道;生成进度、成本、质量的进度与状态等工作绩效数据,便于预测;提出变更请求,审查变更影响并实施批准的变更;管理风险并实施风险应对;管理供应商、卖家、项目组等项目干系人;收集和记录经验教训,并实施批准的过程改进。

指导与管理项目工作的输入、工具与技术、输出,如图 10-4-1 所示。

图 10-4-1 指导与管理项目工作的输入、工具与技术、输出

10.4.1 输入

项目管理计划:项目管理计划的任何组件(子计划、各类基准)都可用作指导与管理项目工作的输入。

项目文件:包括需求跟踪矩阵(连接需求来源和满足需求可交付成果的一种表格)、风险登记册(记录影响项目风险的工具)与风险报告(包含整体项目风险来源和单个项目风险概述)、项目进度计划(包含活动清单、所需资源、开始时间、完成时间、持续时间等)、里程碑清单、项目沟通记录、经验教训登记册(可以减少错误、提高效率、改进管理规则和流程)、变更日志(记录所有变更请求及状态)等。

批准的变更请求:包含项目经理批准的变更请求及变更控制委员会(Configuration Control Board,CCB)审查和批准的变更请求。

组织过程资产:略。

事业环境因素:略。

10.4.2 工具与技术

专家判断：略。

会议：包含开工会议、技术会议、每日站会、问题解决会议、进展跟进会议以及回顾会议等。

项目管理信息系统：略。

10.4.3 输出

可交付成果：某一个过程、阶段结束时，必须产出的独特且可核实的产品、服务。可交付成果的第一个版本完成后，就应该使用配置管理工具执行多版本控制。

工作绩效数据：项目工作中，从每个执行活动中收集到的原始观察结果和测量值。包括关键绩效指标（KPI）；活动开始、完成、持续时间；实际成本；缺陷数等。

问题日志：记录和跟进所有问题的项目文件。问题日志包含的内容有问题类型；问题提出者和提出时间；解决问题负责人和解决日期；问题描述；问题优先级；问题状态；最终解决情况等。

变更请求：修改基准、文件、可交付成果的正式提议。变更请求可以分为纠正措施、预防措施、缺陷补救、更新等。

项目文件（更新）：更新的项目文件主要包括活动清单、假设日志、经验教训登记册、需求文件、风险登记册、干系人登记册等。

项目管理计划（更新）：略。

组织过程资产（更新）：略。

10.5 管理项目知识

管理项目知识属于执行过程组。管理项目知识使用现有知识生成新知识，帮助组织学习，实现项目目标。管理项目知识重点是将现有知识条理化和系统化，以便更好地利用。管理项目知识的关键活动是知识分享和知识集成。管理项目知识的过程包括知识获取与集成、知识组织与存储、知识分享、知识转移与应用和知识管理审计。该过程的主要作用：①利用已有知识创造或改进项目成果；②让知识可支持组织运营和项目管理。

管理项目知识的输入、工具与技术、输出，如图 10-5-1 所示。

图 10-5-1　管理项目知识的输入、工具与技术、输出

10.5.1 输入

项目管理计划：略。

项目文件：包括项目团队派工单、资源分解结构、供方选择标准、干系人登记册等与知识相关的文件。

可交付成果：略。

事业环境因素：略。

组织过程资产：略。

10.5.2 工具与技术

专家判断：略。

知识管理：略。

信息管理：略。

人际关系与团队技能：略。

10.5.3 输出

经验教训登记册：记录问题、挑战、风险、机会等，可以是视频、音频、文字等形式。经验教训登记册在项目早期创建，是很多过程的输入，通过输出而更新，在项目结束时进入经验教训知识库成为组织过程资产。

项目管理计划（更新）：略。

组织过程资产（更新）：略。

10.6 监控项目工作

监控项目工作属于监控过程组。监控项目工作是跟踪、审查和报告项目进展，以实现项目管理计划中确定的绩效目标的过程。本过程的主要作用：①让干系人了解项目的当前状态，认可处理绩效问题的行动；②预测成本和进度，让干系人了解项目的未来状态。**监控工作贯穿整个项目管理过程。**

监控项目工作主要关注：以**项目管理计划**为基准，比较实际的项目绩效；评估绩效，以确定是否需要采取改正或者预防性的行动；单项的改正或者预防性的行动；分析、追踪和监控项目风险，以确保风险被识别、状态被报告，适当的风险应对计划被执行；维持一个项目产品及其相关文档的一个准确和及时的信息库，并保持到项目完成；提供信息，以支持状态报告和绩效报告；提供预测，以更新当前的成本和进度信息；当变更发生时，监控已批准的变更的执行。

监控项目工作的输入、工具与技术、输出，如图 10-6-1 所示。

10.6.1 输入

项目管理计划：可以是项目管理计划的任何组件。

项目文件：包括假设日志、风险登记册与风险报告、里程碑清单、成本预测、进度预测、质量报告、经验教训登记册等。

协议：略。

工作绩效信息：略。

组织过程资产：略。

事业环境因素：略。

图 10-6-1　监控项目工作的输入、工具与技术、输出

10.6.2　工具与技术

专家判断：略。

数据分析：包括备选方案分析、成本效益分析、挣值分析、根本原因分析、趋势分析、偏差分析等。

会议：略。

决策：包括投票等方式。

10.6.3　输出

变更请求：略。

工作绩效报告：工作绩效报告内容包括状态报告和进展报告。工作绩效报告可以是挣值图表和信息、趋势线和预测、储备燃尽图、缺陷直方图、风险概述、合同绩效信息；也可以是引起关注、制订决策和采取行动的仪表指示图、热点报告、信号灯图或其他形式。

项目文件（更新）：略。

项目管理计划（更新）：略。

10.7　实施整体变更控制

实施整体变更控制属于监控过程组。实施整体变更控制是审查所有变更请求、批准变更，管理可交付成果、项目文件和项目管理计划的变更，并对变更处理结果进行沟通的过程。实施整体变更控制工作要注意及时识别可能发生的变更；管理每个已识别的变更；维持所有基线的完整性；根据已批准的变更范围、成本、预算、进度和质量要求，协调整体项目内的变更；基于质量报告控制项目质量使其符合标准；维护一个及时的、精确的关于项目产品及其相关文档的信息库，直至项目结束。本过程的主要作用是确保对项目中已记录的变更进行综合评审。

变更是计划改变，是依据新计划而执行的一系列动作。变更需要及时通知各干系人。项目变更越早，成本越低。

整体变更控制工作有：

- 及时**识别**变更。
- **管理**已识别的变更。
- **维持**所有基线的**完整性**。
- 根据已批准的变更，**调整项目范围**、**成本**、**时间**、**质量**。
- 使用质量报告，**控制项目质量**。
- **维护文档**信息库，直至项目结束。

小项目变更更应该注重高效和简洁，但更应注意以下 3 点：影响变更因素，减少无谓的变更与评估；规范化和正式化，明确变更的组织与分工合作；变更申请和确认需要文档化。

1. 变更控制委员会

项目变更过程主要涉及两类重要角色，分别为项目经理和变更控制委员会。

- 项目经理的作用：提出变更请求，评估变更并提出变更涉及的资源需求，实施变更。
- 变更控制委员会（CCB）：CCB 是决策机构，负责审批变更请求，借助评审等手段审批项目基准是否需要变更；CCB 不是作业机构，不负责提出变更方案。变更控制委员会是所有者权益代表，其组成可以是一个人，甚至是兼职人员，通常包含建设方管理层、用户方、实施方的决策人员、项目经理、配置管理员及监理方等主要干系人。CCB 主席不一定是项目经理，CCB 成员不一定是全职。

2. 变更控制流程

变更控制需要遵循的流程如下：

（1）**变更申请**：提出变更申请。

（2）**变更评估**：对变更的整体影响进行分析。变更评估（审核）的目的主要是确认变更的必要性；确保评估信息充分、完整；干系人间对评估的变更信息达成共识。变更评估过程又可以细分为变更初审和变更方案论证两步，变更初审的常见方式是变更申请文档的审核流转，变更方案论证主要是对变更请求的可实现性进行论证，论证通过后，提出资源需求，供 CCB 决策。

（3）**变更决策**：由 CCB（变更控制委员会）决策是否接受变更。

（4）**实施变更**：在实施过程中注意版本的管理。

（5）**变更验证**：追踪和审核变更结果。

（6）**沟通存档**。

要掌握实施整体变更控制这个过程，还要清楚它的输入和输出，具体如图 10-7-1 所示。

10.7.1 输入

项目管理计划：包括变更管理计划；配置管理计划；范围、成本、进度基准等。

工作绩效报告：略。

项目文件：包括需求跟踪矩阵、风险报告、估算依据等。

变更请求：略。

组织过程资产：包括变更控制程序；批准与签发变更的程序；配置管理知识库等。

事业环境因素：略。

图 10-7-1　实施整体变更控制的输入、工具与技术、输出

10.7.2　工具与技术

略

10.7.3　输出

批准的变更请求：变更请求可包含纠正措施、预防措施、缺陷补救，以及更新。

项目文件（更新）：略。

项目管理计划（更新）：略。

10.8　结束项目或阶段

结束项目或阶段属于收尾过程组。 结束项目或阶段（又称项目收尾）过程是结束项目某一阶段中的所有活动，正式收尾该项目阶段的过程。本过程的主要作用：①对项目或阶段信息进行存档，完成计划工作；②释放团队资源，便于展开新工作。**合同收尾** 就是按照合同约定，项目组和业主一项项地核对，检查是否完成了合同所有的要求，是否可以把项目结束掉，也就是我们通常所讲的项目验收。系统集成项目在验收阶段主要包含以下 4 方面的工作内容：验收测试、系统试运行、系统文档验收以及项目终验。**管理收尾（又称行政收尾）** 是对于内部来说的，把做好的项目文档等归档，对外宣称项目已经结束，释放资源，转入维护期，把相关的产品说明转到维护组，同时进行经验教训总结。

结束项目或阶段的输入、工具与技术、输出如图 10-8-1 所示。

10.8.1　输入

项目管理计划：项目管理计划的所有组成部分。

组织过程资产：包括项目或阶段收尾要求、配置管理知识库等。

验收的可交付成果：包括产品规范、交货收据、工作绩效文件等。

项目章程：包含项目成功标准；审批要求；谁来签署项目结束。

项目文件：包括假设日志、需求文件、里程碑清单、风险登记册与风险报告、估算依据、变更日志、问题日志、经验教训登记册、质量报告等。

立项管理文件：包括可行性研究报告、项目评估报告等。

协议：略。

采购文档：略。

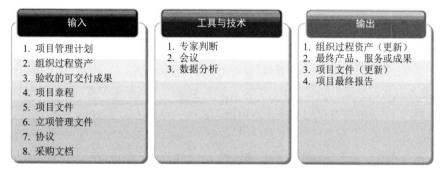

图 10-8-1　结束项目或阶段的输入、工具与技术、输出

10.8.2　工具与技术

专家判断：略。

会议：略。

数据分析：略。

10.8.3　输出

组织过程资产（更新）：略。

最终产品、服务或成果：略。

项目文件（更新）：略。

项目最终报告：用于总结项目绩效。项目最终报告包含的内容有项目或阶段概述；范围、质量、进度的目标及评估标准；成本目标，允许的偏差标准；最终产品、服务或成果的确认信息；项目过程中发生的风险及解决办法等。

10.9　课堂巩固练习

1. ___(1)___ 中正式任命项目经理，授权其使用组织的资源开展项目活动。

（1）A．项目合同　　　B．项目建议书　　　C．项目章程　　　D．投标书

【攻克要塞软考研究团队讲评】项目章程是正式授权一个项目和项目资金的文件，由项目发起人或者项目组织之外的主办人颁发。在项目章程中会正式任命项目经理，并给项目经理授权。

参考答案：(1) C

2. 下面___(2)___会对项目的边界和假设条件进行定义。

(2) A. 项目设计书　　　　　　　　B. 项目章程

　　 C. 项目范围说明书　　　　　　D. 招标书

【攻克要塞软考研究团队讲评】项目设计是在项目进行的中期阶段产生的文档；项目章程是项目启动的输出，会有粗略的项目范围描述，但不会对边界和假设进行定义；招标书中也会有基本的项目需求描述，但对边界和假设并没有进行定义；项目范围说明书则会对项目的边界和假设进行定义。

参考答案：(2) C

3. 项目整合管理的过程是围绕___(3)___进行的。

(3) A. 项目管理计划　　B. 项目章程　　C. 投标书　　D. 需求规格说明书

【攻克要塞软考研究团队讲评】项目管理计划是整体管理的基本依据文件，在管理过程中，计划可以适度调整，但一定要有计划并按计划实施。

参考答案：(3) A

4. 以下不是项目实施整体变更控制的输入的是___(4)___。

(4) A. 项目管理计划　　　　　　　B. 工作绩效报告

　　 C. 变更请求　　　　　　　　　D. 项目任务书

【攻克要塞软考研究团队讲评】首先要审清题，题目要求找出不是项目实施整体变更控制的输入的选项；项目整体变更中依据的主要文件就是项目管理计划；从执行工作绩效报告可以得知项目目前的进展情况，以便于实施整体变更控制；要进行变更就需要变更请求作为输入。

参考答案：(4) D

5. 项目收尾过程是结束项目某一阶段中的所有活动，正式收尾该项目阶段的过程。___(5)___就是按照合同约定，项目组和业主一项项地核对，检查是否完成了合同所有的要求，是否可以把项目结束掉，也就是我们通常所讲的项目验收。

(5) A. 管理收尾　　　B. 合同收尾　　　C. 项目验收　　　D. 项目检查

【攻克要塞软考研究团队讲评】本题中考查的是项目收尾过程的基本知识。项目收尾包括管理收尾和合同收尾两部分。从题目来看，项目验收要对照合同来一项项检验，故是合同收尾。

参考答案：(5) B

第11学时　项目范围管理

项目范围管理包括确保项目做且只做所需的全部工作，以成功完成项目的各个过程。管理项目范围主要在于定义和控制哪些工作应该包括在项目内，哪些不应该包括在项目内。本学时要学习的主要知识点如图11-0-1所示。

图 11-0-1　知识图谱

11.1　范围管理的过程

项目范围管理有以下过程：**规划范围管理、收集需求、定义范围、创建 WBS、确认范围、控制范围。**

这里要掌握不少知识点，比如详细的项目范围说明书的主要内容、WBS 的定义、制作 WBS 的方法等，下面来逐一讲解。

11.2　规划范围管理

规划范围管理属于规划过程组。规划范围管理（又称范围管理计划编制）就是定义、确认和控制项目范围的过程，该过程在整个项目中是管理范围的指南。本过程的主要作用是在整个项目期间为如何管理范围提供指南和方向。规划范围管理的输入、工具与技术、输出如图 11-2-1 所示。

图 11-2-1　规划范围管理的输入、工具与技术、输出

11.2.1　输入

项目管理计划：包括质量管理计划（指影响范围的质量政策、标准、方法）、项目生命周期描述、开发方法（项目选择的是预测型、适应型，还是混合型开发方法）等。

项目章程：略。

组织过程资产：略。

事业环境因素：略。

11.2.2 工具与技术

会议：略。

专家判断：略。

数据分析：略。

11.2.3 输出

需求管理计划：属于项目管理计划。需求管理计划的作用是分析、管理、记录需求。需求管理计划包含的内容有规划、跟踪需求活动；确定需求优先级排序过程；确定纳入跟踪矩阵的需求属性；确定相关测量指标；配置管理活动（启动变更程序，分析和跟踪变更，确定变更审批权限）等。

范围管理计划：一种规划的工具，用于定义、监控和确认项目范围，属于项目管理计划。项目范围管理计划可以是详细的或者概括的，正式的或者非正式的。范围管理计划可以指导制订项目范围说明书；结合详细项目范围说明书共同创建 WBS；确定审批和维护范围基准方法和流程；正式验收项目可交付成果。

11.3 收集需求

收集需求属于规划过程组。 收集需求是确定、记录并管理干系人需求的过程。本过程的主要作用：为定义产品范围和项目范围工作提供基础。

收集需求的输入、工具与技术、输出如图 11-3-1 所示。

图 11-3-1 收集需求的输入、工具与技术、输出

11.3.1 输入

立项管理文件：略。

项目管理计划：主要包含范围管理计划（定义项目范围的信息）、需求管理计划（记录和分析需求信息）、干系人参与计划（分析干系人沟通需求和参与程度，评估干系人参与需求活动的程度）等。

项目文件：主要包括假设日志、干系人登记册、经验教训登记册等。

项目章程：略。

协议：略。

事业环境因素：略。

组织过程资产：略。

11.3.2 工具与技术

专家判断：略。

数据收集：包含头脑风暴、访谈、焦点小组、问卷调查、标杆对照等方式，其中，标杆对照是将实际或计划产品、过程与组织以往实践比较，提供绩效依据，形成改进意见。

数据分析：主要分析协议、商业计划、业务流程和接口文档、法律法规等文件。

决策：包括投票、独裁型决策制订、多标准决策分析等方式。

数据表现：包括亲和图、思维导图等工具。

人际关系与团队技能：包括名义小组技术（一种结构化的头脑风暴，通过投票得到最优结果）、观察和交谈、引导等方式。

系统交互图：可视化描述产品范围的工具，可直观显示计算机系统与人员、系统间的交互。

原型法：先通过构造产品模型，经过用户反复体验和反馈后，收集到足够的用户需求。

11.3.3 输出

需求跟踪矩阵：是连接产品需求来源到满足产品需求的可交付成果的表格。需求跟踪矩阵连接了每个需求与业务目标或者项目目标，是一种在整个项目生命周期中跟踪需求的方法。需求跟踪矩阵示例如图11-3-2所示。

项目名称：	XX 大学 XX 专业 XX 年级微信公众号			
成本中心：	公众号活动的维护运营			
项目描述：	一个年级微信公众号，为了加强各班相互了解、联合活动等			
标识	关联标识	需求描述	业务需要、机会、目的和标准	WBS 可交付成果	产品设计
001	1.0	学生论坛	方便学生之间的组织活动、交流	学生开始了解并在平台发布交流帖	参考贴吧
	1.1	信息发布	方便课程信息、教务通知的发布	运营团队开始转发学院信息	参考各大论坛的新闻专栏
002	2.0	学术招聘	方便教授发布实时的科研岗位招聘信息	教授开始发布科研岗位需求	能够随时发布、更新
	2.1	实习招聘	方便企业发布实时的实习岗位招聘信息	企业开始发布实习岗位需求	能够随时发布、更新

图 11-3-2 需求跟踪矩阵示例

需求文件：描述各类需求的文件，可繁可简。需求的类别一般包括：

（1）业务需求：即组织高层级需要。

（2）干系人需求：即干系人的需要。

（3）解决方案需求：为满足业务需求和干系人需求，产品、服务或成果必须具备的特性、功能和特征。解决方案需求可以细分为功能需求（描述产品功能）和非功能需求（描述产品保密性、可靠性、性能、安全性、服务水平等）。

（4）过渡和就绪需求：例如，培训、数据转换需求。

（5）项目需求：项目本身所需的条件、行动、过程等。例如，合同责任、里程碑日期、制约因素等。

（6）质量需求：确认项目可交付成果的成功完成。例如，认证、测试、确认等。

11.4 定义范围

定义范围属于规划过程组。定义范围就是定义项目的范围，即根据范围规划阶段定义的范围管理计划，采取一定的方法，逐步得到精确的项目范围。通过项目定义，将项目主要的可交付成果细分为较小的便于管理的部分。**定义范围就是制订项目和产品详细描述的过程**。本过程的主要作用：确定产品、服务或成果的边界和验收标准。**详细的项目范围说明书是定义范围工作最主要的成果**。准备一个详细的项目范围说明书对项目的成功是至关重要的，这个工作基于项目启动阶段的主要可交付物——初步的项目范围说明书、假定及约束。当获得更多的项目信息时，项目范围就可以被更清晰地定义与描述。

项目范围说明书是干系人之间对项目范围所达成的共识，主要用于描述项目范围、主要可交付物、各种假设条件和制约因素。为便于管理干系人的期望，项目范围说明书描述了为符合产品范围、项目范围、完成可交付物必须开展的工作；明确了哪些工作不属于本项目范围。

项目章程与项目范围说明书在内容上有重复，但不是同一文件。项目章程包含了高层级信息；项目范围说明书则详细描述了范围组成部分，这些内容在项目过程中渐进明细。详细的项目范围说明书见表 11-4-1。

表 11-4-1 详细的项目范围说明书

（1）**项目目标**。度量项目是否成功的项目目标及度量项目工作是否成功的指标，具体涉及项目的各种要求和指标、项目成本、质量和时间等方面的要求和指标、项目产品的技术和质量要求等。所有这些指标都应该有具体的指标值。

（2）**产品范围描述**。主要细化项目在项目章程、需求文件中叙述的产品、服务的特性和项目产出物的构成。这方面的内容也是逐步细化和不断修订的，其详尽程度要能为后续项目的各种计划工作提供依据，要清楚地给出项目的边界，明确项目包括什么和不包括什么。

（3）**项目可交付成果**。在项目某阶段、过程中必须产生的成果。项目可交付成果既包括所有构成项目产品的最终成果，也包括生成项目产品过程中的阶段成果，如项目进度报告、系统需求分析报告、软件设计文档等。在制订的详细项目范围说明书中，可以详细地介绍和说明项目可交付成果的构成和要求。

（4）**制约因素**。对项目或过程的执行有影响的限制性因素。

（5）**验收标准**。可交付成果通过验收前必须满足的一系列条件。

（6）**项目的除外责任**。说明不属于项目范围的内容，减少范围蔓延定义范围的输入、工具与技术、输出如图 11-4-1 所示。

图 11-4-1　定义范围的输入、工具与技术、输出

11.4.1　输入

项目管理计划：主要组件是记录了定义、确认和控制项目范围的范围管理计划。

项目文件：可作为定义范围过程输入的项目文件，主要包括假设日志、需求文件、风险登记册。

项目章程：略。

组织过程资产：略。

事业环境因素：略。

11.4.2　工具与技术

专家判断：略。

数据分析：略。

决策：略。

人际关系与团队技能：略。

产品分析：略。

11.4.3　输出

项目文件（更新）：更新的项目文件包括假设日志、需求文件、需求跟踪矩阵、干系人登记册等。

项目范围说明书：略。

11.5　创建 WBS

创建工作分解结构（Work Breakdown Structure，WBS）**属于规划过程组**。创建 WBS 过程是一个将大问题分解为更小的、更容易管理与解决的问题的过程。本过程的主要作用：确定所要交付内容的架构。

WBS 的定义：以可交付成果为导向对项目要素进行的分组，它归纳和定义了项目的整个工作范围每下降一层代表对项目工作的更详细定义。WBS 的编制需要主要项目干系人、项目团队成员的参与。

WBS 的通常表现形式为**树型**或**列表**，如图 11-5-1 和图 11-5-2 所示。

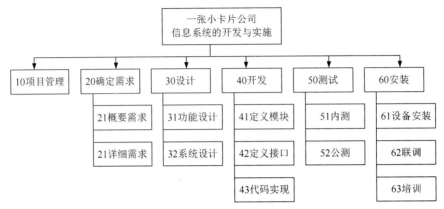

图 11-5-1　树型结构

一、项目基本情况							
项目名称		T 客户考察公司			项目编号		T0808
制作人		刘毅			审核人		施游
项目经理		王冀			制作日期		2013/12/8
二、工作分解结构（R—负责 Responsible；AS—辅助 Assist；I—通知 Informed；AP—审批 to Approve）							
分解代码	任务名称	包含活动	工时估算	人力资源	其他资源	费用估算	老刘	老朱	小施	小王	老王
1.1	邀请客户	提交邀请函给客户	1	2			I	AP	R	I	I
1.2		安排行程	2	4			R	AP	AS	I	AS
1.3		与客户确认行程安排	1	2			I	AP	R	I	I
2.1	落实资源	安排我司高层接待资源	2	4			R	AP	AS	I	I
2.2		安排各部门座谈人员	1	6			AP	R	I	AS	I
2.3		确定可参观的卡片产品	2	4			AP	R	I	AS	I

图 11-5-2　列表结构

（1）树型结构层次清晰、直观，不易修改。

（2）列表结构直观性较差，分类多、容量大，适合大型、复杂的分解。

无论是在项目管理的实践中还是在项目管理工程师的考试中，WBS 都是重要的内容之一。WBS 总是处于计划过程的中心，也是制订进度计划、资源需求、制订预算、风险管理计划和采购计划等的重要基础。WBS 同时也是控制项目变更的重要基础。项目范围是由 WBS 定义的，所以 WBS 也是一个项目的综合工具。

WBS 是由 3 个关键元素构成的名词：工作——可以产生有形结果的工作任务；分解——是一种逐步细分和分类的层级结构；结构——按照一定的模式组织各部分。

根据这些概念，WBS 有以下相应的构成因子与其对应：

(1) **结构化编码**。编码是最显著和最关键的 WBS 构成因子，用于将 WBS 彻底地结构化。通过编码体系，可以很容易地识别 WBS 元素的层级关系、分组类别和特性。

WBS 应控制在 4～6 层，如果超过 6 层，则将该项目分解成若干子项目，然后针对子项目来做 WBS。

(2) **工作包**。工作包是 WBS 的最底层元素，一般的工作包是最小的"可交付成果"，这些可交付成果很容易估算出完成它的活动、成本、持续时间、组织、资源信息。一个用于项目管理的 WBS 必须被分解到工作包层次才能够使其成为一个有效的管理工具。**WBS 中每个工作包的工作量应介于一个人工作 8～80 小时之间**。一个活动不能属于多个工作包。

控制账户是一种管理控制点，可以是工作包，也可以是比工作包更高层次上的一个要素。它和工作包是一对多的关系。

规划包是在控制账户和工作包之间的包，是临时解决方案，之后它会变成工作包。

(3) **WBS 元素**。WBS 元素实际上就是 WBS 结构上的一个个"节点"，通俗的理解就是"组织结构图"上的一个个"方框"，这些方框代表了独立的、具有隶属关系/汇总关系的"可交付成果"。WBS 中的元素必须有人负责，而且只由一个人负责。

每一级 WBS 应将上一级的一个元素分为 4～7 个新的元素。一个工作单元只能隶属于某个上层单元，避免交叉隶属。

(4) **WBS 字典**。它是用于描述和定义 WBS 元素中的工作的文档。字典相当于对某一 WBS 元素的规范，即 WBS 元素必须完成的工作以及对工作的详细描述，工作成果的描述和相应规范标准，元素上下级关系、元素成果输入/输出关系等。分解 WBS 结构采用的内容表现形式主要有两种，如图 11-5-3 所示。

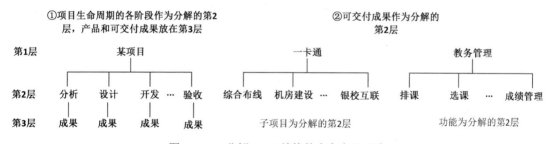

图 11-5-3 分解 WBS 结构的内容表现形式

第一种形式：把项目生命周期的各阶段作为分解的第 2 层，产品和可交付成果放在第 3 层。
第二种形式：可交付成果作为分解的第 2 层。其中，可交付成果可以是子项目、功能等。
其他形式：WBS 分解结构纳入项目团队之外的各种底层次工作（比如外包工作）。

创建 WBS 结构分解步骤为：①识别和确认项目的阶段、主要可交付物和相关工作；②确定 WBS 组成结构、要素、排列方法；③自上而下逐层分解与细化；④制订编码规则、分配 WBS 编码；⑤确认分解是否足够详细，核实分解的正确性。

创建 WBS 时要遵循的原则：
- WBS 必须是面向可交付成果的：项目的目标是提供产品或服务，WBS 各项工作是确保成功交付产品或服务。
- WBS 必须符合项目范围，各层次上保持项目的完整性，避免遗漏；符合 100%原则（包含原则），即所有下一级的元素之和必须 100%代表上一级的元素。WBS 应控制在 4~6 层，每个工作单元只从属某一上层单元，应避免交叉从属。
- 工作单元应能分开不同责任者和不同工作内容，每个元素有且仅有一人负责，但可以多人参与。
- WBS 的底层应该支持计划和控制，便于管理者对项目的计划、控制项目进度和预算。
- WBS 包括项目管理工作（包含外包部分）。
- WBS 编制需要主要干系人参与，WBS 并非一成不变的。

创建 WBS 的输入、工具与技术、输出如图 11-5-4 所示。

图 11-5-4 创建 WBS 的输入、工具与技术、输出

11.5.1 输入

项目管理计划：该过程使用的项目管理计划组件是范围管理计划。

项目文件：包括需求文件、项目范围说明书。
- 需求文件：详细描述各类单一需求如何满足项目业务需要。
- 项目范围说明书：描述了需要实施的工作、不包含在项目中的工作。

事业环境因素：略。

组织过程资产：略。

11.5.2 工具与技术

分解：就是把项目范围和项目可交付物，逐步划分为更小的、更容易管理的部分。

专家判断：略。

11.5.3 输出

范围基准：属于项目管理计划的组成部分，包含经过批准的范围说明书、WBS 和相应的 WBS 词典，常用于各类比较和确认。范围基准的变更，需经过正式变更程序的批准。

项目文件（更新）：略。

11.6 确认范围

确认范围属于监控过程组。 确认范围是客户等项目相对外部的干系人正式验收并接受已完成的项目可交付物的过程。项目范围确认包括审查项目可交付物，以保证每一交付物令人满意地完成。本过程的主要作用：①让验收过程具有客观性；②通过确认每个可交付成果的工作，提高验收最终产品、服务或成果的成功率。确认范围过程应该以书面文件的形式记录下来。如果项目在早期被终止，项目确认范围过程将记录其完成的情况。项目范围确认应该**贯穿项目的始终**。

确认范围的一般步骤如图 11-6-1 所示。

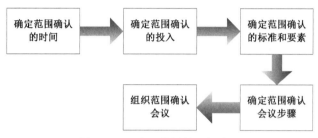

图 11-6-1　确认范围的一般步骤

项目干系人进行范围确认时，需要检查的内容主要包含可交付成果是否确定、可确认；每个可交付成果是否有明确的里程碑事件；质量标准是否明确；审核和承诺是否清晰表达；项目范围是否充分，没有遗漏；项目范围的风险是否太高。

不同干系人关注的点是不一样的。

（1）管理层主要关注项目范围对项目进度、成本、资源的影响，组织能否承受，投入和产出是否合理。

（2）项目管理人员关注项目的成本、时间、资源是否足够；项目有哪些制约因素；主要潜在风险和预备解决的办法。

（3）项目团队成员主要关注项目范围中和个人相关的部分，个人工作时间是否足够，是否有多项工作，工作之间是否冲突。

确认范围的输入、工具与技术、输出如图 11-6-2 所示。

图 11-6-2　确认范围的输入、工具与技术、输出

11.6.1 输入

项目管理计划：包括范围管理计划、需求管理计划、范围基准等。

项目文件：包括需求文件、需求跟踪矩阵、质量报告（全部的质量保证项，改进建议，在控制质量中发现的情况概述，供产品验收前检查）、经验教训登记册等。

核实的可交付成果：控制质量过程检查正确，已完成的可交付成果。

工作绩效数据：包括一段时间内确认的次数，需求符合度，不一致的数量和严重性。

11.6.2 工具与技术

检查：通过测量、审查、确认等方式，来判断可交付成果是否符合验收标准。

决策：主要技术是投票。

11.6.3 输出

验收的可交付成果：应由客户或发起人正式签字批准。

变更请求：略。

工作绩效信息：包括项目进展信息，验收成果及未验收原因。

项目文件（更新）：略。

11.7 控制范围

控制范围属于监控过程组。控制范围是指当项目范围变化时对其采取纠正措施的过程，以及为使项目朝着目标方向发展而对项目范围进行调整的过程；即监督项目和产品的范围状态，管理范围基准变更的过程。本过程的主要作用：在整个项目期内维护范围基准。范围控制涉及的内容有：①识别范围变更的因素；②确保遵循整体变更流程；③管理实际变更。

在项目的实施过程中，项目的范围难免会因为很多因素需要或者至少为项目利益相关人提出变更。如何控制项目的范围变更，需要与项目的控制进度、控制成本及控制质量结合起来管理。范围变更应该通过**整体变更过程**处理，变更均需通过变更控制委员会。定义范围变更的流程包括必要的书面文件、纠正行动、跟踪系统和授权变更的批准等级。

作为范围变更控制管理者，关注的内容有：判断范围变更是否发生；对范围变更采取何种措施，是否得到一致认同；如何管理范围变更。

范围蔓延是指未得到控制的变更。范围蔓延、得不到投资人批准、项目小组未尽责任属于常见的范围变更管理过程中遇到的问题。

控制范围的输入、工具与技术、输出如图 11-7-1 所示。

11.7.1 输入

项目管理计划：包括范围管理计划、需求管理计划、变更管理计划、配置管理计划、范围基准、绩效测量基准等。

项目文件：包括需求文件、需求跟踪矩阵、经验教训登记册等。

组织过程资产：略。

工作绩效数据：略。

图 11-7-1　控制范围的输入、工具与技术、输出

11.7.2　工具与技术

数据分析：略。

11.7.3　输出

工作绩效信息：包括收到的变更分类；识别的范围偏差和原因；偏差对进度、成本的影响；范围绩效预测等。

变更请求：略。

项目管理计划（更新）：略。

项目文件（更新）：略。

11.8　课堂巩固练习

1. 项目范围管理有以下过程：范围管理计划编制、范围定义、___(1)___、范围确认、范围控制。

（1）A．签订项目合同　　　　　　　　B．范围变更管理

　　　C．创建 WBS　　　　　　　　　　D．可行性分析

【攻克要塞软考研究团队讲评】创建 WBS 是项目范围管理中的重要过程。

参考答案：（1）C

2. 以下有关项目范围管理计划的说法错误的是___(2)___。

（2）A．项目范围管理计划是一种规划的工具，说明项目组将如何进行项目的范围管理

　　　B．项目范围管理计划是一种规划的工具，说明项目组将如何定义、制订、监督、控制和确认项目范围

　　　C．项目范围管理计划的内容包括描述从详细的项目范围说明书创建 WBS 的方法

　　　D．项目范围管理计划的内容包括项目的详细范围说明

【攻克要塞软考研究团队讲评】项目范围管理计划中的主要内容是有关"方法"的说明，但并不会具体说明项目的范围。

参考答案：（2）D

3. ___(3)___是范围定义工作最主要的成果。

（3）A．范围管理计划　　　　　　B．范围说明书
　　　C．项目章程　　　　　　　　D．项目建议书

【攻克要塞软考研究团队讲评】范围管理计划是范围定义过程的输入；范围说明书是项目范围管理中范围定义的最主要的输出；项目章程是项目启动的输出；项目建议书用于项目立项。

参考答案：（3）B

4．WBS 的最底层元素是___（4）___；该元素可进一步分解为___（5）___。

（4）（5）A．工作包　　　　　　　　B．活动
　　　　C．任务　　　　　　　　　D．WBS 字典

【攻克要塞软考研究团队讲评】WBS 中，工作包是最小的可交付成果，是最底层的元素，但可进一步分解为活动。WBS 字典是用于描述和定义 WBS 元素中的工作的文档。

参考答案：（4）A（5）B

5．在项目管理领域，经常把不受控制的变更称为项目"范围蔓延"。为了防止出现这种现象，需要控制变更。批准或拒绝变更申请的直接组织称为___①___，定义范围变更的流程包括必要的书面文件、___②___和授权变更的批准等级。

（6）A．①变更控制委员会；②纠正行动、跟踪系统
　　　B．①项目管理办公室；②偏差分析、配置管理
　　　C．①变更控制委员会；②偏差分析、变更管理计划
　　　D．①项目管理办公室；②纠正行动、配置管理

【攻克要塞软考研究团队讲评】变更控制委员会属于批准或拒绝变更申请的直接组织。范围变更应该通过**整体变更过程**处理，变更均需通过变更控制委员会。定义范围变更的流程包括必要的书面文件、纠正行动、跟踪系统和授权变更的批准等级。

范围蔓延又叫范围潜变，是指未得到控制的变更。范围蔓延、得不到投资人批准、项目小组未尽责任属于常见的范围变更管理过程中遇到的问题。

参考答案：（6）A

第 12 学时　项目成本管理

项目成本管理是确保在预算内完成项目，而对成本采取的规划、估算、预算、控制等活动。本学时要学习的主要知识点如图 12-0-1 所示。

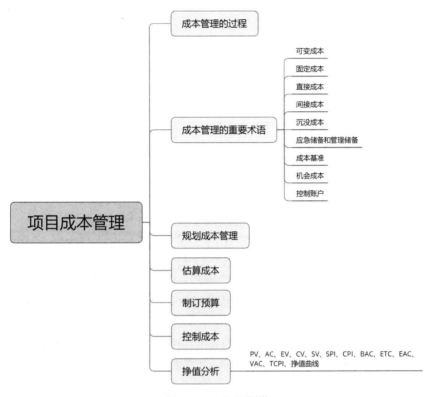

图 12-0-1　知识图谱

12.1　成本管理的过程

项目成本管理就是在整个项目的实施过程中，为确保项目在批准的预算条件下尽可能保质按期完成，而对成本进行规划、估算和预算、融资和筹资、管理和控制的过程进行管理与控制。其主要目标是确保在批准的预算范围内完成项目所需的各个过程。

项目成本管理的过程有**规划成本管理**、**估算成本**、**制订预算**、**控制成本**。规划成本管理过程在整个项目中为如何管理项目成本提供指南和方向。估算成本过程要对完成项目所需的成本进行估计和计划，是项目计划中一个重要的、关键的、敏感的部分；制订预算过程要把估算的总成本分配到项目的各个工作细目，建立成本基准计划以衡量项目绩效；控制成本过程保证各项工作在各自的预算范围内进行。

12.2　成本管理的重要术语

（1）**可变成本**。随着生产量、工作量或时间而变的成本为可变成本，如原料、劳动、燃料成本。**可变成本又称变动成本。**

（2）**固定成本**。不随生产量、工作量或时间的变化而变化的非重复成本为固定成本，如工资、固定税收。

注意：固定成本大部分是间接成本，如企业管理人员的薪金和保险费、固定资产的折旧和维护费、办公费等。

（3）**直接成本**。凡是可以直接计入项目工作成本的费用，称为直接费用（成本），如直接用于产品生产、构成产品实体的原材料、直接从事生产工人的工资等。

（4）**间接成本**。不能直接计入项目工作成本的费用（成本），称为间接费用，如税费、额外福利、保卫费用、车间管理人员的工资费用和福利费、办公费、保险费、水电费等。间接成本往往由多个项目共担。

（5）**沉没成本**。过去的决策已经发生了的，而不能由现在或将来的任何决策改变的成本。沉没成本的特点是已付出，不可收回。

（6）**应急储备和管理储备**。应急储备是包含在成本基准内的一部分预算，用来应对已经接受的已识别风险，以及已经制订应急或减轻措施的已识别风险。使用应急储备不改变进度和成本基准。**应急储备**可用于应对"已知-未知"风险。"已知-未知"风险是已经识别出但其发生概率或后果还不清楚的风险。例如，软件开发会出现 Bug，但是 Bug 的严重程度和发生概率是未知的。

管理储备是一个单列的计划出来的成本，以备未来不可预见的事件发生时使用。管理储备包含成本或进度储备，以降低偏离成本或进度目标的风险。使用管理储备可能会改变进度和成本基准。

应急储备和管理储备的定义如图 12-2-1 所示，它们的关系见表 12-2-1。

图 12-2-1　应急储备和管理储备

表 12-2-1　管理储备与应急储备的关系

储备类型	定义	是否属于成本基准	是否属于总预算	项目经理对其支配方式
管理储备	计划单列的成本，以备将来不可知的事件、风险所使用的储备（成本、时间等）	不属于	属于	使用前需向高层申请
应急储备	应对已知风险而使用的储备	属于	属于	直接支配

（7）**成本基准**。成本基准是经批准的按时间安排的成本支出计划，并随时反映了经批准的项目成本变更，被用于度量和监督项目的实际执行成本。成本基准是不同进度活动经批准的预算的总和。

（8）**机会成本**。机会成本是企业为从事某种经营活动而放弃另一经营活动的机会，或利用一定资源获得某种收入时所放弃的另一种收入,泛指一切在做出选择后其中一个最大的损失。

(9)控制账户。工作分解结构(WBS)是成本管理计划的基础,可以据此规范地开展成本估算、预算和控制。控制账户是指在工作分解结构中的中间控制点(层),对下级任务的管理。

12.3 规划成本管理

规划成本管理属于规划过程组。 规划成本管理是为了规划、管理、花费和监控项目成本而制订成本管理计划的过程。本过程的主要作用:在整个项目期间为项目成本管理提供指南和方向。

规划成本管理的输入、工具与技术、输出如图 12-3-1 所示。

图 12-3-1　规划成本管理的输入、工具与技术、输出

12.3.1　输入

项目管理计划:包括进度管理计划、风险管理计划等。

项目章程:包含项目章程中批准的财务资源及项目审批要求。由于进度、成本、质量是相互竞争又要相互平衡的,项目章程中就需要体现对应的平衡指导原则。比如,火箭发射,当进度要求很难满足时,就必须考虑增加预算,决不能牺牲质量。

组织过程资产:略。

事业环境因素:略。

12.3.2　工具与技术

专家判断:略。

会议:略。

数据分析:略。

12.3.3　输出

成本管理计划:成本管理计划是项目管理计划的组成部分,描述将如何规划、安排和控制项目成本。成本管理过程及其工具与技术应记录在成本管理计划中。成本管理计划可以是正式的,也可以是非正式的;可以是非常详细的,也可以是概括性的。

成本管理计划中的内容一般包含计量单位、精度(取整的规定)、准确度(成本估算可接受的区间,包括一定的应急储备)、控制临界值(采取措施前允许的最大偏差)、报告格式、组织程序链接(成本管理计划框架)、绩效测量规则(规定用于绩效测量的挣值管理规则)、其他细节等。

12.4 估算成本

估算成本属于规划过程组。 估算成本是对完成项目活动所需资金进行近似估算的过程。本过程的主要作用：估算出项目所需资金。

项目估算成本需要进行以下 3 个主要步骤：

（1）**识别并分析成本的构成科目**。该部分的主要工作就是确定完成项目活动需要物质资源（人、设备、材料）的种类，说明工作分解结构中各组成部分需要资源的类型和所需要的数量。

（2）**根据已识别的项目成本构成科目估算每一科目的成本大小**。根据前一步形成的资源需求，考虑项目需要的所有资源的成本。估算可以用货币单位表示，也可用工时、人月、人天、人年等其他单位表示。有时同样技能的资源来源不同，其对项目成本的影响也不同。

（3）**讲评成本估算结果，找出各种可以相互替代的成本，协调各种成本之间的比例关系**。通过对每一成本科目进行估算而形成的总成本，应对各种成本进行比例协调，找出可行的低成本替代方案，尽可能地降低项目估算的总成本。但是，无论如何降低项目成本估算值，项目的应急储备和管理储备都不应被裁剪。

估算成本的输入、工具与技术、输出如图 12-4-1 所示。

图 12-4-1　估算成本的输入、工具与技术、输出

12.4.1　输入

项目管理计划：包括成本管理计划（描述可用的成本估算方法，成本估算的准确度和精确度）、质量管理计划（为实现质量目标所需的活动和资源）、范围基准（包含项目范围说明书、WBS 和 WBS 字典）等。

项目文件：包括风险登记册（已识别并按优先级排列的单个风险的详细信息和应对措施，可用于估算成本的详细信息）、经验教训登记册（与制订成本估算相关的经验教训可提高成本估算的准确度和精确度）、资源需求（每个工作包或活动所需资源的类型和数量）、项目进度计划（包括项目可用的团队和实物资源的类型、数量和可用时间的长短）等。

组织过程资产：略。

事业环境因素：略。

12.4.2 工具与技术

（1）类比估算。成本类比估算是一种粗略的估算方法，该方法以过去类似项目的参数值（例如成本、范围、预算和持续时间等）或规模指标（如尺寸、重量和复杂性等）为基础，来估算当前项目的同类参数或指标。有两种情况可以使用这种方法：一种情况是以前完成的项目与当前项目非常相似；另一种情况是项目成本估算专家或小组具有必需的专业技能。类比估算将被估算项目的各个成本科目与已完成同类项目的各个成本科目进行比较，从而估算出新项目的各项成本。

（2）专家判断：略。

（3）参数估算。参数估算利用历史数据之间的统计关系和其他变量估算项目成本的方法。参数估算重点集中在成本影响因子（即影响成本最重要的因素）的确定上，这种方法并不考虑众多的项目成本细节，因为项目的成本影响因子决定了项目的成本变量，并且对项目成本有举足轻重的影响。

（4）自下而上估算。自下而上估算是估算单个工作包或活动成本，然后从下往上汇总成整体项目成本。

（5）数据分析：略。

（6）三点估算。考虑估算中的不确定性与风险，使用 3 种估算值来划定成本近似区间，可提高成本估算的准确性。

最可能成本（C_M）：现实估算的活动成本。

最乐观成本（C_O）：最好情况下的活动成本。

最悲观成本（C_P）：最差情况下的活动成本。

使用贝塔分布公式得到，预期成本 $C_E=(C_O+4C_M+C_P)/6$。

注意：计算预期成本的公式，还有三角分布公式，即预期成本 $C_E=(C_O+C_M+C_P)/3$。

（7）项目管理信息系统：辅助成本估算的表格、模拟软件、统计工具等。

（8）决策：略。

12.4.3 输出

活动成本估算：完成项目工作所需要的成本、对已识别风险的应急储备。

估算依据：包括假设条件、制约因素、风险、估算区间的说明等。估算依据不要求详略程度，但需要完整，清晰。

项目文件（更新）：略。

12.5 制订预算

制订预算属于规划过程组。 制订预算是汇总所有单个活动或工作包的估算成本，形成一个经批准的成本基准的过程。本过程的主要作用：确定监督和控制项目绩效的成本基准。

制订预算的输入、工具与技术、输出如图 12-5-1 所示。

图 12-5-1　制订预算的输入、工具与技术、输出

12.5.1　输入

项目管理计划：包括成本管理计划、资源管理计划、范围基准等。

可行性研究文件：略。

项目文件：包括估算依据（包括基本的假设条件，例如，项目预算中是否包含间接成本、其他成本）、成本估算（汇总各工作包的每个活动的成本估算，得到各工作包的成本估算）、项目进度计划、风险登记册等。

协议：略。

组织过程资产：略。

事业环境因素：略。

12.5.2　工具与技术

成本汇总：先对 WBS 中的工作包进行成本估算汇总，然后汇总所有工作包到 WBS 更高层次（比如控制账户），最终得到项目整体成本。

资金限制平衡：根据项目资金限制，调整进度计划、平衡支出。

历史信息审核：历史信息审核可以支持参数估算或类比估算。

专家判断：略。

融资：略。

数据分析：略。

12.5.3　输出

成本基准：成本基准是经过批准的、按时间段分配的项目预算，不包括管理储备，是不同进度活动经批准的预算的总和。成本基准是与实际结果进行比较的依据，需要通过正式的变更控制程序才能变更。

项目文件（更新）：略。

项目资金需求：根据成本基准，确定总资金需求和阶段性（如年度、季度）资金需求。

12.6 控制成本

控制成本属于监控过程组。 控制成本是监督项目状态，以更新项目成本，管理成本基准变更的过程。本过程的主要作用：在整个项目期间持续维护成本基准。控制成本的目标主要包括以下内容：

（1）对造成成本基准变更的因素施加影响。

（2）确保变更请求都得到及时处理。

（3）当变更发生时，管理这些实际的变更。

（4）监督成本绩效，找出与成本基准的偏差。

（5）准确记录所有与成本基准的偏差。

（6）防止错误的、不恰当的或未获批准的变更纳入成本或资源使用报告中。

（7）将所有经批准的变更及相关成本通知项目干系人。

（8）对照资金支出，监督工作绩效。

（9）采取措施，将预期的成本超支控制在可以接受的范围内。

控制成本的输入、工具与技术、输出如图12-6-1所示。

图12-6-1 控制成本的输入、工具与技术、输出

12.6.1 输入

项目管理计划：包括成本管理计划（管理和控制项目成本）、成本基准（用于和实际结果对比，从而决定是否变更或采取纠正、预防措施）、绩效测量基准（使用挣值分析，比较绩效测量基准与实际结果，从而决定是否变更或采取纠正、预防措施）等。

项目资金需求：包括预计支出、预计债务。

组织过程资产：略。

工作绩效数据：包含项目状态（已批准、已发生、已支付、已开具发票）的数据。

项目文件：主要是经验教训登记册。

12.6.2 工具与技术

专家判断：略。

数据分析：包括挣值分析［计划价值（PV）、挣值（EV）、实际成本（AC）］、偏差分析［（成本偏差（CV）、进度偏差（SV）]、趋势分析（图表技术、预测技术）、储备分析（监督项目应急储备和管理储备的使用情况，判断是否需要或者增加储备）等技术。具体计算将在挣值分析一节详细说明。

完工尚需绩效指数：即 TCPI，将在挣值分析一节详细说明。

项目管理信息系统：略。

12.6.3 输出

工作绩效信息：项目施工情况（对比成本基准），工作包和控制账户级别上的成本偏差数据。

成本预测：计算后的 EAC 值。

变更请求：略。

项目管理计划（更新）：略。

项目文件（更新）：略。

12.7 挣值分析

为了方便考生们快速学习和复习，本书将挣值分析这一小节的重要知识点浓缩在 3 张学习卡片中。其中，图 12-7-1 介绍了挣值分析的基础知识 PV、AC、EV；图 12-7-2 介绍了挣值分析的进阶知识 SPI、CPI；图 12-7-3 介绍了挣值分析的高阶知识 BAC、ETC、EAC。

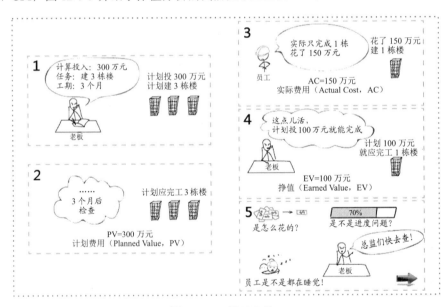

图 12-7-1 学习卡片 1

挣值（Earned Value，EV）分析用于控制成本，是一种监督项目范围、成本、进度的方法，又称为挣值管理（Earned Value Management，EVM）。

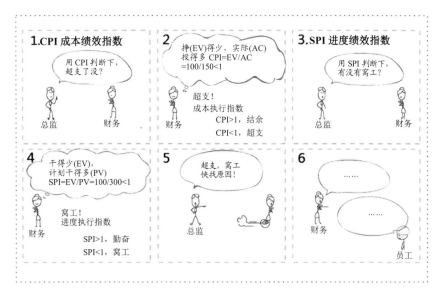

图 12-7-2　学习卡片 2

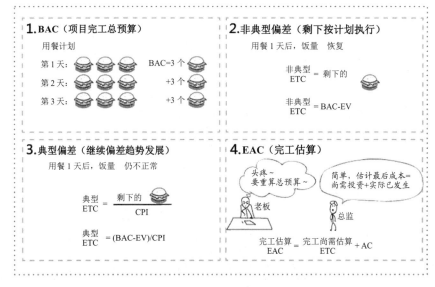

图 12-7-3　学习卡片 3

考点 1：挣值分析基础知识

挣值分析的基础就是 PV、AC、EV 三个参数，具体含义见表 12-7-1。

表 12-7-1　挣值分析的 3 个基本参数

参数名	含义
计划费用（PV）	当前时间点，计划完成工作的预算成本。 在学习卡片中，3 个月后检查时，计划投入是花费 300 万元建 3 栋楼，因此 PV=300 万元
实际费用（AC）	当前时间点，实际发生的成本。 在学习卡片中，实际上项目组只花了 150 万元，因此 AC=150 万元
挣值（EV）	当前时间点，已完成工作的预算值。 在学习卡片中，3 个月建好了 1 栋楼，而建好 1 栋楼计划是投入 100 万元，因此 EV=100 万元

例 1　图 12-7-4 是一项布线工程计划和实际完成的示意图，2020 年 3 月 23 日的 PV、EV、AC 分别是多少？

分析：

（1）2020 年 3 月 23 日，PV 计划成本为 4000 元。

（2）2020 年 3 月 23 日，只完成了第一层布线工作，而这层花费对应的预算（EV）为 2000 元。

（3）2020 年 3 月 23 日，AC 实际成本为 3800 元。

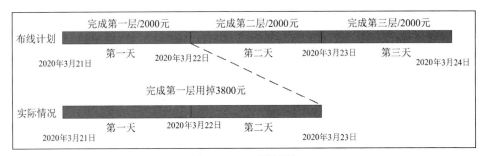

图 12-7-4　例题用图

考点 2：挣值分析进阶知识

挣值分析进阶知识涉及 2 个偏差和 2 个指数，即 CV、SV、CPI、SPI。CV 和 CPI 用于判断项目成本偏差与绩效；SV 和 SPI 用于判断项目进度偏差与绩效。具体含义见表 12-7-2。

表 12-7-2　挣值分析的 2 个偏差、2 个指数

名称	公式	具体值表示的含义	
成本偏差 （Cost Variance，CV）	CV=EV−AC，挣值（EV）和实际成本（AC）的差	CV=0	计划和实际花费一致
		CV>0	结余
		CV<0	超支

续表

名称	公式	具体值表示的含义	
进度偏差（Schedule Variance，SV）	SV=EV-PV，挣值（EV）和计划成本（PV）的差	SV=0	项目按计划进行
		SV>0	进度超前
		SV<0	进度滞后
成本绩效指数（Cost Performance Index，CPI）	CPI=EV/AC，挣值（EV）和实际成本（AC）的比值	CPI=1	计划和实际花费一致
		CPI>1	结余
		CPI<1	超支
进度绩效指数（Schedule Performance Index，SPI）	SPI=EV/PV，挣值（EV）和计划成本（PV）的比值	SPI=1	项目按计划进行
		SPI>1	进度超前
		SPI<1	进度滞后

例 2 项目进行到某阶段时，项目经理进行了绩效分析，计算出 CPI 值为 0.91，这表示___（2）___。

分析：CPI 值为 0.91 表示 100 元成本只实现了 91 元价值。

考点 3：挣值分析高阶知识

挣值分析高阶知识涉及 BAC、EAC、ETC、VAC 等定义，具体含义见表 12-7-3。

表 12-7-3　挣值分析的 3 个高阶知识

参数名	含义与公式		
项目完工总预算（Budget at Completion，BAC）	所有计划成本的和，BAC=∑PV 例如，挣值分析第 3 张卡片中，第 1～3 天均计划吃 3 个汉堡，则 BAC=3 天计划吃的汉堡量=9 个汉堡		
完工尚需估算（Estimate to Completion，ETC）	当前时间点，项目剩余工作完工的估算		
		非典型 （剩下按计划执行）	ETC=剩下工作量对应计划值=总计划值-已完成工作的计划值（EV），即 ETC = BAC-EV
		典型 （继续偏差趋势发展）	ETC=剩下工作量对应计划值/成本绩效指数，即 ETC = (BAC-EV)/CPI
		考虑 SPI 和 CPI 同时影响 ETC 时	EAC =AC+[(BAC-EV)/(CPI×SPI)]
完工估算（Estimate at Completion，EAC）	项目整体完工估算成本，等于 AC+剩余工作的预算。 EAC=ETC+AC		
完工偏差（Variance at Completion，VAC）	对预算亏空量或盈余量的一种预测，是完工总预算与完工估算之差。 VAC=BAC-EAC		

注：①非典型 ETC 和典型 ETC 公式可以统一起来，即 ETC=(BAC-EV)/CPI，因为非典型 ETC 下项目 CPI=1。
②EAC 中的 ETC，是按照典型、非典型、SPI 和 CPI 同时影响的公式进行对应计算。

例 3 某大楼布线工程基本情况为：一层到四层，必须在低层完成后才能进行高层布线。每层工作量完全相同。项目经理根据现有人员和工作任务，预计每层需要 1 天完成。项目经理编制了该项目的布线进度计划，并在 2020 年 3 月 18 日工作时间结束后对工作完成情况进行了绩效评估，见表 12-7-4。

表 12-7-4 布线计划表

日期		2020 年 3 月 17 日	2020 年 3 月 18 日	2020 年 3 月 19 日	2020 年 3 月 20 日
计划	计划进度任务	完成第一层布线	完成第二层布线	完成第三层布线	完成第四层布线
	预算/元	10000	10000	10000	10000
实际绩效	实际进度		完成第一层		
	实际花费/元		8000		

【问题 1】（5 分）

请计算 2020 年 3 月 18 日时对应的 PV、EV、AC、CPI 和 SPI。

【问题 2】（4 分）

（1）根据当前绩效，在图 12-7-5 中画出 AC 和 EV 曲线。（2 分）

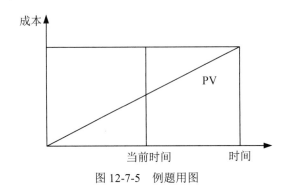

图 12-7-5 例题用图

（2）分析当前的绩效，并指出绩效改进的具体措施。（2 分）

【问题 3】（6 分）

（1）如果在 2020 年 3 月 18 日绩效评估后，找到了影响绩效的原因，并纠正了项目偏差，请计算 ETC 和 EAC，并预测此种情况下的完工日期。（3 分）

（2）如果在 2020 年 3 月 18 日绩效评估后，未进行原因分析和采取相关措施，仍按目前状态开展工作，请计算 ETC 和 EAC，并预测此种情况下的完工日期。（3 分）

试题分析：

【问题 1】

（1）PV=完成第一层布线预算+完成第二层布线预算=10000+10000=20000 元。

（2）EV=完成第一层布线预算=10000 元。

(3) AC=实际花费=8000 元。

(4) CPI = EV/ AC=10000/8000=1.25。

(5) SPI = EV/PV=10000/20000=0.5<1。

【问题 2】

(1) 由于 EV=10000 元，AC=8000 元，则曲线如图 12-7-6 所示。

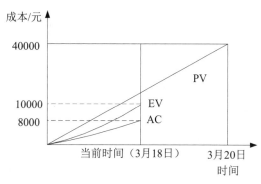

图 12-7-6 例题用图

(2) CPI = EV/ AC=10000/8000=1.25，表明实际成本低于预期，有结余。

SPI = EV/PV=10000/20000=0.5<1，表明实际进度迟于预期。

因此可以采用的方法有：

1) 赶工，缩短关键路径上的工作历时。

2) 采用并行施工方法以压缩工期（或快速跟进）。

3) 追加资源。

4) 改进方法和技术。

5) 缩减活动范围。

6) 使用高质量的资源或经验更丰富人员。

【问题 3】

本题 BAC=10000+10000+10000+10000=40000 元。

(1) "如果在 2020 年 3 月 18 日绩效评估后，找到了影响绩效的原因，并纠正了项目偏差"属于非典型偏差计算。因此：

ETC = BAC-EV=40000-10000 =30000 元

EAC=AC+BAC-EV=8000+40000-10000 =38000 元

2020 年 3 月 18 日仅完成第一层布线，如果之后调整问题，按原计划进度进行，则只要多 1 天即能完成迟滞的任务（完成第二层布线）。所以完工日期为 3 月 21 日。

(2) "如果在 2020 年 3 月 18 日绩效评估后，未进行原因分析和采取相关措施"属于典型偏差计算。因此：

ETC =(BAC-EV)/CPI=(40000-10000)/1.25 =24000 元

EAC=AC+ETC = 8000+24000 =32000 元

原计划 1 天完成一层（估计费用 10000 元）的工作，用了 2 天完成；则完成四层（估计费用 40000 元）的工作需要 8 天。所以完工日期为 3 月 24 日。

考点 4：完工尚需绩效指数

完工尚需绩效指数（To Complete Performance Index，TCPI）是指为了实现具体的管理目标（如 BAC 或 EAC），剩余工作的实施必须达到的成本绩效指标。TCPI 等于完成剩余工作所需成本与剩下预算的比值。TCPI 有两种计算公式，具体说明见表 12-7-5。

表 12-7-5 TCPI 计算的两种情形

TCPI 计算的两种情形	公式	具体值表示的含义	
BAC 可行的情况	TCPI=剩余工作/剩余资金 =(BAC-EV)/(BAC-AC)	TCPI=1	正好完成
		TCPI>1	很难完成
		TCPI<1	很容易完成
BAC 明显不可行，经批准，使用 EAC 取代 BAC 的情况	TCPI=(BAC-EV)/(EAC-AC) =(BAC-EV)/ETC	TCPI=1	正好完成
		TCPI>1	很难完成
		TCPI<1	很容易完成

考点 5：挣值曲线

挣值技术的表现形式很多，常用图形方式表示，如图 12-7-7 所示，该图表示的项目预算超支且进度落后。

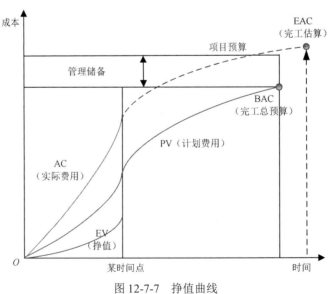

图 12-7-7 挣值曲线

12.8 课堂巩固练习

1. 在项目成本管理的子过程中，___(1)___过程要把估算的总成本分配到项目的各个工作细目，建立成本基准计划以衡量项目绩效。

(1) A．成本计划　　　B．成本估算　　　C．成本预算　　　D．成本控制

【攻克要塞软考研究团队讲评】项目成本管理有 3 个子过程——成本估算、成本预算、成本控制，其中成本预算的重要输出就是项目预算，项目预算是进行成本控制的基础。

参考答案：(1) C

2. 构成产品实体的原材料应当计入___(2)___。

(2) A．成本基准　　　B．全生命周期成本　　C．直接成本　　D．管理储备

【攻克要塞软考研究团队讲评】这里考查的是有关成本管理的术语。成本基准是经批准的按时间安排的成本支出计划，并随时反映经批准的项目成本变更，被用于度量和监督项目的实际执行成本。全生命周期成本指的是权益总成本，即开发成本和维护成本的总和。凡是可以直接计入产品成本的费用，称为直接费用（成本）。如构成产品实体的原材料，生产工人工资等。管理储备是一个单列的计划出来的成本，以备未来不可预见的事件发生时使用。

参考答案：(2) C

3. 以下不是成本估算方法的是___(3)___。

(3) A．类比估算法　　B．自上而下估算法　　C．自下而上估算法　　D．挣值分析

【攻克要塞软考研究团队讲评】注意审清题，题目要求找出不是成本估算方法的选项。题目提供的 4 个选项中，挣值分析是用来衡量项目绩效的方法，故选 D。

参考答案：(3) D

4. 项目成本预算的原则是要以___(4)___为基础；与项目目标相联系，必须同时考虑到项目质量目标和进度目标；要切实可行；预算应当留有一定的弹性。

(4) A．项目需求　　　B．项目目标　　　C．项目合同　　　D．项目建议书

【攻克要塞软考研究团队讲评】成本预算应当以需求为基础，所以选 A。

参考答案：(4) A

5. 某项目当前的 PV=100，AC=120，EV=150，则项目的绩效情况：___(5)___。

(5) A．进度超前，成本节约　　　　　B．进度滞后，成本超支
　　　C．进度超前，成本超支　　　　　D．进度滞后，成本节约

【攻克要塞软考研究团队讲评】根据题目已知条件可计算出，SV=EV-PV=150-100=50，故进度超前；CV=EV-AC=150-120=30，故成本节约。

参考答案：(5) A

第3天 鼓足干劲，逐一贯通

经过前面的学习，应当已经掌握了项目的整体管理、范围管理、成本管理等项目管理的基础知识。接下来，学习更多的项目管理知识域。

第13学时 项目进度管理

项目进度管理又叫项目时间管理，包括为保证项目按时完成，对项目所需的各个过程进行管理，是十大知识领域中的核心知识领域之一。项目进度管理一直以来是考生的难点，也是考试的热点，特别是有关网络图的计算，是历次考试必考的内容。本学时要学习的主要知识点如图13-0-1所示。

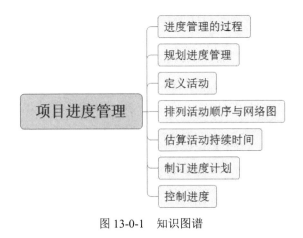

图 13-0-1　知识图谱

13.1 进度管理的过程

项目进度管理的过程有:规划进度管理、定义活动、排列活动顺序、估算活动持续时间、制订进度计划、控制进度。

13.2 规划进度管理

规划进度管理属于规划过程组。规划进度管理是为规划、编制、管理、执行和控制项目进度而制订政策、程序和文档的过程。本过程的主要作用:在整个项目期间,为项目进度管理提供指南和方向。规划进度管理的输入、工具与技术、输出如图 13-2-1 所示。

图 13-2-1　规划进度管理的输入、工具与技术、输出

13.2.1　输入

项目管理计划:包括开发方法(定义进度计划方法、估算技术、进度计划编制工具、控制进度的技术)、范围管理计划(定义和制订范围,提供制订进度计划的信息)等。

项目章程:特指项目章程中的里程碑进度计划。

事业环境因素:略。

组织过程资产:略。

13.2.2　工具与技术

专家判断:略。

数据分析:略。

会议:略。

13.2.3　输出

进度管理计划是项目管理计划的组成部分。进度管理计划可以是正式的或非正式的,非常详细的或高度概括的,其中应包括合适的控制临界值。进度管理计划也会规定如何报告和评估进度紧急情况。在项目执行过程中,可能需要更新进度管理计划,以反映在管理进度过程中所发生的变更。进度管理计划的内容一般包括项目进度模型(规定项目进度模型的方法论及工具)、进度计划的发布和迭代长度、准确度、计量单位、工作分解结构(提供进度管理计划的框架)、项目进度模型维护(项目执行期间,更新进度模型状态)、控制临界值、绩效测量规则、报告格式等。

项目进度表为项目进度计划的结果,它的图形表现形式主要有以下 3 种。

（1）项目进度网络图。项目进度网络图中列明活动日期，既可表示项目活动的先后逻辑，又能表示项目关键路径上的计划活动。

进度网络图可以使用时标进度网络图（逻辑横道图）描述，具体如图 13-2-2 所示。该图描述了一项工作分解为彼此连续的计划活动。

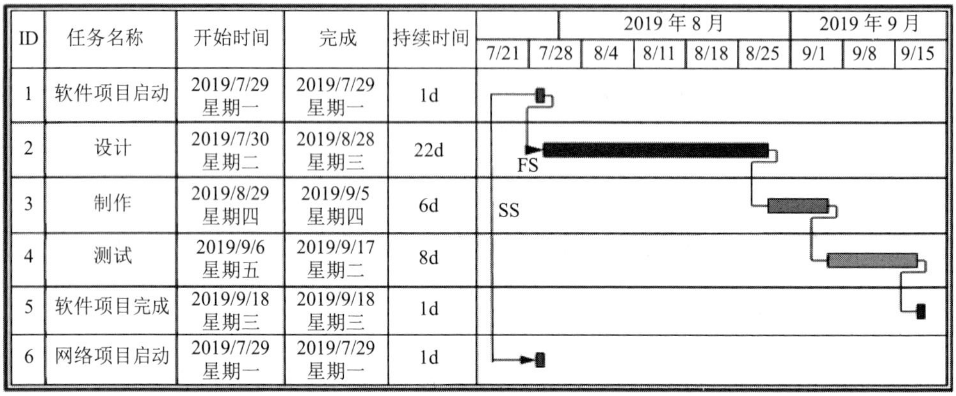

ID	任务名称	开始时间	完成	持续时间	7/21	7/28	2019年8月 8/4	8/11	8/18	8/25	2019年9月 9/1	9/8	9/15
1	软件项目启动	2019/7/29 星期一	2019/7/29 星期一	1d									
2	设计	2019/7/30 星期二	2019/8/28 星期三	22d		FS							
3	制作	2019/8/29 星期四	2019/9/5 星期四	6d	SS								
4	测试	2019/9/6 星期五	2019/9/17 星期二	8d									
5	软件项目完成	2019/9/18 星期三	2019/9/18 星期三	1d									
6	网络项目启动	2019/7/29 星期一	2019/7/29 星期一	1d									

图 13-2-2　时标进度网络图（逻辑横道图）

（2）横道图（甘特图）。横道图中的活动列于纵轴，日期排于横轴，活动长度表示预期的持续时间。具体的横道图的实例——概括性进度表如图 13-2-3 所示。

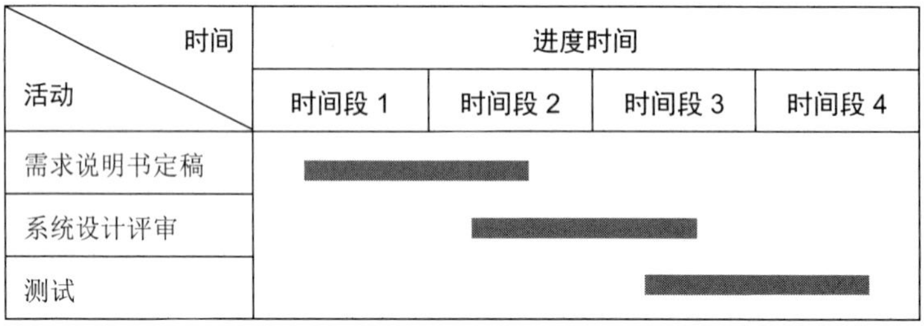

活动＼时间	进度时间			
	时间段1	时间段2	时间段3	时间段4
需求说明书定稿	▬▬			
系统设计评审		▬▬		
测试			▬▬	

图 13-2-3　概括性进度表

（3）里程碑图。里程碑图与横道图类似，但只标识出可交付的成果。标识主要可交付成果和关键外部接口的计划时间段。里程碑实例图如图 13-2-4 所示。

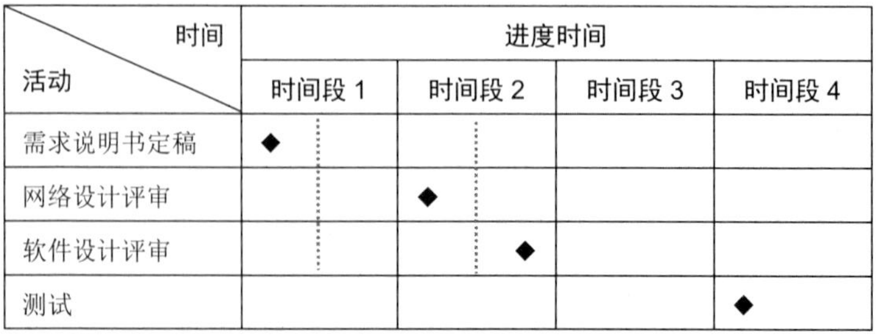

活动＼时间	进度时间			
	时间段1	时间段2	时间段3	时间段4
需求说明书定稿	◆			
网络设计评审		◆		
软件设计评审			◆	
测试				◆

图 13-2-4　里程碑实例图

13.3 定义活动

定义活动属于规划过程组。定义活动是识别和记录为完成项目可交付成果而须采取的具体行动的过程。本过程的主要作用：将工作包分解为进度活动，成为项目进度估算、规划、执行、监督与控制的基础。

工作分解结构的最底层是工作包，把工作包分解成一个个的活动是定义活动过程的基本任务。工作包通常还应进一步细分为更小的组成部分，即"活动"，代表着为完成工作包所需的工作投入。

定义活动的输入、工具与技术、输出如图 13-3-1 所示。

图 13-3-1　定义活动的输入、工具与技术、输出

13.3.1　输入

项目管理计划：主要包括进度管理计划（包含定义进度计划方法、滚动式规划持续时间，管理工作的详细程度）、范围基准等。

组织过程资产：略。

事业环境因素：略。

13.3.2　工具与技术

分解：指把项目工作组合进一步分解为更小、更易于管理的计划活动。分解技术将 WBS 每个工作包分解成活动，从而由各类活动完成各类可交付成果。

专家判断：略。

滚动式规划：滚动式规划是规划**渐进明细**的一种表现形式，近期要完成的工作在工作分解结构最下层详细规划，而计划在远期完成的工作分解结构组成部分的工作在工作分解结构较高层规划。最近一两个报告期要进行的工作应在本期工作接近完成时详细规划。所以，项目计划活动在项目生命周期内可以处于不同的详细水平。在信息不够确定的早期战略规划期间，活动的详细程度可能仅达到里程碑的水平。

会议：略。

13.3.3　输出

活动清单：项目所需开展的活动，需定期更新。定义活动过程输出是活动，不是可交付成果，可交付成果属于整合管理中指导与管理项目工作过程的输出。

活动属性：每项活动所具有的属性，包括活动标识、紧前活动、紧后活动、逻辑关系、提前量和滞后量、资源需求、制约因素和假设条件等。

里程碑清单：列出所有里程碑，并标明是强制性的还是选择性的。

变更请求：略。

项目管理计划（更新）：略。

此外，还要掌握有关定义活动的几个术语：

（1）**检查点**指在规定的时间间隔内对项目进行检查，比较实际进度和计划进度的差异，从而根据差异进行调整。

（2）**里程碑**是完成阶段性工作的标志，通常指一个主要可交付成果的完成。一个项目中应该有几个用作里程碑的关键事件。里程碑既不消耗资源也不花费成本，持续时间为零。

（3）**基线**其实就是一些重要的里程碑，但相关交付物需要通过正式评审，并作为后续工作的基准和出发点。

重要的检查点是里程碑，重要的需要客户确认的里程碑就是基线。里程碑是由相关人负责的、按计划预定的事件，**用于测量工作进度**，它是项目中的重大事件。

13.4 排列活动顺序与网络图

排列活动顺序属于规划过程组。排列活动顺序是识别和记录项目活动之间的逻辑关系的过程。本过程的主要作用：在既定项目制约因素下，获得工作间的最优逻辑顺序。排列活动顺序定义了工作之间的逻辑顺序，以便在既定的所有项目制约因素下获得最高的效率。

排列活动顺序的输入、工具与技术、输出如图 13-4-1 所示。

图 13-4-1　排列活动顺序的输入、工具与技术、输出

13.4.1　输入

项目管理计划：主要包括进度管理计划（规定排列活动顺序的方法和准确度）、范围基准等。

项目文件：主要包括假设日志（影响活动排序的方式、活动之间的关系的假设；对提前量和滞后量的需求假设等）、活动属性（描述事件间确定的紧前或紧后关系的属性；定义提前量与滞后量和活动之间逻辑关系的属性）、活动清单（项目所需的全部活动的依赖关系及制约因素均影响活动的排序）、里程碑清单（特定里程碑实现日期可能会影响活动排序）等。

事业环境因素：略。

组织过程资产：略。

13.4.2 工具与技术

紧前关系绘图法：又称前导图法，具体内容将在网络图中进行详细阐述。

确定和整合依赖关系：依赖关系分类见表13-4-1。

表 13-4-1 依赖关系分类

类别	特点
强制性依赖关系	法律或合同要求的或工作内在性质决定的依赖关系
选择性依赖关系（软逻辑关系）	基于最佳实践或者项目特殊性而创建的活动顺序
外部依赖关系	项目活动与非项目活动之间的依赖关系
内部依赖关系	项目活动之间的紧前关系

提前量和滞后量：提前量是相对于紧前活动，紧后活动可提前的时间量，提前量一般用负值表示；滞后量是相对于紧前活动，紧后活动需要推迟的时间量，滞后量一般用正值表示。

箭线图法：用箭线表示活动，用节点表示事件，具体内容将在网络图中进行详细阐述。

项目管理信息系统：略。

13.4.3 输出

项目进度网络图：描述项目活动之间的进度逻辑关系（先后依赖关系）。

项目文件（更新）：更新的项目文件包括活动属性、活动清单、假设日志、里程碑清单等。

13.4.4 网络图

网络图往往是考试的难点，但又是考试的必考题，所以一定要掌握，要会作图、会计算，还要会分析。考生比较难掌握网络图的主要原因在于：①概念不理解；②公式记不住；③公式记住了但不会用。

在这里可以提供一个简便、快捷且记忆深刻的方法——"记口诀"，口诀记住了，以上3个问题可迎刃而解。先来理解几个基本的术语。

（1）**理解术语 ES、EF、LS、LF**。

E 即 Early，表示早；S 即 Start，表示开始，所以 ES 表示最早开始时间。

F 即 Finish，表示完成，所以 EF 表示最早完成时间。

L 即 Late，表示晚，所以 LS 表示最晚开始时间。LF 表示最晚完成时间。

（2）**理解缩写 TF、FF**。

T 即 Total，表示总的；F 即 Float，表示浮动，所以 TF 表示总的浮动时间，即总时差。

F 即 Free，表示自由的，所以 FF 表示自由的浮动时间，即自由时差。

那么怎么理解 ES、EF、LS、LF、TF、FF 呢？这些术语都是针对活动而言的，ES、EF、LS、

LF 理解即可。

TF：一项活动的最早开始时间和最迟开始时间不相同时，它们之间的差值是该活动的总时差。

FF：在不影响紧后活动完成时间的条件下，一项活动最大可被延迟的时间。

（3）**学会作图**。**前导图**（Precedence Diagramming Method，**PDM**）：是一种用**节点表示活动、箭线表示活动关系**的项目网络图，这种方法也叫作**单代号网络图**。在这种方法中，每项活动有唯一的活动号，每项活动都注明了预计的工期，工期一般就标在活动的上方，如图 13-4-2 所示。

前导图法活动间依赖关系：在前导图中，箭尾节点表示的活动是箭头节点的紧前活动；箭头节点所表示的活动是箭尾节点的紧后活动。

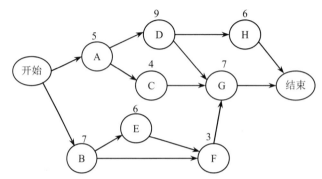

图 13-4-2　单代号网络图

在绘制前导图时，需要遵守以下规则：

- 前导图必须正确表达项目中活动之间的逻辑关系。
- 在图中不能出现循环回路。
- 在图中不能出现双向箭头或无箭头的连线。
- 图中不能出现无箭尾节点的箭线或无箭头节点的箭线。
- 图中只能有一个起始节点和一个终止节点。当图中出现多项无内向箭线的活动或多项无外向箭线的活动时，应在前导图的开始或者结束处设置一项虚活动，作为该前导图的起始节点或终止节点。

箭线图法（Arrow Diagramming Method，**ADM**）：这种表示方法与前导图相反，是用**箭线表示活动、节点表示排列活动顺序**的一种网络图方法，这种方法又叫作**双代号网络图法**（Active On the Arrow，AOA）。每一项活动都用一根箭线和两个节点来表示，每个节点都编以号码，箭线的箭尾节点和箭头节点是该项活动的起点和终点。

箭线表示项目中独立存在、需要一定时间或资源完成的活动。在箭线图中，依据是否需要消耗时间或资源，可将活动分为实活动或虚活动。

实活动是需要消耗时间和资源的活动。在箭线图中用实箭线表示，如图 13-4-3 所示。在箭线上方标出活动的名称，如果明确了活动时间，则在箭线下方标出活动的持续时间，箭尾表示活动的开始，箭头表示活动的结束，相应节点的号码表示该活动的代号。

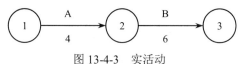

图 13-4-3　实活动

虚活动既不消耗时间，也不消耗资源，它只表示相邻活动之间的逻辑关系，在箭线图中用虚线表示。当出现下列情况时，需要定义虚活动：

1）平行作业。如图 13-4-4（a）所示，在活动 A 和活动 B 完成后才能够转入活动 C，为了说明活动 B 和 C 之间的关系，需要在节点 2、3 之间定义虚活动。

2）交叉作业。如图 13-4-4（b）所示，要求 a_1 完成后才开始 b_1，a_2 完成后才开始 b_2，a_3 完成后才开始 b_3，因此需要在节点 2 和节点 3、节点 4 和节点 5、节点 6 和节点 7 之间建立虚活动。

3）在复杂的箭线图中，为避免多个起点或终点引起混淆，也可以用虚活动来解决，即用虚活动与所有能立即开始的节点连接，如图 13-4-4（c）所示。

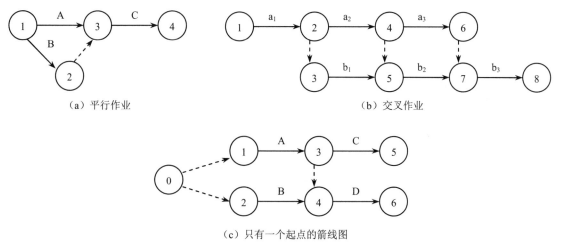

(a) 平行作业

(b) 交叉作业

(c) 只有一个起点的箭线图

图 13-4-4　几种虚活动的表示

在箭线图表示法中有 3 个基本原则：
- 箭线图中每一个事件必须有唯一的一个代号，即箭线图中不会有相同的代号。
- 任意两项活动的紧前事件和紧后事件至少有一个不相同，节点序号沿箭线方向越来越大。
- 流入（流出）同一节点的活动均有共同的后继活动（或先行活动）。

（4）**学会找关键路径**。关键路径就是权值累加和最大的路径，而该路径的长度就是总工期。最长的一般指时间，也就是耗时最多的自然是总工期了。值得注意的是，关键路径可能有多条。

（5）**会计算**。对于关键路径上的活动来说，ES、EF、LS、LF 很好求。ES=LS，EF=LF，因为关键路径上的活动是不允许延迟的，否则就会影响总工期。据此，TF、FF 必为 0。

那非关键路径上的呢？有公式如下：

ES = max{紧前活动的 EF}，EF = ES+D，LF = min{紧后活动的 LS}，LS = LF−D，TF = LS−ES，FF = min{紧后活动的 ES}−EF。（D 表示活动历时）

EF、LS、TF 的公式看上去倒是很好记也好理解。ES 和 EF、LS 和 LF 之间都是相差 D，TF 就是两个开始时间之差或两个完成时间之差。因为关键路径上的活动是不允许延迟的，故关键路径上的活动的 TF、FF 均为 0，ES=LS 且 EF=LF。非关键路径上的处理麻烦一点，特别是 ES、LF、FF 不好理解和记忆。下面提供 3 句口诀："早开大前早完；晚完小后晚开；小后早开减早完。"

第一句口诀"早开大前早完"的意思是：当前活动的最早开始时间等于当前活动的所有前置活动的最早完成时间的最大值。

第二句口诀"晚完小后晚开"的意思是：当前活动的最晚完成时间等于当前活动的所有后继活动的最晚开始时间的最小值。

第三句口诀"小后早开减早完"的意思是：当前活动的自由时差等于当前活动的所有后继活动最早开始时间的最小值减去当前活动的最早完成时间。

案例：某项目经分析得到一张表明工作先后关系及每项工作的初步时间估计的工作列表，见表 13-4-2。

表 13-4-2　工作列表

工作代号	紧前工作	历时/天
A	—	5
B	A	2
C	A	8
D	B、C	10
E	C	5
F	D	10
G	D、E	15
H	F、G	10

1）请根据上表完成此项目的前导图和箭线图，并指出关键路径和项目工期。

2）请分别计算工作 B、C 和 E 的自由浮动时间。

3）为了加快进度，在进行工作 G 时加班赶工，因此将该项工作的时间压缩了 7 天（历时 8 天）。请指出此时的关键路径，并计算工期。

先来解决第 1）问，来看如何完成前导图和箭线图。相对来说，前导图容易一些，可先画前导图再画箭线图，非常熟练的话顺序也可随意。

【攻克要塞专家提示】考生可先自行在草稿纸上画画试试，这样学习效果会更好一些。

可一步一步制作出前导图，步骤如图 13-4-5 所示。在图中，每步制作出了两个活动及连线，在画图时可能图形并不像书上的这么美观,没关系,先画完再调整就可以了。

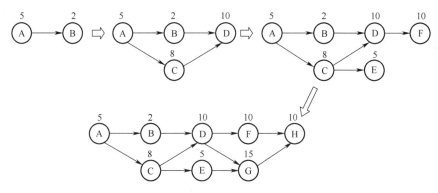

图 13-4-5 制作前导图的步骤

可一步一步制作出箭线图,步骤如图 13-4-6 所示。在图中,每步制作出了两个活动及节点。

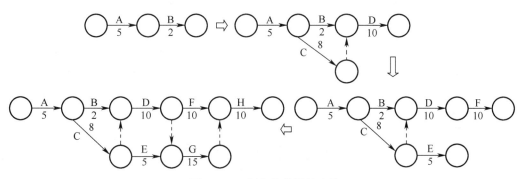

图 13-4-6 制作箭线图的步骤

图画出来了,关键路径就好找了。找关键路径就是要找出权值累加和最大的那条路,因为这里的权值是工期,所以关键路径上的权值累加和为总工期。

可以看出,关键路径为 ACDGH,总工期为 48 天。

接下来解第 2)问。第 2)问是要求 B、C 和 E 的自由浮动时间。其中 C 在关键路径上,关键路径上的活动是不允许延迟的,故可得知 $FF_C=0$。再来求非关键路径上的 B 和 E。马上想起计算 FF 的口诀 **"小后早开减早完"**,所以 FF_B 和 FF_E 的演算过程如下:

$FF_B=\min\{ES_D\}-EF_B=ES_D-(ES_B+D_B)=13-(5+2)=13-7=6$

$FF_E=\min\{ES_G\}-EF_E=ES_G-(ES_E+D_E)=\max\{EF_E,EF_D\}-(\max\{EF_C\}+5)$

$\quad=\max\{ES_C+D_E,23\}-(EF_C+5)=\max\{ES_C+5,23\}-(ES_A+D_C+5)$

$\quad=\max\{EF_A+8+5,23\}-(ES_B+8+5)=\max\{EF_A+13,23\}-(EF_A+13)$

$\quad=\max\{18,23\}-(5+13)=23-18=5$

【攻克要塞专家提示】能掌握和理解以上演算过程，相信考生在做网络图计算题时可以迎刃而解。

继续解第3）问，题干说活动G压缩了7天，即变成8天，可在网络图上将G上权值改为8，单代号网络图如图13-4-7所示。

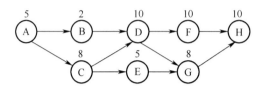

图13-4-7　将G缩短工期后的单代号网络图

得到此图后，再找关键路径就不难了，可以看出关键路径为ACDFH，总工期为43天。

（6）使用PDM法求解关键路径。PDM图也叫网络图。此处用一道典型例题来完整讲解网络图的节点表示，ES（最早开始时间）、LS（最晚开始时间）、EF（最早完成时间）、LF（最晚完成时间）的推导，以及关键路径的推导。

例1　某系统集成项目的建设方要求必须按合同规定的期限交付系统，承建方项目经理李某决定严格执行项目进度管理，以保证项目按期完成。他决定使用关键路径法来编制项目进度网络图。在对工作分解结构进行认真分析后，李某得到了一张包含活动先后关系和每项活动初步历时估计的工作列表，见表13-4-3。

表13-4-3　活动关系及历时列表

活动代号	前序活动	活动历时/天
A	—	5
B	A	3
C	A	6
D	A	4
E	B、C	8
F	C、D	5
G	D	6
H	E、F、G	9

（1）画出该系统集成项目的网络图。

（2）标记各节点的ES、LS、EF、LF。

（3）求该网络图的关键路径。

网络图中求各节点的 ES、LS、EF、LF 及求关键路径的方法一般分为如下 6 步：

第一步：将工作表转换为网络图。

前导图法使用矩形代表活动，活动间使用箭线连接，表示活动之间的逻辑关系。PDM 存在 4 种依赖关系，如图 13-4-8 所示。

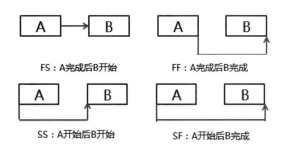

图 13-4-8　前导图的 4 种依赖关系

（1）FS（结束—开始），表示前序活动结束后，后续活动才可以开始。
（2）FF（结束—结束），表示前序活动结束后，后续活动才可以结束。
（3）SS（开始—开始），表示前序活动开始后，后续活动才可以开始。
（4）SF（开始—结束），表示前序活动开始后，后续活动才可以结束。

PDM 中，活动（即节点）的表示如图 13-4-9 所示。

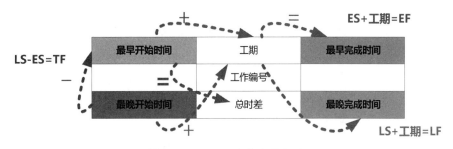

图 13-4-9　PDM 中节点的表示

其中，节点中各时间的关系如下：
（1）ES（最早开始时间）+工期=EF（最早完成时间）；
（2）LS（最晚开始时间）+工期=LF（最晚完成时间）；
（3）LS（最晚开始时间）−ES（最早开始时间）=**TF（总时差）**
　　　=LF（最晚完成时间）−EF（最早完成时间）

将例 1 的工作列表转换为网络图，如图 13-4-10 所示。

- **确定起点**：活动 A **没有前序**活动，因此活动 A 为起点。
- **确定终点**：活动 H **没有后续**活动，因此活动 H 为终点。

- **确定依赖关系**：工作列表给出活动 B 的前序为 A，因此在网络图中，有一条从 A 到 B 的射线。
- **确定工期**：工作表给出的活动历时，即为各项活动的工期。

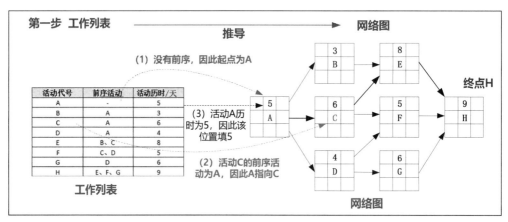

图 13-4-10　把工作列表转为网络图

第二步：从左至右求各节点的最早开始时间。

如图 13-4-11 所示，节点 B 的所有前序节点的 max{最早开始时间+工期}，即为节点 B 的最早开始时间（ES）。

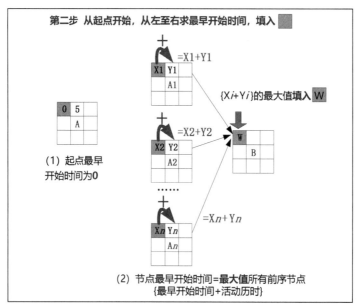

图 13-4-11　求 ES

根据上述逻辑，得到题目对应网络图所有节点的最早开始时间，如图 13-4-12 所示。

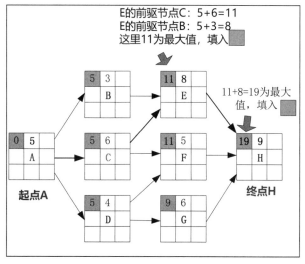

图 13-4-12　求所有节点的最早开始时间

第三步：从右至左求各节点的最晚完成时间。

a. 终点 H 的最晚完成时间等于 H 的最早开始时间加上 H 的历时。

b. 除 H 以外的其他节点，其最晚完成时间=min 后续节点{最晚完成时间-活动历时}，如图 13-4-13 所示。

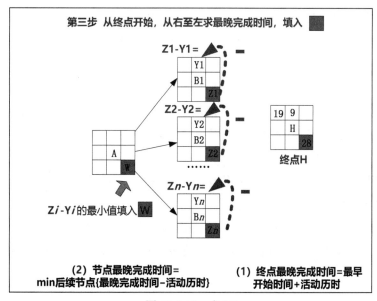

图 13-4-13　求 LF

根据上述逻辑，可得网络图中所有节点的最晚完成时间，如图 13-4-14 所示。

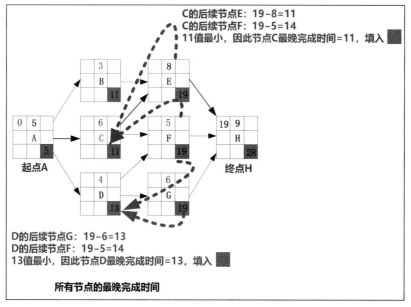

图 13-4-14　求所有节点的最晚完成时间

第四步：求最早完成时间、最晚开始时间、关键路径。

根据节点的时间关系，求最早完成时间、最晚开始时间、时间差。其中，ES=LS 或者 EF=LF 的节点均可视为关键路径节点。尝试连接这些节点，能从起点连接到终点的，就是关键路径。

根据上述逻辑，可得到题目对应网络图所有节点的**最早完成时间、最晚开始时间、关键路径**，如图 13-4-15 所示。

第五步：求总时差。

某个节点的总时差是指其在不影响总工期的前提下所具有的机动时间。每个活动总时差（机动时间）用完后，必须马上开始，否则将会耽误工期。关键路径上的节点总时差为 0。

总时差公式：TF=LS-ES=LF-EF。

根据上述逻辑得到例 1 对应网络图所有节点的**总时差**，如图 13-4-16 所示。

第六步：求自由时差。

自由时差是指不影响后续节点最早开始时间的前提下的本节点的机动时间。

如图 13-4-17 所示，节点 A 的所有后续节点的 min{ES}-本节点的 EF，即为节点 A 的自由时差。

第四步 求最早完成时间、最晚开始时间、关键路径

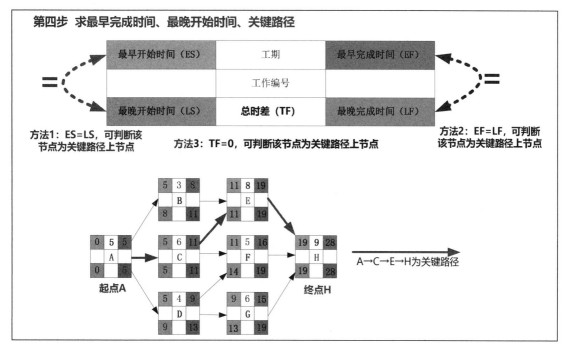

图 13-4-15 所有节点的最早完成时间、最晚开始时间，获得关键路径

第五步 求总时差

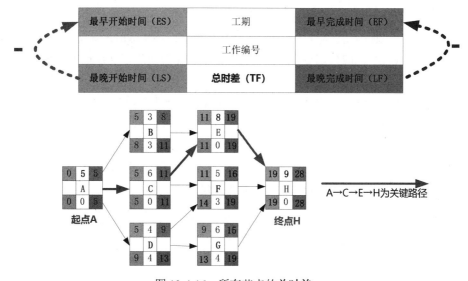

图 13-4-16 所有节点的总时差

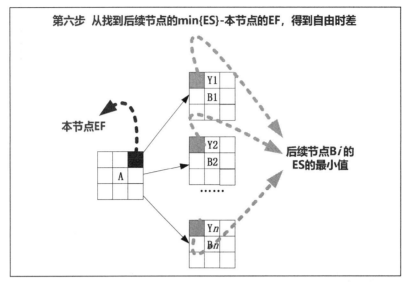

图 13-4-17 所有节点的**自由时差**

13.5 估算活动持续时间

估算活动持续时间属于规划过程组。估算活动持续时间（又称活动历时估算）是根据资源估算的结果，估算完成单项活动所需工作时段的过程。本过程的主要作用：估算完成每个活动所需的时间。

估算活动持续时间首先估算活动所需的工作量、资源量，结合资源日历和项目日历，估算活动持续时间。越熟悉项目参与估算，数据越详细，估算结果越准确，质量越高。

活动持续时间受工作性质、人员熟练程度的影响。估算活动持续时间还需要考虑收益递减规律（增加一个因素投入，其他因素不变，收益增加最终到一个临界点；然后再投入收益会下降）、资源数量（资源投入翻倍，活动完成时间不一定减半）、技术进步、员工激励等因素。

拖延症定律是指只有临近工作结束，才会全力工作。帕金森定律是指只要还有时间，工作就会不断扩展，直到用完所有的时间。

估算活动持续时间的输入、工具与技术、输出如图 13-5-1 所示。

13.5.1 输入

项目管理计划：主要包括进度管理计划、范围基准等。

项目文件：略。

事业环境因素：略。

组织过程资产：略。

图 13-5-1 估算活动持续时间的输入、工具与技术、输出

13.5.2 工具与技术

（1）专家判断：略。

（2）类比估算：以过去类似项目活动的实际时间为基础，通过类比来推测估算当前项目活动所需的时间。当项目相关性的资料和信息有限，而先前活动与当前活动又有本质上的类似性时，用这种方法来估算项目活动历时是一种较为常用的方法。

（3）参数估算：基于历史数据和项目参数，估算成本或持续时间的技术。

（4）三点估算：三点估算法考虑了估算中的不确定性和风险，提高估算活动持续时间的准确性。

1）三点估算的 **3 个**估算前提。

- **最乐观**历时，设定为 T_a。
- **最可能**历时，设定为 T_b。
- **最悲观**历时，设定为 T_c。

2）三点估算的两个重要公式。

公式 1：期望时间（PERT 值）=（最悲观时间+4×最有可能时间+最乐观时间）/6

公式 2：标准差（σ）=（最悲观时间–最乐观时间）/6

例：活动 A 的乐观历时为 6 天，最可能历时为 21 天，最悲观历时为 36 天。

- 活动 A 最可能的历时=(6+4×21+36)/6=21 天。
- 活动 A 标准差=(36–6)/6=5 天。

3）标准差与工期发生**概率**关系。

总工期完成服从正态分布，如图 13-5-2 所示。

- 正态分布图横轴代表工期，纵轴代表概率密度。
- T 代表工期期望值。
- 以 T（工期期望值）为中心，工期在正负一个标准差内（$T\pm\sigma$）的完工概率为 68.26%；工期在正负两个标准差内（$T\pm2\sigma$）的完工概率为 95.46%；工期在正负三个标准差内（$T\pm3\sigma$）的完工概率为 99.736%。

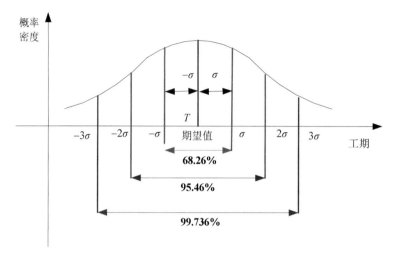

图 13-5-2 总工期的正态分布

结合例题，得到图 13-5-3。

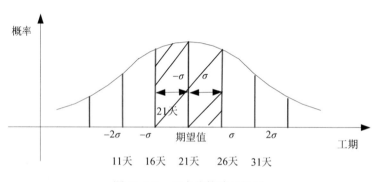

图 13-5-3 三点估算法示例图

工期（16～26 天）完成概率为 68.26%（16～26 天阴影部分面积为总面积的 68.26%）；

工期（11～31 天）完成概率为 95.46%（其范围内的曲线面积为总面积的 95.46%）。

【攻克要塞专家提示】对于三点估算法来说，从历年试题可以看到其出题的灵活性和变化趋势。此类题型解题的关键点在于掌握"面积法"，即把求概率的问题转换成求面积的问题，复杂问题即可迎刃而解。

（5）决策：略。

（6）自下而上估算：从下到上逐层汇总 WBS 的组成部分，得到项目估算结果。

（7）数据分析：略。

（8）会议：略。

13.5.3 输出

活动持续时间估算：定量评估项目活动、阶段的工作时间的区间。

项目文件（更新）：略。

估算依据：持续时间估算所需信息，包括估算依据、假设条件、已知制约因素、影响估算的单个项目风险等。

13.6 制订进度计划

制订进度计划属于规划过程组。制订进度计划过程分析计划活动顺序、计划活动持续时间、资源要求和进度制约因素，制订项目进度表的过程。本过程的主要作用：为完成项目制订含有计划日期的进度模型。制订进度计划应包括以下几个基本内容：①项目综合进度计划；②项目实施进度计划；③项目采购进度计划；④项目验收进度计划；⑤项目维护计划。

制订进度计划时，需要估算并修正持续时间、资源和进度储备，是一个反复进行的过程。制订进度计划的关键步骤如下：

（1）进度活动管理：定义项目里程碑，识别活动，排列活动顺序，估算活动持续时间（包含开始和完成时间）。

（2）审查并确认：项目人员审查所分配的活动，确认所分配活动日期和资源上没有冲突，确保日期有效。这一过程也可分为审查和确认两个过程。

（3）分析进度计划确保计划可行：确定是否存在逻辑冲突，在批准进度计划并成为基准前，是否需要进行资源平衡。

制订进度计划的输入、工具与技术、输出如图 13-6-1 所示。

图 13-6-1　制订进度计划的输入、工具与技术、输出

13.6.1 输入

项目管理计划：主要包括进度管理计划、范围基准等。

项目文件：主要包括假设日志、风险登记册、活动属性、活动清单、里程碑清单、项目进度网络图、估算依据、持续时间估算、资源需求、项目团队派工单、资源日历等。

协议：略。

事业环境因素：略。

组织过程资产：略。

13.6.2 工具与技术

（1）进度网络分析：创建项目进度模型的技术，通过评估和使用进度储备，减少进度落后的可能，降低高风险活动对关键路径节点的风险。

（2）关键路径法：估算项目最短工期，确定逻辑网络路径。

（3）**资源优化**：根据资源供需情况来调整进度模型的技术。该技术主要有以下两种方式：

- 资源平衡。为了在资源需求与资源供给之间取得平衡，根据资源制约对开始日期和结束日期进行调整的一种技术。如果共享资源或关键资源只在特定时间可用，数量有限或被过度分配，就需要进行资源平衡。也可以为保持资源使用量处于均衡水平而进行资源平衡。资源平衡往往导致关键路径改变，通常是延长。
- 资源平滑。对进度模型中的活动进行调整，从而使项目资源需求不超过预定的资源限制的一种技术。相对于资源平衡而言，**资源平滑不会改变项目关键路径**，完工日期也不会延迟。也就是说，活动只在其自由和总浮动时间内延迟。因此，资源平滑技术可能无法实现所有资源的优化。

（4）数据分析：该技术主要有以下两种方式：

- 假设情景分析。对各种情景进行评估，预测它们对项目目标的影响（积极的或消极的）。可以根据分析结果，评估并作出应对计划。
- 模拟。模拟技术基于多种不同的活动假设计算出多种可能的项目工期，以应对不确定性。最常用的模拟技术是蒙特卡罗分析。

（5）提前量和滞后量：该方法通过调整紧后活动的开始时间来编制一份切实可行的进度计划。提前量是在条件许可的情况下，提早开始紧后活动；而滞后量是在某些限制条件下，在紧前和紧后活动之间增加一段不需要工作或资源的自然时间。

（6）进度压缩：该技术不缩减项目范围，能缩短进度工期。该技术主要有以下两种方式：

- 赶工。赶工通过增加资源，增加最小的成本，来压缩进度工期。赶工的手段有批准加班、增加额外资源、支付加急费用，用于加快关键路径上的活动。赶工可能导致风险和成本的增加。
- 快速跟进。快速跟进将部分为顺序进行的活动调整为并行方式。快速跟进可能造成返工和风险增加。该技术只能用于可通过并行活动缩短项目工期的情况。

（7）计划评审技术（PERT）：又称为三点估算技术。

（8）项目管理信息系统：略。

（9）敏捷或适应型发布规划：略。

13.6.3 输出

进度基准：进度基准属于项目管理计划，是经过批准的进度模型。

项目进度计划：项目进度计划是进度模型的输出，为各个活动标注了计划日期、持续时间、里程碑和所需资源等。项目进度计划可用列表形式和图形方式［可以是横道图、里程碑图、项目进度网络图（时标图）］。

进度数据：描述和控制进度计划的信息集合。

项目日历：开展进度活动的可用工作日和工作班次。

变更请求：略。

项目管理计划（更新）：略。

项目文件（更新）：略。

13.7 控制进度

控制进度属于监控过程组。 控制进度是监督项目活动状态，控制进度基准变更，以实现计划的过程。本过程的主要作用：在整个项目期间持续维护进度基准。

有效项目控制进度的关键是监控项目的实际进度，及时、定期地将它与计划进度进行比较，并立即采取必要的纠正措施。项目控制进度必须与其他变化控制过程紧密结合，并且贯穿于项目的始终。当项目的实际进度滞后于计划进度时，首先发现问题、分析问题根源并找出妥善的解决办法。

项目控制进度的作用和关注的内容主要有：①确定项目进度的当前状态；②对引起进度变更的因素施加影响，以保证这种变化朝着有利的方向发展；③确定项目进度已经变更；④当变更发生时管理实际的变更。

通常可用的缩短工期的方法有：①赶工，缩短关键路径上的工作历时；②采用并行施工方法以压缩工期（或快速跟进）；③加强质量管理，减少返工，缩短工期；④改进方法和技术；⑤缩减活动范围；⑥使用高质量的资源或经验更丰富人员。

控制进度的输入、工具与技术、输出如图13-7-1 所示。

图 13-7-1　控制进度的输入、工具与技术、输出

13.7.1 输入

项目管理计划：主要包括进度管理计划、进度基准、范围基准、绩效测量基准等。

项目文件：主要包括资源日历、项目进度计划、项目日历、进度数据、经验教训登记册等。

工作绩效数据：主要是项目状态的数据（包括开始和结束的活动数据，进行中活动的持续时间、剩余时间，完成百分比数据等）。

组织过程资产：略。

13.7.2 工具与技术

数据分析的具体技术包括：

- 趋势分析。趋势分析检查项目绩效随时间的变化情况，以确定绩效是在改善还是在恶化。
- 关键路径法。通过比较关键路径的进展情况来确定进度状态。
- 挣值分析。采用进度绩效测量指标，如进度偏差（SV）和进度绩效指数（SPI），评价偏离初始进度基准的程度。
- 偏差分析。对比实际开始、完成、持续、浮动时间与计划的偏差。
- 假设情景分析。基于项目风险管理过程的输出，假设不同情景并评估，改进进度模型使其更符合项目管理计划和批准的基准。
- 绩效审查。根据进度基准，测量、对比和分析进度绩效数据（开始、完成、剩余工作时间；工作完成度）。
- 迭代燃尽图。追踪迭代规划中尚未完成的工作。迭代燃尽图示例如图13-7-2所示。

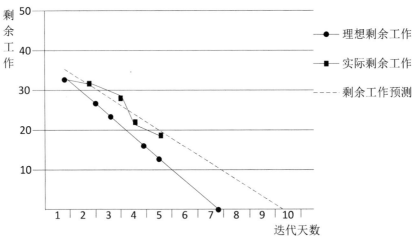

图13-7-2　迭代燃尽图示例

项目管理信息系统：略。

资源优化：在考虑资源可用性和项目时间的情况下，对活动和活动所需资源进行进度规划。

关键路径法：用于检查关键路径的进展情况，确定项目进度状态。

提前量和滞后量：用于在网络分析中调整提前量与滞后量，设法使进度滞后的活动赶上计划。

进度压缩：用进度压缩技术（赶工、快速跟进）可使进度落后的活动赶上计划。

13.7.3 输出

工作绩效信息：项目施工情况（对比进度基准），工作包和控制账户级别上的进度偏差数据。

进度预测：略。

变更请求：略。

项目管理计划（更新）：略。

项目文件（更新）：略。

13.8 课堂巩固练习

1. 项目进度管理的活动定义过程是确定完成项目各项可交付成果而需开展的具体活动。下面不是活动定义过程的输出的是___（1）___。

（1）A．活动清单　　　B．活动属性　　　C．里程碑清单　　　D．WBS

【攻克要塞软考研究团队讲评】从题目要求来看，是要找出不是活动定义过程的输出，而题目给出的选项中，WBS 是活动定义过程的输入，故选 D。

参考答案：（1）D

2. ___（2）___是完成阶段性工作的标志，通常指一个主要可交付成果的完成。一个项目中应该有几个用作___（2）___的关键事件。

（2）A．里程碑　　　B．需求分析完成　　　C．项目验收　　　D．设计完成

【攻克要塞软考研究团队讲评】从试题术语的定义来看应当是选项 A。选项 B、C、D 一般是项目的里程碑之一。故最优的答案应当选 A。

参考答案：（2）A

3. 在箭线图中，___（3）___是既不消耗时间也不消耗资源的活动，它只表示相邻活动之间的逻辑关系，在箭线图中用虚线表示。

（3）A．实活动　　　B．虚活动　　　C．节点　　　D．箭线

【攻克要塞软考研究团队讲评】从题目的定义来看,选项中给出的术语应当是用虚线来表示的，所以应当是选 B。

参考答案：（3）B

4. 在关键路径上的活动 A 的 FF 值为___（4）___。

（4）A．总工期　　　B．A 的历时　　　C．0　　　D．以上都不是

【攻克要塞软考研究团队讲评】关键路径上的活动是不能延迟的，故自由时差 FF 值均为 0。

参考答案：（4）C

5. 在单代号网络图中，用节点表示___（5）___。

（5）A．事件　　　B．活动　　　C．历时　　　D．人力资源投入数量

【攻克要塞软考研究团队讲评】单代号网络图中，用节点表示活动，用箭线表示活动之间的逻辑关系，历时一般标在节点的上方。

参考答案：（5）B

6．以下没有使用网络图的技术的是___（6）___。

（6）A．CPM　　　　B．PERT　　　　C．PDM　　　　D．S形曲线

【攻克要塞软考研究团队讲评】CPM、PERT、S形曲线都是进度控制的工具与技术中的比较分析工具，CPM和PERT都用到了网络图技术，S形曲线中使用的是按计划时间累计完成任务量的S形曲线，并不是网络图。PDM是指前导图，又叫单代号网络图，是网络图的一种。

参考答案：（6）D

7．PERT网络是一种类似流程图的___（7）___。

（7）A．箭线图　　　B．单代号网络图　　C．S形曲线　　　D．横道图

【攻克要塞软考研究团队讲评】PERT网络中使用的是箭线图。

参考答案：（7）A

第14学时　项目质量管理

项目质量管理是十大知识领域中的核心知识领域之一。本学时要学习的主要知识点如图14-0-1所示。

图14-0-1　知识图谱

14.1　质量、质量管理及相关术语

国际标准化组织所制定的《质量管理和质量保证的术语》（ISO 8402—1994）标准中，对质量作了如下的定义："质量是反映实体满足明确或隐含需要能力的特征和特征的总和。"根据 GB/T 19000—2000 中的定义，质量是一组固有特性满足要求的程度。

质量通常是指产品的质量，广义上的质量还包括工作质量。产品质量是指产品的使用价值及其属性；而工作质量则是产品质量的保证，它反映了与产品质量直接有关的工作对产品质量的保证程度。

质量管理是指在质量方面指挥和控制组织的协调活动,通常包括**制订质量方针**、**目标**、**策略**、**标准的规划**,质量保证、质量控制和质量改进等活动。项目质量管理包括执行组织确定质量政策、目标与职责的各过程和活动,从而使项目满足预先设定的需求。项目质量管理确保项目能满足项目需求,包括产品需求。项目的质量要求已反映在项目合同中,因此项目合同通常是进行项目质量管理的主要依据。

14.2 质量管理的过程

项目质量管理主要包括**规划质量管理**、**管理质量**和**控制质量**3个过程。

1. 规划质量管理

规划质量管理主要是制订质量计划。质量计划确定适合于项目的质量标准并决定如何满足和符合这些标准。质量计划主要结合企业的质量方针、产品描述以及质量标准和规则,通过收益、成本分析和流程设计等工具制订出实施方略,其内容全面反映用户的要求,为质量小组成员的有效工作提供指南,为项目小组成员以及项目相关人员了解在项目进行中如何实施质量管理和控制提供依据,为确保项目质量得到保障提供坚实的基础。

质量计划应该重点考虑3个方面的问题:

(1)**明确质量标准**,即确定每个独特项目的相关质量标准,把质量计划到项目的产品和管理项目所涉及的过程之中。

(2)**确定关键因素**,即理解哪个变量影响结果是质量计划的重要部分。

(3)**建立控制流程**,即以一种能理解的、完整的形式传达为确保质量而采取的纠正措施。

2. 管理质量

管理质量用于有计划的、系统的质量活动,确保项目中的所有过程满足项目干系人的期望。管理质量是**贯穿整个项目全生命周期**的、有计划的、系统的活动,它经常性地针对整个项目质量计划的执行情况进行评估、检查与改进工作。质量管理包括与满足一个项目相关的质量标准有关的所有活动,它的另一个目标是不断地改进质量。

3. 控制质量

控制质量监控具体项目结果以确定其是否符合相关质量标准,制订有效方案,以消除产生质量问题的原因。控制质量是对**阶段性的成果**进行检测、验证,为质量管理提供参考依据。控制质量是一个**计划**、**执行**、**检查**、**改进**的循环过程,它通过一系列的工具与技术来实现。

14.3 规划质量管理

规划质量管理属于规划过程组。规划质量管理是识别项目及其可交付成果的质量要求、标准,并书面描述项目将如何证明符合质量要求、标准的过程。本过程的主要作用:在整个项目期间,为管理和核实质量提供指南和方向。规划质量管理的主要内容:①编制依据;②质量宗旨与质量目标;③质量责任与人员分工;④项目的各个过程及其依据的标准;⑤控制质量的方法与重点;⑥验收标准。

规划质量管理的输入、工具与技术、输出如图 14-3-1 所示。

图 14-3-1　规划质量管理的输入、工具与技术、输出

14.3.1　输入

项目管理计划：包括需求管理计划、风险管理计划、干系人参与计划、范围基准等。

项目文件：包括假设日志、需求文件、需求跟踪矩阵、风险登记册、干系人登记册等。

项目章程：项目章程中影响项目质量管理的审批要求，可测量的项目目标和相关的成功标准等高层级要求。

组织过程资产：略。

事业环境因素：略。

14.3.2　工具与技术

（1）专家判断：略。

（2）数据收集。相关技术包括：

- 标杆对照（基准比较）：将实际做法或计划做法与其他项目的实践比较，产生改进思路并提出考核绩效的标准。其他项目可能是内外部或本/其他领域。
- 头脑风暴：向团队成员或主题专家收集数据，制订质量管理计划的方法。
- 访谈：略。

（3）数据分析。相关技术包括：

- **效益成本分析**：一种财务分析工具，用于估算各种备选方案优劣势，从而得到最佳效率的方案。质量相关的效益指标包括减少返工、降低成本、提高满意度等。
- 质量成本（COQ）：包含产品生命周期中预防不合格、评价产品或服务是否达标，以及未达标（返工）而产生的所有成本。**质量成本是指一致性成本和非一致性成本的总和**。一致性成本包含**预防成本、评估成本**等，是用于预防项目失败的成本。预防成本（例如培训、文件过程等）是指在项目成果产生前为满足质量特性做出的活动；评估成本（例如测试、检查等）是指在项目成果产生后，为评估项目是否达到质量进行测试而产生的成本。非一致性成本包含内部失败成本（例如返工、报废等）、外部失败成本（例如保修、丢失业务、负债等），是为纠错而付出的成本。

（4）决策技术：主要技术是多标准决策分析。多标准决策分析可识别关键事项和合适的备选方案，并通过一系列决策对备选方案进行排序。

（5）数据表现：包括流程图（显示相关要素之间关系的示意图）、逻辑数据模型（对组织数据可视化，并用业务语言进行描述，可发现出现数据完整性等问题的源头）、矩阵图、思维导图等。

（6）测试与检查的规划：略。

（7）会议：略。

项目团队可召开规划会议来制订质量管理计划。参会者包括项目经理、项目发起人、选定的项目团队成员、选定的干系人、项目质量管理活动的负责人以及其他必要人员。

14.3.3　质量管理老 7 种工具与新 7 种工具

旧版教程中质量管理和控制工具分为老 7 种工具和新 7 种工具，由于这些工具仍然在使用，仍然可能考查到，我们保留了这部分内容。

我们用**"流控只因怕见伞""相亲先锯树过河"**来帮助记忆老、新 7 种工具。

1. 老 7 种工具

（1）因果图：又称石川图、鱼刺图。因果图显示各项因素如何与各种潜在问题或结果联系起来，如图 14-3-2 所示。利用因果图可以将在产品后端发现的有关质量问题一直追溯到负有责任的生产行为，从生产源头找出质量原因，真正获得质量的改进和提高。

图 14-3-2　因果图

（2）控制图：有控制界限的质量管理图。图 14-3-3 是典型的控制图。控制图最上面一条虚线称上控制界限（Upper Control Limit，UCL）；最下面一条虚线称下控制界限（Lower Control Limit，LCL）；中间实线称中心线（Central Line，CL），是统计计量的平均值。通过观察控制图上产品质量特性值的分布状况，可以分析和判断生产过程是否发生了异常。

【攻克要塞专家提示】7 点法则：如果出现连续 7 个点在中心线一侧，即使这些点都没超过控制线，也称为异常。

（3）散点图：散点图表示两个变量之间的关系，如图 14-3-4 所示。散点图中各点越接近对角线，两个变量的关系越紧密。

（4）流程图：显示相关要素之间关系的示意图，如图 14-3-5 所示。流程图通过工作流的逻辑分支（为符合要求而开展的一致性工作和非一致性工作）及频率估算质量成本。

（5）直方图：是一种垂直的条形图，显示特定情况发生的次数，描述集中趋势、分散程度和统计分布形状，如图 14-3-6 所示。每个柱形都代表某因素，柱形高度表示发生次数。

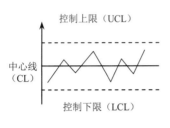

图 14-3-3　控制图

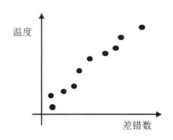

图 14-3-4　散点图

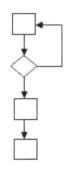

图 14-3-5　流程图

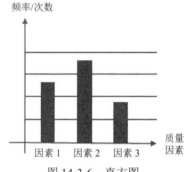

图 14-3-6　直方图

（6）帕累托图：是按发生频率大小从左到右依次排列的直方图，又称排列图或主次因素分析图，如图 14-3-7 所示。在帕累托图中，将累计频率曲线的累计百分数分为三级，与此对应的因素分为三类：频率 0%～80% 为 **A 类因素**，是影响项目质量的主要因素；频率 80%～90% 为 **B 类因素**，是影响项目质量的次要因素；频率 90%～100% 为 **C 类因素**，是影响项目质量的一般因素。

（7）检查表：是一种简单的工具，收集反映事实的数据，如图 14-3-8 所示。

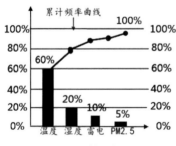

图 14-3-7　帕累托图

错误	供应商		
	A	B	C
错误发货单	5	1	0
材料问题	2	0	1
库存与发货单不一致	3	1	4
总计	10	2	5

图 14-3-8　检查表

2. 新 7 种工具

新 7 种工具是借鉴了运筹学、系统工程原理，用于质量管理的方法，是老 7 种工具的补充方法。

（1）相互关系图：是一种用**连线**来表示事物相互关系的方法。如图 14-3-9 所示，把 A～H 复杂而又相互关联的因素用箭线连接起来，最终找出主要问题。

（2）亲和图：又称 KJ 法，收集大量的事实、意见或构思等语言资料，按相互亲和性（相似性）整理归纳，从而明确问题，统一认识。亲和图用于整理思路，用事实说话。

图 14-3-10 是一种亲和图。得到该图的方法是先定主题，即如何快速通过软考；然后，堆积各类杂乱无章的事实；最后归纳整理，得到解决方法。

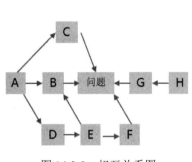

图 14-3-9　相互关系图

图 14-3-10　亲和图

（3）树状图：又称为系统图，类似树形的图。树状图把目的或者手段作为根节点，系统展开，以明确问题的重点，寻找最佳手段或措施的一种方法。图 14-3-11 就是一种树状图。

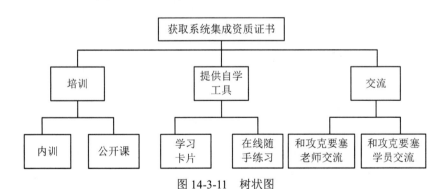

图 14-3-11　树状图

（4）矩阵图：是在问题项中找出成对的因素群，排成行和列；同时用符号表示表中行与列的关系或相关程度的大小，探讨问题点的一种方法。图 14-3-12 就是一种矩阵图。

（5）优先矩阵图：又称为矩阵数据分析法，和矩阵图法类似。不同之处是，优先矩阵图的行与列关系不填符号，而填数据，形成一个分析数据的矩阵。图 14-3-13 就是一种优先矩阵图。

B\A	A		
	a1	a2	a3
B b1	△		
b2		●	○
b3		○	

注：●—密切关系；○—有关系；△—像有关系。

图 14-3-12　矩阵图

B\A	A		
	a1	a2	a3
B b1	1	1.1	1
b2	2.2	2	0.5
b3	3.5	0	-1

图 14-3-13　优先矩阵图

（6）过程决策程序图（Process Decision Program Chart，PDPC）：是在制订计划阶段或进行系统设计时，事先预测可能发生的障碍（不理想事态或结果），从而设计出一系列对策措施以最大的可能引向最终目标（达到理想结果）。图 14-3-14 就是一种过程决策程序图。过程决策程序图用于理解一个目标与达成此目标的步骤之间的关系。

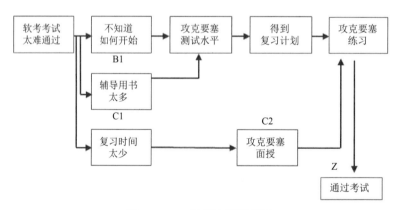

图 14-3-14　过程决策程序图

（7）活动网络图：又称为箭线图，每一项活动都用一根箭线和两个节点来表示，每个节点都编以号码，箭线的箭尾节点和箭头节点是该项活动的起点和终点。图 14-3-15 就是一种活动网络图。活动网络图用于找关键路径。

【攻克要塞专家提示】一般来说，老 7 种工具的特点是强调用数据说话，重视对制造过程的质量控制；而新 7 种工具则基本是整理、分析语言文字资料的方法，着重解决全面质量管理中 PDCA

循环的 P（计划）阶段的有关问题。

图 14-3-15　活动网络图

14.3.4　输出

质量管理计划：用于描述如何实施质量政策，如何满足项目质量要求。该计划属于项目管理计划的组成部分，计划形式可以是正式的也可以是非正式的，计划内容可以是详细的也可以是概要的。

质量测量指标：描述项目、产品属性的指标，包括故障率、缺陷数、完成比、停机时间、代码错误率等。

项目管理计划（更新）：略。

项目文件（更新）：略。

14.4　管理质量

管理质量属于执行过程组。 管理质量是把组织的质量政策用于项目，并将质量管理计划转化为可执行的质量活动的过程。本过程的主要作用：①提高实现质量目标的可能性；②识别无效过程和导致质量低劣的原因；③基于控制质量过程的数据和结果，形成项目的总体质量状态报告。

管理质量与控制质量的区别：管理质量和控制质量都属于质量管理的范畴。管理质量致力于**增强**满足质量要求的**能力**，而控制质量致力于**满足**具体的质量**要求**。管理质量有时被称为"质量保证"，"管理质量"可用于非项目工作，因此比"质量保证"范围更广。

管理质量的输入、工具与技术、输出如图 14-4-1 所示。

图 14-4-1　管理质量的输入、工具与技术、输出

14.4.1　输入

项目管理计划：包括质量管理计划（计划定义了项目、产品的可接受质量水平，如何确保可交付成果和过程达到这一质量水平，不合格产品处理方式及必需的纠正措施）等。

项目文件：主要包括经验教训登记册、质量控制测量结果、质量测量指标、风险报告等。
组织过程资产：略。

14.4.2 工具与技术

数据收集：主要技术是**核对单**。核对单是一种结构化工具，用于检查一系列条件是否满足需求。

数据分析：主要数据分析技术包括备选方案分析、文件（控制过程输出文件，例如质量报告、测试报告、绩效报告等）分析、过程分析、根本原因分析等。

决策技术：主要技术是多标准决策分析。多标准决策分析借助决策矩阵，建立多种标准，对众多决策内容进行评估和排序。

数据表现：主要技术包括亲和图、因果图、流程图、直方图、矩阵图、散点图。

审计：一种确定项目活动是否遵循了组织和项目的政策、程序的独立过程。

面向 X 的设计：降低成本、改进质量、提高客户满意度的一系列技术指南。X 可以是质量、可靠性、安全性、可用性、成本、制造、调配、装配、服务等。

问题解决：给出解决问题或挑战的方案。

质量改进方法：主要工具有计划-实施-检查-行动（PDCA）和六西格玛。

六西格玛（6σ）旨在提高用户满意度的同时，降低经营成本和周期。六西格玛把工作看作流程，采用量化方法分析影响质量因素，改进关键因素，提高客户满意度。六西格玛的优势包括从项目实施中改进（不是结果中改进）、保证质量；减少了检控质量的步骤；减少了由于质量问题带来的返工成本；培养了员工的质量意识，并使其融入企业文化。

六西格玛（6σ）用 **DPMO（100 万个机会中出现缺陷的机会）** 表示质量。6σ 各级别划分见表 14-4-1 所示。

表 14-4-1 6σ 各级别的划分　　　　　　　单位：缺陷数/百万机会

1σ	2σ	3σ	4σ	5σ	6σ
690000	308000	66800	6210	230	3.4

一般企业的缺陷率为 3σ～4σ。

DMAIC 是六西格玛管理中流程改善的重要工具。六西格玛管理不仅是理念，同时也是一套业绩突破的方法。它将理念变为行动，将目标变为现实。这套方法就是六西格玛改进方法 DMAIC 和六西格玛设计方法 DFSS。

- DMAIC 是指定义（Define）、测量（Measure）、分析（Analyze）、改进（Improve）、控制（Control）五个阶段构成的过程改进方法，一般用于对现有流程的改进，包括制造过程、服务过程以及工作过程等。
- DFSS（Design For Six Sigma）是指对新流程、新产品的设计方法。

14.4.3 输出

变更请求：略。

项目管理计划（更新）：略。

项目文件（更新）：略。

测试与评估文件：评估质量目标的实现情况。

质量报告：质量报告内容可以是团队上报的质量管理问题，项目和产品的改善建议，纠正措施建议（包括返工、缺陷/漏洞补救、检查等），控制质量过程发现问题的概述等。

14.5 控制质量

控制质量属于监控过程组。控制质量是监督并记录质量活动执行结果，以便评估绩效，并采取必要变更的过程。本过程的主要作用：①核实项目可交付成果和工作是否已经达到主要干系人的质量要求，确保其可用于最终验收；②确定项目输出满足所有适用的标准、法规和规范、要求，判断输出是否达到预期。

控制质量的输入、工具与技术、输出如图14-5-1所示。

图14-5-1 控制质量的输入、工具与技术、输出

14.5.1 输入

项目管理计划：主要组件是质量管理计划（定义了如何开展质量控制）。

项目文件：包括测试与评估文件、质量测量指标、经验教训登记册。

可交付成果：项目某阶段所必须产生的、独特且可核实的产品、服务等。

工作绩效数据：包括产品状态数据（观察结果、绩效测量数据、进度绩效、成本绩效）及关于进度绩效和成本绩效的项目质量信息等。

批准的变更请求：略。

组织过程资产：略。

事业环境因素：略。

14.5.2 工具与技术

数据收集：数据收集技术包括核对单、核查表、统计抽样、问卷调查。

数据分析：包括绩效审查、根本原因分析。

检查：是指通过对工作产品进行检视来判断是否符合预期标准。一般来说，检查的结果包含度量值。检查可在任意工作层次上进行，可以检查单个活动，也可以检查项目的最终产品。在软件项目中，检查常常也称评审、同行评审、审计或者走查。

测试/产品评估：测试是一个验证项目实施阶段是否满足需求的逆向过程，在所有的信息系统开发过程中都是最重要的部分。测试通常指软件测试，是为了发现错误而执行程序的过程，是在软件投入运行前，对软件需求分析、软件设计、编码的最终复审，是软件质量控制的关键步骤。

数据表现：包括因果图、控制图、直方图、散点图等。

会议：包含审查已批准的变更请求、回顾/经验教训等会议。

14.5.3 输出

工作绩效信息：包括项目需求实现情况、要求的返工、纠正建议、核实的可交付成果列表、质量测量指标的状态等。

控制质量测量结果：略。

核实的可交付成果：略。

变更请求：略。

项目管理计划（更新）：略。

项目文件（更新）：包括问题日志、经验教训登记册、风险登记册、测试与评估文件等。

14.6 课堂巩固练习

1. __(1)__ 是由组织最高管理者正式发布的该组织总的质量宗旨和方向。

（1）A．质量方针　　B．质量目标　　C．TQM　　D．SQA

【攻克要塞软考研究团队讲评】从题目的定义来看是指质量方针。TQM 是指全面质量管理，SQA 是指软件质量保证。

参考答案：（1）A

2. 质量管理有 8 条原则：以__(2)__为中心、领导作用、全员参与、过程方法、系统管理、持续改进、以事实为决策依据、互利的供方关系。

（2）A．项目团队　　B．项目成功　　C．顾客　　D．项目管理

【攻克要塞软考研究团队讲评】看到题目马上想起质量管理的 8 条原则参考记忆口诀"**顾领全过系持以互**"，故这里缺的是"顾客"，即以顾客为中心。

参考答案：（2）C

3. ISO 9000 系列标准中，__(3)__是为企业或组织机构建立有效质量体系提供全面、具体指导的标准。

（3）A．ISO 9000　　B．ISO 9001　　C．ISO 9002　　D．ISO 9004

【攻克要塞软考研究团队讲评】ISO 9000 系列标准中，ISO 9000 是一个指导性的总体概念标准；ISO 9001、ISO 9002、ISO 9003 是证明企业能力所使用的 3 个外部质量保证模式标准；ISO 9004 是为企业或组织机构建立有效质量体系提供全面、具体指导的标准。

参考答案：（3）D

4．六西格玛意为"六倍标准差"，在质量上表示 DPMO（100 万个机会中出现缺陷的机会）少于＿＿（4）＿＿。

（4）A．2　　　　B．3　　　　C．3.4　　　　D．6

【攻克要塞软考研究团队讲评】根据题目，应为选项 C。

参考答案：（4）C

5．以下＿＿（5）＿＿不是项目质量管理的质量计划过程应重点考虑的问题。

（5）A．明确质量标准　　　　　　B．确定关键因素
　　　C．建立控制流程　　　　　　D．质量保证

【攻克要塞软考研究团队讲评】按题意，是要找出不是质量计划应重点考虑的问题。4 个选项中，选项 D 质量保证是质量管理的另一个过程。

参考答案：（5）D

6．在使用质量控制的工具与技术时，为找出影响项目质量的因果关系，应使用＿＿（6）＿＿；为监控项目质量是否稳定应使用＿＿（7）＿＿。

（6）（7）A．石川图　　B．控制图　　C．统计抽样　　D．帕累托图

【攻克要塞软考研究团队讲评】因果图又叫石川图或鱼刺图，用于找出因果关系；控制图用于监控质量是否稳定；统计抽样在需要降低质量控制费用时可以使用；帕累托图又称排列图或主次因素分析图，是用于帮助确认问题和对问题进行排序的一种常用的统计分析工具。

参考答案：（6）A　　（7）B

7．图 14-6-1 所示为某项目的项目管理过程中出现的问题的帕累托图，其中 B 类因素是＿＿（8）＿＿。

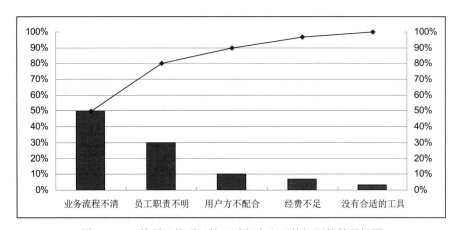

图 14-6-1　某项目的项目管理过程中出现的问题的帕累托图

（8）A．业务流程不清和员工职责不明　　B．用户方不配合
　　　C．经费不足　　　　　　　　　　　D．没有合适的工具

【攻克要塞软考研究团队讲评】帕累托图中，频率80%~90%为B类因素，从题目给出的图中可以看出，"B类因素为用户方不配合"。

参考答案：（8）B

8．质量管理成本属于质量成本中的___（9）___成本

（9）A．一致性　　　　B．内部失败　　　　C．非一致性　　　　D．外部失败

【攻克要塞软考研究团队讲评】一致性成本是用来防止项目失败的费用，质量管理成本属于质量成本中的一致性成本，用于提升项目质量，防止项目失败；非一致性成本是用于处理失败的费用。

参考答案：（9）A

第15学时　项目资源管理

项目资源管理就是识别、获取、管理资源，用于完成项目的各过程。这些过程能帮助项目经理和项目团队在正确时间、地点使用正确的资源。项目资源是指项目所需的客观资源，分为实物资源和团队资源。实物资源是指项目所需的人力、材料、基础设施、资金等。团队资源是指人力资源。

资源管理是十大知识领域的辅助知识领域之一。本学时要学习的主要知识点如图15-0-1所示。

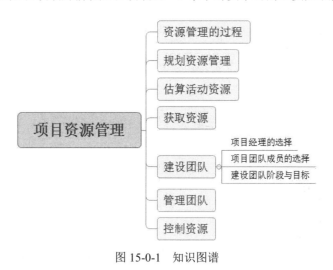

图15-0-1　知识图谱

15.1　资源管理的过程

项目人力资源管理的过程有：**规划资源管理、估算活动资源、获取资源、建设团队、管理团队、控制资源**。

15.2 规划资源管理

规划资源管理属于规划过程组。规划资源管理是定义如何估算、获取、管理、利用资源（实物资源和团队资源）的过程。本过程只开展一次或者只在项目预设点开展，其主要作用：根据项目类型和复杂程度，确定合适的项目资源管理方法和管理程度。该过程的输入、工具与技术、输出如图 15-2-1 所示。

图 15-2-1 规划资源管理的输入、工具与技术、输出

15.2.1 输入

项目管理计划：主要包括质量管理计划（定义为达到项目质量标准所需资源的水平）、范围基准（确定需要管理资源类型和数量）等。

项目章程：略。

项目文件：主要包括需求文件、项目进度计划、风险登记册、干系人登记册等。

组织过程资产：略。

事业环境因素：略。

15.2.2 工具与技术

（1）数据表现：使用各种方式（图表、文字）描述规划资源管理过程的数据。

1）层级型图表。高层管理人员和项目经理应该根据IT项目的特点和实际项目的需求，以及已识别的项目角色、职责、报告关系，在已经明确项目所需要的重要技能和何种类型的人员的基础上，为项目创建一个项目组织结构图。组织结构图属于典型的层次结构图，用于从上至下描述团队的角色和关系。层次结构图包含工作分解结构（Work Breakdown Structure，WBS）、组织分解结构（Organizational Breakdown Structure，OBS）和资源分解结构（Resource Breakdown Structure，RBS）。

- WBS：把项目可交付物分解为工作包。
- OBS：OBS 按照组织现有的部门、单元或团队排列，并在每个部门下列出项目活动或工作包，是一种用于表示各个组织单元负责哪些工作内容的特定图形。OBS 与 WBS 类似，区别在于 **OBS 不是按照项目可交付成果的分解组织的，而是按照组织所设置的部门、单位和团队组织的**。
- RBS：用于分解项目中各种类型的资源，包含人力资源、设备资源、材料资源等。

2）矩阵型图表。矩阵型图表用于展示项目资源在各工作包中的任务分配，其典型应用是职责分配矩阵（Responsibility Assignment Matrix，RAM），又称责任分配矩阵。在制作完 OBS 之后，项目经理就可以开发 RAM 职责分配矩阵了。RAM 为项目工作（WBS）和负责完成工作的人（OBS）建立了一个映射关系，即将 WBS 中的每一项工作指派到 OBS 中的执行人员，从而形成的一个矩阵。

RAM 按期望的详细程度将工作分配给负责具体工作的组织、团队或者个人。RAM 还可以用来定义项目的角色和职责，这种 RAM 包括了项目干系人，使得项目经理与项目干系人之间的沟通更加方便有效。表 15-2-1 给出了一个 RAM 示例，显示了项目干系人是项目的负责人还是只是项目一部分的参与者，此外 RAM 还反映出是否要求项目干系人提供项目的输入、审查或者给项目签字。

表 15-2-1　RAM 示例

活动	人员				
	人员 1	人员 2	人员 3	人员 4	人员 5
单元测试	S	P	A	I	R
整体测试	S	P	A	I	R
系统测试	S	P	I	A	R
用户确认测试	S	P	I	A	R

注：A—负责人；P—参与者；R—要求审查；I—要求输入；S—要求签字。

RACI 也是一种常见的职责分配矩阵。RACI 用以明确组织变革过程中的各个角色及其相关责任。RACI 各字母分别表示谁负责（Responsible）、谁批准（Accountable）、咨询谁（Consulted）、通知谁（Informed）的意思。RACI 通常用于帮助讨论、交流各个角色及相关责任。表 15-2-2 给出了一个 RACI 矩阵的范例。

表 15-2-2　RACI 示例

对比项	汤姆	杰瑞	本杰明
规划人力资源管理	A	R	I
项目团队组建	I	A	R
项目团队建设	A	A	R
项目团队管理	A	C	I

3）文本型图表。文本型图表可用于详细描述团队成员职责。

（2）组织理论：略。

（3）会议：略。

（4）专家判断：略。

15.2.3　输出

资源管理计划：分类、分配、管理和释放项目资源的指南。其主要内容包括识别和获取资源、角色与职责（具体包括角色、职权、职责、能力）、项目组织图、项目团队资源管理、培训、团队建设、资源控制、认可奖励计划等。

团队章程：体现项目价值观、共识，提供共识的文件。其主要内容包括决策标准和过程、沟通指南、冲突处理过程、团队共识、团队价值观、会议指南等。

项目文件（更新）：略。

15.3 估算活动资源

估算活动资源属于规划过程组。估算活动资源是估算项目所需的团队资源、材料、设备的类型和数量的过程。本过程的主要作用：明确完成项目所需的资源种类、数量、特性。该过程的输入、工具与技术、输出如图 15-3-1 所示。

图 15-3-1　估算活动资源的输入、工具与技术、输出

15.3.1　输入

项目管理计划：包括范围基准（范围基准识别项目和产品范围，由此确定了对团队和实物资源的需求）、资源管理计划（定义了识别项目所需资源，量化所需资源，整合资源信息的方法）等。

项目文件：包括假设日志、风险登记册、活动属性、活动清单、成本估算、资源日历（识别了每种具体资源可用时段，团队上下班时间、假期及班次）等。

事业环境因素：略。

组织过程资产：略。

15.3.2　工具与技术

专家判断：略。

自下而上估算：略。

类比估算：略。

参数估算：略。

数据分析：略。

项目管理信息系统：略。

会议：略。

15.3.3 输出

资源需求：识别出的每个工作包所需的资源类型与数量。汇总资源需求，可得到工作包、WBS分支、整个项目所需资源。

估算依据：资源估算所需的支撑信息，包括估算方法、类似项目信息、假设条件、制约因素、估算范围等。

资源分解结构：略。

项目文件（更新）：略。

15.4 获取资源

获取资源属于执行过程组。 获取资源过程是获取项目所需的团队成员、设备、材料、用品等资源的过程。本过程的主要作用：①概述和指导资源选择，获取人力和实物资源；②将选择的资源分配给相应的活动，形成物质资源分配单、项目团队派工单等资源分配文件。该过程的输入、工具与技术、输出如图15-4-1所示。

图 15-4-1 获取资源的输入、工具与技术、输出

15.4.1 输入

项目管理计划：包括资源管理计划、成本基准、采购管理计划等。

项目文件：包括项目进度计划、资源日历、资源需求、干系人登记册等。

事业环境因素：略。

组织过程资产：略。

15.4.2 工具与技术

决策：适用于获取资源过程的决策技术是多标准决策分析，这里的标准可以是可用性、成本、能力、经验、知识、技能、态度、国际因素等。

人际关系与团队技能：主要技术是谈判，谈判的对象有职能经理、执行组织中的其他项目管理团队、外部组织和供应商等。

预分派：预先指定资源。需要预分派的情况有：在完成资源管理计划前，制订项目章程等过程中已指定了某些人员的工作；竞标过程中承诺为项目分派特定人员；项目需要特定人员的特定技能。

虚拟团队：通过新技术（电子邮件、网络视频会议、电话等）构建团队，开展工作。

15.4.3 输出

物质资源分配单：记录了项目使用资源的信息。

项目团队派工单：记录团队成员角色和职责，根据需要插入项目管理计划（项目组织图和进度计划等）。

资源日历：识别了每种具体资源可用时间。

变更请求：略。

项目管理计划（更新）：略。

项目文件（更新）：略。

事业环境因素（更新）：略。

组织过程资产（更新）：略。

15.5 建设团队

建设团队属于执行过程组。 建设团队是提高工作能力，促进团队成员互动，改善团队整体氛围，以提高项目绩效的过程。本过程的主要作用：增进团队协作、提高人际关系技能、激励员工、减少摩擦以及提升整体项目绩效。组建一个成功的团队，获取适合的项目人员是对人力资源管理最关键的挑战。

1. 项目经理的选择

IT 项目成败的关键人物是项目经理，项目经理在项目管理中起着决定性的作用，既是领导者又是管理者。对项目经理的选择一般有 3 种方式：由企业高层领导委派、由企业和用户协商选择、竞争上岗。

一个优秀的 IT 项目经理至少需要具备 3 种基本能力：解读项目信息的能力、发现和整合项目资源的能力、将项目构想变成项目成果的能力。

项目经理应创建一个能促进团队协作的环境，通过给予挑战、机会，及时反馈和支持。实现团队高效运行的行为包含：创造团队建设机遇；促进团队成员间的信任；开放的、有效沟通；建设性管理冲突；鼓励合作型的决策和问题解决等。

2. 项目团队成员的选择

项目团队成员的选择一般采用招聘的形式，在进行招聘之前，应根据人力资源计划做好招聘计划，即确定项目对人员的需求以及如何来满足这些需求。也可从组织内部提升（内部招聘）和从组织外部雇佣（外部招聘），或者内部招聘与外部招聘结合等几种方式。

建设团队的输入、工具与技术、输出如图 15-5-1 所示。

15.5.1 输入

项目管理计划：主要包括资源管理计划。

项目文件：主要包括团队章程、项目进度计划、项目团队派工单、资源日历、经验教训登记册等。

事业环境因素：略。

组织过程资产：略。

图 15-5-1　建设团队的输入、工具与技术、输出

15.5.2　工具与技术

集中办公：略。

虚拟团队：略。

沟通技术：略。

人际关系与团队技能：略。

认可与奖励：略。

培训：略。

个人和团队评估：略。

会议：略。

15.5.3　输出

团队绩效评价：评价团队有效性，评价指标包括个人技能改进、团队能力改进、团队离职率、凝聚力等。

变更请求：略。

项目管理计划（更新）：略。

项目文件（更新）：略。

事业环境因素（更新）：略。

组织过程资产（更新）：略。

15.5.4　建设团队阶段与目标

建设团队目标包括提升团队决策的能力和责任心；提升团队成员信任和认同感及知识和技能；创建高凝聚力、高协作性的团队文化。

塔克曼阶梯理论认为项目团队建设一般要依次经历**形成、震荡、规范、成熟（发挥）、解散（结束）**5 个阶段，具体如图 15-5-2 所示。

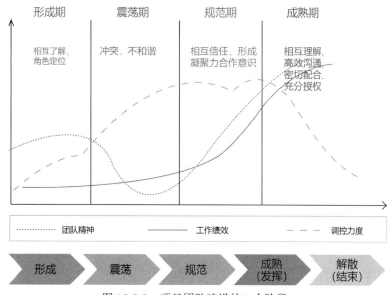

图 15-5-2 项目团队建设的 5 个阶段

- 形成阶段：成员相互了解，并了解各自角色定位。成员间交流比较保守。
- 震荡阶段：团队开始工作，开始遇到困难和挑战。成员间可能出现各类冲突。
- 规范阶段：团队协同工作。成员开始信任对方。
- 成熟（发挥）阶段：团队工作非常有序。成员间相互理解，沟通高效。
- 解散（结束）阶段：团队解散。

15.6 管理团队

管理团队属于执行过程组。管理团队是指跟踪团队成员绩效，提供反馈，解决问题并管理团队变更，以提高优化项目绩效的过程。本过程的主要作用：影响团队行为、管理冲突以及解决问题。该过程的输入、工具与技术、输出如图 15-6-1 所示。

图 15-6-1 管理团队的输入、工具与技术、输出

15.6.1 输入

项目管理计划：主要是资源管理计划（提供管理和遣散团队资源指南）。

项目文件：包括团队章程（提供决策、举行会议、解决冲突的指南）、问题日志（记录解决特定问题的责任人和时间，监督解决问题的过程）、项目团队派工单（识别团队成员角色与职责）、经验教训登记册等。

工作绩效报告：报告内容包含进度控制、成本控制、质量控制和范围确认中得到的结果等。

团队绩效评价：略。

事业环境因素：略。

组织过程资产：略。

15.6.2 工具与技术

人际关系与团队技能。主要技能如下：

（1）冲突管理。冲突是指意见或行动不一致。解决冲突的方法包含撤退/回避；缓和/包容；妥协/调解；强迫/命令；合作/解决问题等。具体如图 15-6-2 所示。

图 15-6-2 解决冲突的方法

- 撤退/回避：从冲突中退出，将问题推迟，或者推给其他人解决。
- 缓和/包容：各退一步，强调一致而非差异。
- 妥协/调解：各方都会一定程度上的满意，有时会导致双输。
- 强迫/命令：只推行一方的观点，牺牲其他方。
- 合作/解决问题：综合考虑不同的观点和意见，结果是双赢。

冲突的发展划分成 5 个阶段：潜伏阶段、感知阶段（各方意识到可能发生冲突）、感受阶段（各方感受到压力，想要行动进行缓解）、呈现阶段（各方行动，冲突公开化）、结束阶段。

（2）制订决策能力。包含谈判能力、影响组织与管理团队能力。

（3）情商。管理个人、他人情绪的能力。

（4）影响。说服他人；清晰表达观点和立场；积极且有效的倾听；了解并综合考虑各种观点；在维护相互信任的关系下，解决问题并达成一致意见等能力。

（5）领导力。领导、激励团队做好本职工作的能力。

项目管理信息系统：包括资源管理或进度计划软件。

15.6.3 输出

变更请求：略。

项目管理计划（更新）：略。

项目文件（更新）：略。

事业环境因素（更新）：略。

15.7 控制资源

控制资源属于监控过程组。控制资源是为了按计划分配和使用实物资源、监督资源使用并采取必要的纠正措施的过程。本过程的主要作用：①确保所分配的资源适时、适地用于项目；②释放不再使用的资源。该过程的输入、工具与技术、输出如图 15-7-1 所示。

图 15-7-1　控制资源的输入、工具与技术、输出

15.7.1 输入

项目管理计划：主要是资源管理计划，是控制、使用资源的指南。

项目文件：主要包括项目进度计划、问题日志、资源需求、资源分解结构、经验教训登记册、物质资源分配单、风险登记册。

工作绩效数据：包含项目状态（已使用资源数量、类型）数据。

协议：帮助获取外部资源的依据。

组织过程资产：略。

15.7.2 工具与技术

数据分析：略。

问题解决：略。

人际关系与团队技能：略。

项目管理信息系统：略。

15.7.3 输出

工作绩效信息：略。

变更请求：略。

项目管理计划（更新）：略。

项目文件（更新）：包略。

15.8 课堂巩固练习

1. 虚拟团队的使用能带来很多好处，其中不包括___（1）___。

（1）A．减少出差及搬迁费用　　　　　B．减少信息分享带来的安全风险

　　　C．利用技术来营造在线团队环境　D．拉近团队成员与客户或其他重要干系人的距离

【攻克要塞软考研究团队讲评】虚拟团队需要通过互联网、电话等方式分享信息，这并不能减少信息泄露的风险，反而可能会增加安全风险。

参考答案：（1）B

2. 数据表现属于规划资源管理的工具，其方式又可以分为层级型、矩阵型、文本型，以下不是规划资源管理的层次型工具的是___（2）___。

（2）A．OBS　　　　　B．RAM　　　　　C．RBS　　　　　D．WBS

【攻克要塞软考研究团队讲评】规划资源管理的层次型的工具包含工作分解结构（WBS）、组织分解结构（OBS）和资源分解结构（RBS）。RAM即职责分配矩阵，属于规划资源管理的矩阵型数据表现工具。

参考答案：（2）B

3. 项目团队建设一般要依次经历形成、震荡、规范、发挥、结束5个阶段，一般在___（3）___团队的绩效最高。

（3）A．发挥阶段　　　B．震荡阶段　　　C．规范阶段　　　D．结束阶段

【攻克要塞软考研究团队讲评】项目团队在形成阶段还需要组合形成合力，开始绩效还比较低；在震荡阶段和规范阶段团队进行磨合，绩效逐步得到提高；在发挥阶段，团队成员各自发挥潜力，故绩效最高。

参考答案：（3）A

4. 以下___（4）___不是项目团队建设的常用方法。

（4）A．培训　　　　　B．同地办公　　　C．就事论事　　　D．认可和奖励

【攻克要塞软考研究团队讲评】项目团队建设常用的方法有一般管理技能、培训、团队建设活动、基本原则、同地办公（集中）、认可和奖励。

参考答案：（4）C

第16学时　项目沟通管理和干系人管理

项目沟通管理和干系人管理分别是PMBOK6.0中十大知识领域中的两个知识领域。本学时要

学习的主要知识点如图 16-0-1 所示。

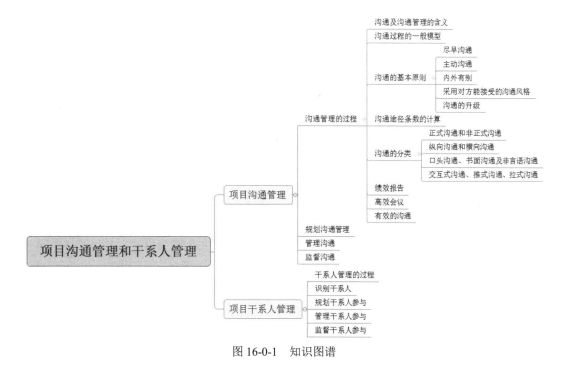

图 16-0-1　知识图谱

16.1　沟通管理的过程

项目沟通管理包括为确保项目信息及时且恰当地规划、收集、生成、发布、存储、检索、管理、控制、监督和最终处置所需的各个过程。项目沟通管理包括**规划沟通管理**、**管理沟通**、**监督沟通**等过程。

1. 沟通及沟通管理的含义

沟通渗透在项目生命周期的全过程，改善沟通在 IT 项目管理中具有重要意义。沟通是为了特定的目标，在人与人之间、组织或团队之间进行的信息、思想和情感的传递或交互的过程。

项目沟通管理建立在管理沟通的基础上，服务于项目管理及项目干系人的共同利益。它在人员与信息、思想、情感等项目因素之间建立关键联系，成为项目成功所必需的过程。项目沟通管理的目标是及时而适当地**创**建、**收集**、**发送**、**储存**和**处理**项目的信息。

2. 沟通过程的一般模型

沟通过程的一般模型包括发送方、信息、接收方、传递渠道几个部分，而且沟通模型往往是一个循环的过程，如图 16-1-1 所示。

发送方首先需要确定要发送的信息内容，并进行必要的处理，即编码或翻译。处理后的信息被译成接收者能够理解的一系列符号。

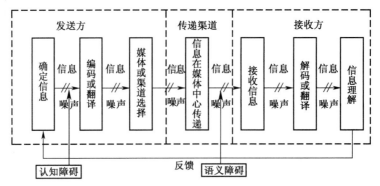

图 16-1-1　沟通过程的一般模型

接收方是信宿，根据传递符号、媒体和传递方式的不同选择对应的接收方式，通过解码或翻译将这些符号译成具有特定意义的信息，还需要通过汇总、整理和推理等主观努力加以理解，再将理解后的信息进行总结、补充或加工，形成新的信息内容，并确定反馈信息，传递给发送者。

反馈过程是一个逆向的沟通过程，主要用来检查沟通双方对传输信息的理解。在这一过程中，原来的信息接收方变为信息发送方，原来的信息发送方变为信息的接收方，构成了信息双向循环流动。

在一般情况下，沟通过程存在着许多干扰和影响信息传递的因素，通常将这些因素称为噪声，图中用"//"表示噪声。噪声主要来源于发送与接收双方的相关专业知识或业务素质等的欠缺。

主要的噪声有：物理距离、环境因素、没有清晰的沟通渠道、复杂的组织结构、复杂的技术术语、不利的态度。

认知障碍产生于个人的学历、经历、经验等方面，不同的人对同一事物（信息源）有不同的认知。**语义障碍**也称为**个性障碍**，是指由于人们的修养不同和表达能力的差别，对于同一思想、事物的表达（理解）有清楚和模糊之分。

沟通模型包含 5 种状态：已发送、已收到、已理解、已认可、已转化为积极的行动。

3．沟通的基本原则

在 IT 项目管理中，项目经理为了能顺利地达到沟通的目的，在沟通过程中要遵循如下基本原则：①**尽早沟通**；②**主动沟通**；③**内外有别**（如内部虽然有分歧但对外要一致）；④**采用对方能接受的沟通风格**（传递合作和双赢的态度）；⑤**沟通的升级**（升级次序为：与对方沟通，与对方的上级沟通，与自己的上级沟通，自己的上级与对方的上级沟通）。

【攻克要塞专家提示】沟通升级的原则参考记忆口诀为："早主别接升"。

4．沟通途径条数的计算

沟通途径条数的计算首先要记住计算公式：**沟通途径条数=$[n \times (n-1)]/2$**

n 指的是人数。比如，当项目团队有 3 个人时，沟通渠道数为$[3 \times (3-1)]/2=3$；而当项目团队有 6 个人时，沟通渠道数为$[6 \times (6-1)]/2=15$。由于沟通是需要花费项目成本的，所以应尽量控制团队规模，避免大规模团队中常常出现的沟通不畅问题。

5. 沟通的分类

根据不同的标准，沟通可以有不同的分类，常见的有如下几种。

（1）**正式沟通和非正式沟通**。正式沟通是通过组织或项目团队规定的渠道进行的信息传递，如通知、指示、内部文件，以及规定的汇报制度、例会制度、报告制度、组织与其他组织之间的公函来往等。

非正式沟通是通过非正式或个人渠道进行的信息传递，如项目成员之间私下议论某人某事、项目客户的临时电话询问等。

（2）**纵向沟通和横向沟通**。按照方向划分，沟通分为纵向沟通和横向沟通。纵向沟通包括上行沟通和下行沟通，横向沟通也称平行沟通。

上行沟通是下级将信息传递给上级的一种由下而上的沟通，主要表现为提交绩效报告、建议、请示等供上级审阅或批示。

下行沟通是上级将信息传达给下级的一种由上而下的沟通，是上级向下级发布命令、计划、政策、规定和批示的过程，其正式行文格式有通知、命令、批复等。

横向沟通包括组织中各平行部门之间的信息交流和处于不同层次的没有直接隶属关系的组织或成员之间的沟通，其正式行文格式主要是函件。

（3）**口头沟通、书面沟通及非言语沟通**。按照表达方式或方法划分，沟通可分为口头沟通、书面沟通及非言语沟通。它们之间的优缺点见表 16-1-1。

表 16-1-1　各种不同表达方式或方法的沟通比较

沟通方式	举例	优点	缺点
口头沟通	交谈、讲座（演讲）、讨论会、音频或视频通话或会议	传递、反馈速度快，信息量大	沟通效果受人为因素影响大；传递层越多，信息失真越严重；可追溯性差
书面沟通	纸质及其电子形式的书面报告、备忘录、邮件（电子留言）、文件、期刊等	持久，可追溯；电子形式的快速高效	纸质的效率低、缺乏反馈，借助网络的电子形式可反馈，但没有表情，不亲近
非言语沟通	声、电、光信号（红绿灯、警笛、旗语、标志语言）、体态语言（手势等肢体动作、表情）、语调	信息意义明确，内容丰富，含义隐含灵活	传递距离有限，界限含糊；有的只可意会，不可言传

随着通信与网络技术的发展与普及，除了面对面交谈和集中碰头会议外，在项目沟通中，书面、口头甚至非言语沟通常常通过网络或电话来实现，而且不同的沟通方式在同一次沟通过程中交叉在一起，互为补充，以达到最佳的沟通效果。

（4）交互式沟通、推式沟通、拉式沟通。常见的沟通方式有交互式沟通、推式沟通、拉式沟通，这些沟通方式的定义、优缺点见表 16-1-2。

表 16-1-2 交互式沟通、推式沟通、拉式沟通的优缺点

沟通方式	定义	实例	优点	缺点
交互式	在两方或多方之间进行多向信息交换	会议、电话、即时通信、视频会议	确保全体参与者对特定话题达成共识的最有效的方法，快速传递与反馈，信息量大	传递途径、层次多；信息失真严重，核实困难
推式	把信息发送给需要接收这些信息的特定接收方，但不确保信息送达受众或被目标受众理解	信件、备忘录、报告、电子邮件、传真、语音邮件、日志、新闻稿等	持久、可核实	效率低、缺乏反馈
拉式	用于信息量很大或受众很多的情况，要求接收者自主地、自行地访问信息内容	企业内网、电子在线课程、经验教训数据库、知识库等	信息明确，内核丰富	传输距离短

6. 绩效报告

绩效报告是一个收集并发布项目绩效信息的动态过程，包括**状态报告、进展报告和项目预测**。

状态报告介绍项目在某一特定时间点上所处的位置，主要从范围、进度和成本三方面讲明目前所处的状态。进展报告介绍项目部在一定时间内完成的工作，可看作一月一次的状态报告，但更细致、更微观一些。项目预测用于预测未来的项目状况，一般包括范围、进度、成本、质量等方面，有时也包括风险和采购方面。状态评审会议是绩效报告的工具与技术。在多数项目上，将以不同的频繁程度在不同的层级上召开项目状态审查会议，如项目管理团队内部可以每周召开审查会议，而与客户就可以每月召开一次会议。

7. 高效会议

项目的协调大多是以会议方式来进行的，举行高效的会议能化解项目的许多问题。要举行高效的会议，应注意以下问题：①事先制订一个例会制度；②放弃可开可不开的会议；③明确会议的目的和期望结果；④发布会议通知；⑤在会议之前将会议资料发给参会人员；⑥可以借助视频设备；⑦明确会议议事规则；⑧会议要有纪要；⑨会后要有总结，提炼结论。

【攻克要塞专家提示】了解这些注意事项对解答下午有关会议管理方面的案例分析题很有帮助。

8. 有效的沟通

有效的沟通活动和成果的 3 个基本属性：①沟通目的明确；②尽量了解沟通接收方，满足其需求及偏好；③监督并衡量沟通的效果。

书面沟通的 5C 原则：正确的语法和拼写、简洁的表述、清晰的目的和表述、连贯的思维逻辑、善用控制语句和承接。

其他沟通原则：积极倾听、理解文化和个人差异、识别并管理干系人期望、强化技能。

16.2 规划沟通管理

规划沟通管理属于规划过程组。规划沟通管理是根据干系人的信息需要及组织的可用资产情况,制订合适的项目沟通方式和计划的过程。本过程的主要作用:①及时为干系人提供相关信息;②引导干系人有效参与项目;③编制书面沟通计划。

规划沟通管理的输入、工具与技术、输出如图 16-2-1 所示。

图 16-2-1　规划沟通管理的输入、工具与技术、输出

16.2.1　输入

项目章程:这部分主要涉及项目章程中的干系人清单。

项目管理计划:主要包括资源管理计划、干系人参与计划等。

项目文件:主要包括需求文件、干系人登记册等。

事业环境因素:略。

组织过程资产:略。

16.2.2　工具与技术

专家判断:略。

沟通需求分析:略。

沟通技术:常见沟通技术有书面文件、对话、会议、网站等。

沟通模型:用于描述沟通的过程。基本模型可以只包含发送方和接收方,复杂模型可以包含反馈、人性等因素。

沟通方法:主要方法包括交互式(互动)沟通、推式沟通、拉式沟通等。实现沟通管理计划所规定的沟通需求的方法包括人际(个人间)沟通、小组沟通、公众沟通、大众传播、网络和社交工具沟通等。

人际关系与团队技能:略。

数据表现:略。

会议:略。

16.2.3 输出

沟通管理计划：沟通管理计划属于项目管理计划的一部分。沟通管理计划内容包括干系人的沟通需求、沟通信息、沟通时间和频率、沟通人员和保密人员、沟通方法、沟通预算和分配资源、原因、保密级别、通用术语、法律法规及政策等。

项目文件（更新）：略。

项目管理计划（更新）：略。

16.3 管理沟通

管理沟通属于执行过程组。 管理沟通是依据沟通管理计划，生成、收集、分发、储存、检索及最终处置项目信息的过程。本过程的主要作用：促进项目干系人之间实现有效率的且有效果的信息流动。管理沟通的输入、工具与技术、输出如图 16-3-1 所示。

图 16-3-1 管理沟通的输入、工具与技术、输出

16.3.1 输入

项目管理计划：主要包括资源管理计划（描述为管理资源开展的沟通）、沟通管理计划（规划、结构化和监控沟通）、干系人参与计划（包含引导干系人参与项目的沟通策略）等。

项目文件：主要包括变更日志、问题日志、经验教训登记册、质量报告、风险报告、干系人登记册等。

工作绩效报告：包含状态报告和进展报告。

事业环境因素：略。

组织过程资产：略。

16.3.2 工具与技术

沟通技术：沟通技术选用考虑的因素有团队是否集中办公、信息是否需要保密、团队可用沟通资源有哪些，组织文化会影响会议和讨论的程度。

沟通方法：项目干系人之间分享信息的沟通方法包括互动沟通、推式沟通（邮件、报告、博客）、拉式沟通（人际沟通、小组沟通、公众沟通、大众传播、网络和社交工具沟通）等。可用于沟通的方法或成果主要包括：公告板；新闻通讯、内部杂志和电子杂志；信件；新闻稿；年度报告；电子邮件；门户网站和其他信息库；电话；演示；团队简述或小组会议；焦点小组；干系人之间的正式或非正式的面对面会议；咨询小组或员工论坛；社交工具和媒体等。

沟通技能：主要包括沟通胜任力、反馈、非口头技能（比如手势、眼神）、演示。

项目管理信息系统：略。

项目报告：包含项目各类信息，可以裁剪发给不同的干系人。项目报告发布是收集和发布项目的行为。

人际关系与团队技能：主要技能包括积极倾听、冲突管理、文化意识、会议管理、人际交往、政策意识等。

会议：略。

16.3.3 输出

项目沟通记录：主要包括绩效报告、进度信息、发生的成本、交付物的状态等。

项目管理计划（更新）：略。

组织过程资产（更新）：略。

项目文件（更新）：略。

16.4 监督沟通

监督沟通属于监控过程组。监督沟通是**在整个项目生命周期**中对沟通进行监督和控制的过程，以确保满足项目干系人对信息的需求。监督沟通过程可能触发规划沟通管理、管理沟通过程的迭代。

本过程的主要作用：依据沟通管理计划和干系人参与计划，优化信息流动。

监督沟通的输入、工具与技术、输出如图 16-4-1 所示。

图 16-4-1　监督沟通的输入、工具与技术、输出

16.4.1 输入

项目管理计划：包括资源管理计划、沟通管理计划、干系人参与计划等。

项目文件：主要包括问题日志、经验教训登记册、项目沟通记录等。

工作绩效数据：已开始的沟通类型和数量。

事业环境因素：略。

组织过程资产：略。

16.4.2 工具与技术

专家判断：略。

项目管理信息系统：略。

数据表现：略。

人际关系与团队技能：略。

会议：略。

16.4.3 输出

工作绩效信息：略。

变更请求：略。

项目管理计划（更新）：略。

项目文件（更新）：略。

16.5 干系人管理的过程

项目干系人管理包括用于开展下列工作的各过程：识别能影响项目或受项目影响的全部人员、群体或组织，分析干系人对项目的期望和影响，制订合适的管理策略来有效调动干系人参与项目决策和执行。干系人包括所有项目团队成员及组织内外部与项目有利益关系的实体。

项目干系人管理的目标是"满足项目干系人的需求"。项目干系人管理实质上就是指对沟通进行管理，以满足项目干系人的需求并解决他们之间的问题。各个项目干系人常有不同的目标，这些目标可能会发生冲突。**规划干系人参与是一个反复的过程，应由项目经理定期开展。**

在项目启动阶段，干系人对项目影响最大，随着项目的进展逐步减弱。

干系人管理包括识别干系人、规划干系人参与、管理干系人参与、监督干系人参与等过程。

16.6 识别干系人

识别干系人属于启动过程组。 识别干系人过程是识别影响项目决策、结果、活动的个人或者组织，并分析他们的利益、参与度、依赖度、影响力等信息的过程。该过程的主要作用是找出各类干系人（主要是客户、项目发起人、项目团队成员、资源或职能部门、供应商、其他相关组织或个人等），并记录各类干系人对项目的影响。识别干系人可能需要在整个项目期间定期开展。

识别干系人的输入、工具与技术、输出如图 16-6-1 所示。

16.6.1 输入

立项管理文件：立项管理阶段经批准的结果或相关的文件，可用于作为识别干系人的依据。

项目章程：包含项目目标、成功标准等信息。

项目管理计划：包括资源管理计划、沟通管理计划（了解干系人的依据）、风险管理计划。

项目文件：包括假设日志、风险登记册、干系人登记册、项目进度计划、问题日志、变更日志。

协议：略。

事业环境因素：略。
组织过程资产：略。

图 16-6-1　识别干系人的输入、工具与技术、输出

16.6.2　工具与技术

专家判断：略。

数据收集：主要技术有问卷和调查（包括一对一调查、焦点小组讨论，其他大规模信息收集技术）、头脑风暴等。

数据分析：主要包括干系人分析［分析干系人的岗位、利害关系（兴趣、权利、所有权、知识、贡献等）、期望、态度等］、文件分析（分析项目文件及经验教训）。

数据表现：主要技术是干系人映射分析和表现（一种对干系人进行分类的方法）。

会议：略。

干系人分类方法有以下几种：

（1）权力利益方格。依据干系人职权（权力）大小、对项目结果的关注程度（利益）程度进行分类。权力利益方格工具中，对不同利益、权力程度的干系人采取的措施如图 16-6-2 所示。

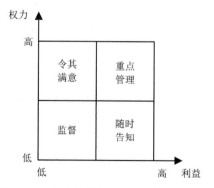

图 16-6-2　针对不同干系人应采取的措施

（2）权力影响方格。依据干系人的职权（权力）大小、主动参与（影响）项目程度进行分类。

（3）影响作用方格。依据干系人主动参与项目的程度、改变项目计划或执行的能力进行分类。

各类方格方法适合关系简单的项目。

（4）凸显模型。依据干系人的权力、紧急程度和合法性对干系人进行分类。凸显模型适用于复杂大型群体，或内部关系复杂的项目。

（5）干系人立方体。把权力利益方格、权力影响方格、影响作用方格组合成三维模型，然后分析并引导相关方参与项目。

（6）影响方向。按干系人对项目团队影响的方向进行分类，分为向上（影响领导层）、向下（影响临时的团队或专家）、向外（影响项目外部干系人）、横向（影响项目经理同级人员）4种。

（7）优先级排序。如对干系人进行优先级排序。

16.6.3 输出

干系人登记册：包含记录干系人信息（身份、姓名等）、评估信息（需求、期望、影响力）、干系人分类、识别干系人过程的主要输出。

变更请求：略。

项目管理计划（更新）：略。

项目文件（更新）：略。

16.7 规划干系人参与

规划干系人参与属于规划过程组。 规划干系人参与（又称编制项目干系人管理计划），基于分析干系人的利益、项目参与度、项目依赖度、项目影响力等信息，制订恰当的管理策略，调动干系人参与项目的全过程。本过程的主要作用是：制订可行的干系人互动计划。

规划干系人参与的输入、工具与技术、输出如图16-7-1所示。

图16-7-1　规划干系人参与的输入、工具与技术、输出

16.7.1 输入

项目章程：项目章程中与规划干系人相关信息。

项目管理计划：主要包括资源管理计划、沟通管理计划、风险管理计划等。

项目文件：主要包括假设日志、风险登记册、干系人登记册、项目进度计划、问题日志、变更日志等。

协议：略。

事业环境因素：略。

组织过程资产：略。

16.7.2 工具与技术

专家判断：略。

数据收集：略。

数据分析：略。

决策：略。

数据表现：主要技术包括思维导图、干系人参与度评估矩阵（干系人参与度可以分为不了解、抵制、中立、支持、领导型）。干系人参与度评估矩阵见表16-7-1。

表 16-7-1 干系人参与度评估矩阵示例

干系人	不了解	抵制	中立	支持	领导
干系人A			D		
干系人B			D		
干系人C			DC		

注：C为干系人当前参与水平，D是项目团队评估出来的、为确保项目成功的期望参与水平。

会议：略。

16.7.3 输出

干系人参与计划：包含干系人参与、执行项目政策的策略或者方法。

16.8 管理干系人参与

管理干系人参与属于执行过程组。 管理干系人参与过程就是在整个项目生命周期中，依据项目干系人管理计划，与干系人进行沟通和协作，促使干系人合理参与项目，并满足干系人需求，解决项目问题的过程。本过程的主要作用：尽可能提高干系人的支持度，减少干系人的抵制。管理干系人参与的输入、工具与技术、输出如图16-8-1所示。

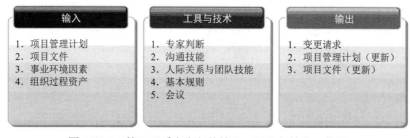

图 16-8-1 管理干系人参与的输入、工具与技术、输出

16.8.1 输入

项目管理计划：包括沟通管理计划（描述干系人沟通的形式、方法）、风险管理计划、干系人参与计划（指导管理干系人期望，提供相关信息）、变更管理计划等。

项目文件：包括问题日志（记录关注点，处理问题方案）、干系人登记册、变更日志（记录变更请求及状态，并发送给相应的干系人）、经验教训登记册等。

事业环境因素：略。

组织过程资产：略。

16.8.2 工具与技术

专家判断：略。

沟通技能：略。

人际关系与团队技能：略。

基本规则：略。

会议：略。

16.8.3 输出

变更请求：变更请求作为管理干系人参与的结果，当项目范围或产品范围需要变更时，应该通过实施整体变更控制过程，对所有变更请求进行审查和处理。

项目管理计划（更新）：略。

项目文件（更新）：略。

16.9 监督干系人参与

监督干系人参与属于监控过程组。监督干系人参与过程是全面监控项目干系人的关系，及时调整计划和策略，调动干系人参与的过程。本过程的主要作用：随着项目进展和环境变化，维持并提升干系人参与项目的效率和效果。监督干系人参与的输入、工具与技术、输出如图 16-9-1 所示。

图 16-9-1 监督干系人参与的输入、工具与技术、输出

16.9.1 输入

项目管理计划：包括资源管理计划（确定团队成员的管理方法）、沟通管理计划（描述了合适的干系人沟通策略）、干系人参与计划（包含管理干系人需求和期望的计划）。

项目文件：包括风险登记册、干系人登记册、问题日志、项目沟通记录、经验教训登记册。

工作绩效数据：包含项目状态数据，比如干系人对项目的支持度、干系人的水平等。

事业环境因素：略。

组织过程资产：略。

16.9.2 工具与技术

数据分析：包括备选方案分析、根本原因分析、干系人分析。

决策：包括多标准决策分析、投票。

数据表现：主要技术是干系人参与度评估矩阵。

沟通技能：包括反馈、演示。

人际关系与团队技能：主要包括积极倾听、文化意识、领导力、人际交往、政策意识。

会议：略。

16.9.3 输出

工作绩效信息：包括与干系人参与状态有关的信息。

变更请求：包含改变干系人项目参与度的各种措施。

项目管理计划（更新）：略。

项目文件（更新）：略。

16.10 课堂巩固练习

1. 下列有关项目沟通管理的说法，错误的是___（1）___。

（1）A．编制沟通计划的核心就是了解项目干系人的需求

B．项目沟通管理的目标是及时而适当地创建、收集、发送、储存和处理项目的信息

C．项目经理主要负责对外的工作，所以项目经理不需要和项目组内部人员沟通

D．项目沟通管理包括**规划沟通管理、管理沟通、控制沟通**等过程

【攻克要塞软考研究团队讲评】从题目提供的选项来看，C 明显不正确，项目经理有 70%～80% 是在做沟通工作，这其中包括与项目组内部的沟通，也包括与项目组外部的沟通。

参考答案：（1）C

2. 项目经理的沟通过程中需要遵循一定的沟通原则，以下不是这些原则的是___（2）___。

（2）A．内外有别   B．尽早沟通
C．主动沟通   D．内外一致

【攻克要塞软考研究团队讲评】从题目的可选项来看，A、D 矛盾，而题目是要找出不是沟通原则的选项，故答案在 A、D 中必有其一。项目组应当内部团结，一致对外，所以沟通是"内外有别"的。

参考答案：（2）D

3．某大型信息系统集成项目共有 120 人的项目团队，这个团队的沟通途径有＿＿(3)＿＿条。

(3) A．120　　　　　B．7140　　　　　C．14280　　　　D．240

【攻克要塞软考研究团队讲评】沟通途径条数计算的公式为$[n×(n-1)]/2$，120 人的团队沟通途径条数为$[120×(120-1)]/2=14280/2=7140$。

参考答案：(3) B

4．以下有关沟通方式分类的说法，错误的是＿＿(4)＿＿。

(4) A．正式沟通的优点是沟通效果好，比较严肃，约束力强，易于保密并能使信息保持权威性

　　B．沟通方式按照表达方式或方法划分，可分为书面沟通、口头沟通及非言语沟通

　　C．横向沟通包括组织中各平行部门之间的信息交流和处于不同层次的没有直接隶属关系的组织或成员之间的沟通，其正式行文格式主要是函件

　　D．书面沟通比口头沟通更具有亲和力

【攻克要塞软考研究团队讲评】书面沟通是看不到人的表情的，因此亲和力要比口头沟通差一些。

参考答案：(4) D

5．高效的会议应注意一些问题，以下做法错误的是＿＿(5)＿＿。

(5) A．放弃可开可不开的会议

　　B．在会议之前将会议资料发给参会人员

　　C．将有争议的问题抛出激烈争论

　　D．会议要有纪要

【攻克要塞软考研究团队讲评】在试题的选项中，C 选项是要把热点有争议的问题提出来讨论，容易将矛盾激化。因此应考虑事先征求双方的意见，再行开会；或尽量在会后就解决了，而激烈的争论可尽力在会场外部解决。

参考答案：(5) C

第 17 学时　项目合同与采购管理

项目采购管理工作是项目管理十大知识领域中的辅助知识领域之一，合同管理虽不是十大知识领域之中的，却在项目管理中显得十分重要。项目采购的过程中就要签合同，合同是项目最重要的文档之一，故本章将项目合同与采购管理放到一起讲解。本学时的知识图谱如图 17-0-1 所示。

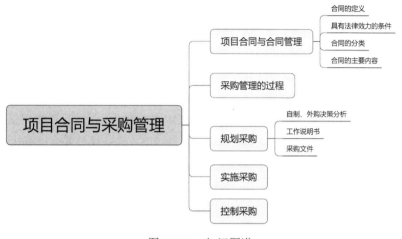

图 17-0-1　知识图谱

17.1　项目合同与合同管理

1. 合同的定义

合同有广义合同、狭义合同之说。**广义合同观点**认为，合同是指以确定各种权利与义务为内容的协议，即只要是当事人之间达成的确定权利义务的协议均为合同，不管它涉及哪个法律部门和何种法律关系。因此，合同除应包括民法中的合同外，还包括行政法上的行政合同、劳动法上的劳动合同、国际法上的国家合同。**狭义合同观点**认为，合同专指民法上的合同，"合同（契约）是当事人之间确立、变更、终止民事权利义务关系意思表示一致的法律行为"。

《中华人民共和国民法典》规定合同是民事主体之间设立、变更、终止民事权利义务关系的协议，根据订立合同领域的不同，有时也将合同称为**"采购单""协议"或"子合同"**等。

合同概念中的自然人指依照宪法和法律相关规定享有权利和承担义务的自然人；**法人**指法律赋予民事权利能力和民事行为能力，依法独立享有民事权利和承担民事义务的社会组织；其他组织指不具有法人资格，但可以以自己名义进行民事活动的组织，也称为"非法人组织"。

合同必须包括以下要素：第一，合同的成立必须要有**两个以上当事人**；第二，各方当事人须互相做出**意思表示**；第三，各个**意思表示达成一致**。

2. 具有法律效力的条件

有效合同是法律承认其效力的合同。合同具有法律效力必须具备 3 个条件：

（1）当事人具有相应的民事行为能力。

（2）当事人意思表示真实，当事人的行为应当真实地反映其内心的想法。

（3）不违反法律或社会公共利益。

3. 合同的分类

以信息系统工程项目的范围为标准划分，项目合同可分为**项目总承包合同、项目单项承包合**

同、项目分包合同。

(1) 项目总承包合同。业主方将该信息系统工程项目的全过程作为一个整体发包给同一个承建方的合同。总承包合同要求只与同一个承建方订立承包合同,但并不要求只订立一个总合同。可以采用订立一个总合同的形式,也可以采用订立若干个合同的形式。例如,业主方与同一承建方分别就项目的咨询论证、方案设计、硬件采购、软件开发、运行维护等订立不同的合同。

采用**总承包合同**的方式一般**适用于经验丰富、技术实力雄厚且组织管理协调能力强的承建方**,这样有利于发挥承建方的专业优势,保证项目的质量和进度,提高投资效益。采用这种方式,业主方只需与一个承建方沟通,容易管理与协调。

(2) 项目单项承包合同。一个承建方只承建信息系统工程项目中咨询论证、方案设计、硬件采购、软件开发、运行维护等的某一项或某几项建设内容,业主方分别与不同承建方订立项目单项承包合同。

采用项目单项承包合同有利于吸引更多的承建方参与投标竞争,使业主方可以选择在某一单项上实力强的承建方。同时也有利于承建方专注于自身经验丰富且实力雄厚部分进行建设,但这种方式对业主方的组织协调能力提出了较高的要求。

(3) 项目分包合同。经合同约定和业主方认可,总承建方将其承包的信息系统工程项目的某一部分或某几部分项目(非项目的主体结构)再发包给具有相应资质条件的子承建方,与子承建方订立的合同称为"项目分包合同"。

【攻克要塞专家提示】订立项目分包合同必须同时满足 5 个条件:经过**业主方认可**;分包的项目必须是**非主体结构**;只能**分包部分**项目,而**不能转包全部**项目;子承建方必须具备**相应的资质条件**;子承建方**不能再次分包**。

分包合同涉及两种合同关系,即业主方与总承建方的承包合同关系,以及总承建方与子承建方的分包合同关系。总承建方在原承包合同范围内向业主方负责,而子承建方与总承建方在分包合同范围内向业主方承担连带责任。如果分包的项目出现问题,业主方既可以要求总承建方承担责任,也可以直接要求子承建方承担责任。

以信息系统工程项目付款方式为标准划分,项目合同可分为**项目总价合同、项目单价合同、项目成本加酬金合同**。

(1) 项目总价合同。**项目总价合同**确定完成信息系统工程项目的总价,承建方据此完成项目全部内容的建设,这种合同又称为"**固定价格合同**"。

项目总价合同的优点是易于使业主方在招标时选择报价较低的单位,缺点是一些比较大的工程项目很复杂,精确计算总价不现实。因此项目总价合同仅**适用于一些工期较短、不太复杂的小风险项目**。

(2) 项目单价合同。**项目单价合同**,也称**工时和材料合同**,合同以信息系统工程项目各个单项的工作量等指标为标准,确定完成单项项目的价格,承建方据此完成单项项目的建设。

项目单价合同的优点是可以使整个工程项目的风险得到合理的分摊,项目单价合同要求业主方和承建方对整个工程项目各个部分的单价及工作量的划分达成一致的意见，形成统一的标准。

（3）项目成本加酬金合同。**项目成本加酬金合同**由业主方支付项目的实际成本，并按约定的方式向承建方支付酬金。

项目成本加酬金合同的特点是项目的酬金会比较低，这是因为业主方承担了项目的全部风险，而承建方为零风险。这类合同主要适用于风险大的项目，容易出现的问题是由于业主方支付建设项目的全部实际成本，而导致承建方往往不注意降低项目的成本。

总地来说，固定总价合同中采购方的风险最小，因为他们确切地知道需要付给供应方多少费用。项目成本加酬金合同中采购方的风险最大，因为他们事先不知道供应方的成本，而且供应方可能有增加成本的动机。

4. 合同的主要内容

合同的主要内容包括：**项目名称**；**标的内容和范围**；**项目的质量要求**：通常情况下，采用技术指标限定等各种方式来描述信息系统工程的整体质量标准以及各部分质量标准，它是判断整个工程项目成败的重要依据；**项目的计划、进度、地点、地域和方式**；**项目建设过程中的各种期限**；**技术情报和资料的保密**；**风险责任的承担**；**技术成果的归属**；**验收的标准和方法**；**价款、报酬（或使用费）及其支付方式**；**违约金或者损失赔偿的计算方法**；**解决争议的方法**：该条款中应尽可能地明确在出现争议与纠纷时采取何种方式来协商解决；**名词术语解释**等。

17.2 采购管理的过程

规划采购管理属于规划过程组。项目采购管理就是采购项目团队外的产品、服务、成果的所有过程。项目采购管理是围绕**合同**进行的。项目采购管理的过程包括：**规划采购管理、实施采购、控制采购**。

17.3 规划采购

规划采购（又称编制采购计划）是指记录采购决策、明确采购方式及识别潜在卖方的过程。本过程的主要作用是解决是否需要采购、如何采购、采购什么、采购多少以及何时采购的问题。

采购管理过程中合同可以分为总价合同、成本补偿合同、工料合同。

（1）总价合同：为既定产品、服务或成果的采购设定一个总价。总价合同可以设定目标（如交付日期、成本、绩效等可量化的目标），达到或超过目标，可以实施奖励；反之，扣除一定费用。采用总价合同，买方需要准确定义采购的产品或者服务。如遇变更，常会导致合同价格提高。

（2）成本补偿合同：此类合同向卖方支付为完成工作，而发生的合法实际成本；除此之外，还付给卖方一笔费用作为人工费和利润。该合同也可以设定目标（如交付日期、成本、绩效等可量化的目标），达到或超过目标，可以实施奖励；反之，扣除一定费用。

（3）工料合同：各合同特点和细分见表17-3-1。

表 17-3-1　采购管理过程中的合同分类

合同名称	子类	定义、特点
总价合同	固定总价合同（FFP）	最常用的合同类型。一开始就确定采购价格，不允许改变（除非工作范围发生变更）。 买方风险小，但需要准确定义拟采购的产品和服务；卖方风险较大，需承担所有工作，并全部承担风险（如不良绩效）导致的成本增加
	总价加激励费用合同（FPIF）	该总价合同为买方和卖方提供一定灵活性，允许一定绩效偏差，并对实现既定目标（如成本、进度、技术绩效）给予财务奖励 这种方式需一开始就制订好绩效目标，卖方全部工作结束后，还需要确定卖方绩效。合同要设定价格上限，卖方承担超过上限的全部成本
	总价加经济价格调整合同（FP-EPA）	适合卖方履约期较长的项目。允许根据条件变化（如通货膨胀、某些特殊商品的成本增降），以事先确定的方式对合同价格进行最终调整。 EPA 条款必须规定用于准确调整最终价格的、可靠的财务指数。 FP-EPA 合同试图保护买方和卖方免受外界不可控情况的影响
	订购单	买方填写订购单，卖方照此供货，适合少量采购标准化产品的情形
成本补偿合同	成本加固定费用合同（CPFF）	报销卖方为履行合同而发生的全部可列支成本，并向卖方支付一笔固定费用（某一百分比计算×项目初始估算成本），并且不因卖方的绩效而变化。除非项目范围发生变更，否则费用金额维持不变
	成本加激励费用合同（CPIF）	报销卖方为履行合同而发生的全部可列支成本，并在卖方达到合同规定的绩效时，向卖方支付预先商定的激励费用。 如果项目最终成本低于或高于原始估算成本，则买卖双方需根据事先商定的比例分摊结余或者超支成本。 成本加激励费用合同下，当实际成本大于目标成本时，卖方可得的付款总数为"目标成本+目标费用+买方应负担的成本超支"
	成本加奖励费用合同（CPAF）	报销卖方一切合法成本，只有卖方满足合同规定的、某些笼统主观的绩效标准的情况下，才向卖方支付大部分费用。 买方主观支付绩效奖励，卖方通常无权申诉
	成本加百分比合同（成本加酬金合同，CPF）	买方报销卖方实际项目成本。卖方的费用以实际成本的百分比来计算。这种方式，卖方强势，卖方没有控制成本的动力，在一些国家这种合同是非法的
工料合同	工料合同（T&M）	工料合同兼具成本补偿合同和总价合同的特点。 工料合同与成本补偿合同都是开口合同，合同价因成本增加而变化。在授予合同时，买方可能并未确定合同的总价值和采购的准确数量。和成本补偿合同一样，工料合同的合同价值可以增加。 工料合同中确定了最高价值和时间限制，防止无限增加成本。合同确定一些参数，这与固定单价合同相似。当买卖双方就特定资源的价格（如人工小时价格或材料的单位价格）达成一致意见时，买卖双方也就预先设定了单位人力或材料费率

注：成本加百分比合同（成本加酬金合同）没有出现在 PMBOK 中。

1. 自制、外购决策分析

决定项目是自行开发还是外购,应该根据成本来进行分析。可以将内部提供产品和服务的成本进行估算,再与外部成本进行比较,如果外包的成本比自制的成本更低,应考虑外包。但有时也需要考虑一些其他的因素,如某些企业对数据保密性、系统安全性、软件的可靠性要求较高,当自己有足够的人力资源保障时,就应当考虑自行研发。

2. 工作说明书

工作说明书(Statement of Work,**SOW**)是对项目所要提供的产品、成果或服务的描述。对内部项目而言,项目发起者或投资人基于业务需要、产品或服务的需求提出工作说明书。内部的工作说明书有时也叫任务书。SOW 包括的主要内容有前言、服务范围、方法、假定、服务期限和工作量估计、双方角色和责任、交付资料、完成标准、顾问组人员、收费和付款方式、变更管理等。

SOW 与范围说明书的区别在于,工作说明书是对项目所要提供的产品或服务的叙述性的描述,项目范围说明书则通过明确项目应该完成的工作而确定了项目的范围。

采购工作说明书:依据项目范围基准,为每次采购编制工作说明书(SOW),对将要包含在相关合同中的那一部分项目范围进行定义。采购 SOW 应该详细描述拟采购的产品、服务或成果,以便潜在卖方确定他们是否有能力提供这些产品、服务或成果。

采购工作说明书样例如图 17-3-1 所示。

一张小卡片公司采购工作说明书样本
1. 采购目标
2. 采购工作范围
(1)采购各阶段需完成的工作;
(2)详细说明采购物的功能、性能。
3. 工作地点(工作、采购、交付地点)
4. 供货周期
5. 验收条款
……

图 17-3-1 采购工作说明书样例

3. 采购文件(招标文件)

采购文件(招标文件)是征求卖方的建议书。在采购中,潜在卖方的报价建议书是根据买方**采购文件**制订的。采购文件包括采购活动记录、采购预算、招标文件、投标文件、评标标准、评估报告、定标文件、合同文本、验收证明、质疑答复、投诉处理决定及其他有关文件、资料。

(1)不同情况采购文件有不同的俗称。

- 采购主要考虑价格,采购文件俗称"标书""投标""报价"。
- 当采购主要考虑非价格因素(如技术、技能或方法)时,采购文件俗称"建议书"。

(2)不同情况采购文件有不同的书面名称。

- 信息索取书(Request For Information,RFI):获得所需产品/服务/供应商的信息。

- 请求方案建议书（Request For Proposal，RFP）：要求供应商对问题提出最好解决方案的建议。
- 请求报价邀请书（Request For Quotation，RFQ）：要求供应商报价，作为招标底价及比价的参考。
- 投标邀标书（Invitation For Bid，IFB）：为所有供应商报价提供他们最佳方案的平等的机会。

规划采购的输入、工具与技术、输出如图 17-3-2 所示。

17.3.1 输入

立项管理文件：立项阶段批准的用于规划采购管理的依据文件。

项目章程：包含项目描述、目标、总体里程碑及预先批准资源等。

项目管理计划：主要包括范围管理计划（承包商工作范围的管理说明）、质量管理计划（可用于招标文件、合同的标准与准则）、资源管理计划（资源采购方式、信息、假设或制约）、范围基准等。

项目文件：主要包括风险登记册、干系人登记册、需求文件（包含对卖方的技术要求、合同和法律上的非技术要求）、需求跟踪矩阵（连接需求来源和满足需求的可交付成果）、里程碑清单（说明卖方交付成果的时间）、资源需求、项目团队派工单（包含项目团队能力及参与采购活动的时间）等。

图 17-3-2　规划采购的输入、工具与技术、输出

事业环境因素：略。

组织过程资产：略。

17.3.2 工具与技术

供方选择分析：略。

专家判断：略。

数据收集：略。

会议：略。

数据分析：略。

17.3.3 输出

采购管理计划：包含采购过程中开展的各种活动。采购管理计划的主要内容包含协调采购与项

目其他工作（例如，制订项目进度计划）；重要采购活动时间表；采购干系人或者部门的责权利；预审合格的卖方；管理合同的采购测量指标；与采购相关的制约因素和假设条件；约定的货币种类；是否需要编制独立估算；相关风险管理等。

采购策略：规定项目交付方法（专业服务项目的交付方法、工业或商业施工项目的交付方法）、具有法律约束力的合同（各类固定总价、成本加固定费用、成本加激励费用、成本加奖励费用、工料等），采购阶段推动采购进展的方法。

采购工作说明书：即 SOW，本节已经介绍。

招标文件：本节已经介绍。

自制或外购决策：略。

独立成本估算：略。

供方选择标准：略。

变更请求：略。

项目文件（更新）：略。

组织过程资产（更新）：略。

17.4 实施采购

实施采购属于执行过程组。 实施采购是获取潜在卖方（如承包商、供应商）的需求答复（如投标书、建议书），选择卖方并授予合同的过程。本过程的主要作用：选定合格卖方，签署关于货物或服务交付协议。在这个过程中，潜在的供应商将要做大部分的工作，采购方和潜在的供应商需要不断地进行沟通，包括召开招投标会议来回答潜在的供应商的问题。此过程的结果就是收到潜在的供应商提供的建议书或标书。

采购形式一般有直接采购、邀请招标、竞争招标 3 种。投标的过程分为招标、投标、评标、授标 4 个环节。常用的评标方法包括：

- 加权打分法：设置多权值评分标准，对投标方打分，选择最高分的卖方。
- 筛选系统：多轮淘汰不达标准的投标商，直到只剩一家。
- 独立估算：与买方事先的独立成本估算对比，选择最接近报价的。

实施采购的输入、工具与技术、输出如图 17-4-1 所示。

17.4.1 输入

项目管理计划：包括范围管理计划（包括卖方的工作范围）、需求管理计划（帮助识别和分析拟通过采购来实现的需求）、沟通管理计划（描述买方和卖方之间开展沟通的方式）、风险管理计划、采购管理计划（描述实施采购过程中应开展的活动）、配置管理计划、成本基准等。

采购文档：包括招标文件、采购工作说明书、独立成本估算、供方选择标准等。

卖方建议书：卖方为响应采购文件而编制的建议书。

项目文件：略。

事业环境因素：略。

组织过程资产：略。

图 17-4-1　实施采购的输入、工具与技术、输出

17.4.2　工具与技术

投标人会议：略。

数据分析：略。

专家判断：略。

广告：略。

人际关系与团队技能：略。

17.4.3　输出

选定的卖方：投标中判断为最有竞争力的投标人。

协议：合同属于约束买卖方的义务、权利的协议。

变更请求：略。

组织过程资产（更新）：略。

项目文件（更新）：略。

项目管理计划（更新）：略。

17.5　控制采购

控制采购属于监控过程组。控制采购过程是管理采购关系、监督合同执行情况，并根据需要实施变更和采取纠正措施的过程。本过程的主要作用：确保买卖双方履行协议，满足项目需求。

控制采购的输入、工具与技术、输出如图 17-5-1 所示。

17.5.1　输入

项目管理计划：主要包括需求管理计划（记录、分析、管理承包商需求）、风险管理计划（管理卖方引发的风险）、采购管理计划、变更管理计划（处理由卖方引发的变更）、进度基准等。

项目文件：主要包括假设日志、需求文件（包含对卖方的技术要求，合同和法律上的非技术要求）、需求跟踪矩阵（连接需求来源和满足需求的可交付成果）、里程碑清单（说明卖方交付成果时间）、风险登记册、干系人登记册、质量报告（识别不合格的卖方产品）、经验教训登记册等。

图 17-5-1 控制采购的输入、工具与技术、输出

采购文档：记录和支持采购过程的文档，包括工作说明书、支付信息、承包商绩效信息、往来信件等。

协议：对买卖双方的义务、权利约束。

工作绩效数据：略。

批准的变更请求：略。

事业环境因素：略。

组织过程资产：主要是采购政策。

17.5.2 工具与技术

专家判断：略。

索赔管理：通常按照合同条款对索赔进行处理，但谈判是解决所有索赔和争议的首选方法。

数据分析：主要包括绩效审查、挣值分析、趋势分析（主要是完工估算方法）等。

检查：对承包商正在执行的工作进行的结构化审查。

审计：对采购过程的审查。

17.5.3 输出

采购关闭：买方向卖方发出的用于表明合同已完成的正式书面通知。

采购文档（更新）：略。

工作绩效信息：卖方履行工作的绩效情况。

变更请求：略。

项目管理计划（更新）：略。

项目文件（更新）：略。

组织过程资产（更新）：略。

17.6 课堂巩固练习

1. 以下___(1)___不是项目采购管理的编制采购计划过程的输入。

(1) A．项目管理计划　　　　　　　　B．组织过程资产

C．需求文档　　　　　　　　　　　D．合同

【攻克要塞软考研究团队讲评】在编制采购计划过程开始时，合同尚未签订，故不能作为编制采购计划过程的输入。

参考答案：（1）D

2．项目固定价合同适用于___（2）___的项目。

（2）A．工期较长、变动较小　　　　B．工期较短、变动较小

　　　C．工期较长、变动较大　　　　D．工期较短、变动较大

【攻克要塞软考研究团队讲评】项目总价合同的优点是易于使业主方在招标时选择报价较低的单位，缺点是一些比较大的工程项目很复杂，精确计算总价不现实。因此项目总价合同仅适用于一些工期较短、不太复杂的小风险项目。

参考答案：（2）B

3．对软件项目来说，如果合同中没有就软件著作权作出明确的约定，业主方支付开发费用之后，软件的所有权将转给业主方，软件的著作权属于___（3）___。

（3）A．业主方　　　　　　　　　　B．承建方

　　　C．监理方　　　　　　　　　　D．业主方和承建方共同所有

【攻克要塞软考研究团队讲评】信息系统工程项目中软件系统的著作权和所有权不同。一般来说，业主方支付开发费用之后，软件的所有权将转给业主方，但软件的著作权仍然属于承建方。如果要将软件著作权也转给业主方或者双方共有著作权，则在合同中应明确写明相关条款。

参考答案：（3）B

4．询价文件中，___（4）___是用来征求潜在供应商建议的文件。

（4）A．RFP　　　　　　　　　　　B．RFQ

　　　C．SOW　　　　　　　　　　　D．招标书

【攻克要塞软考研究团队讲评】常见的询价文件有方案邀请书、报价邀请书、征求供应商意见书、投标邀请书、招标通知、洽谈邀请、承包商初始建议征求书等。方案邀请书（Request For Proposal，RFP）是用来征求潜在供应商建议的文件，也称为请求建议书。报价邀请书（Request For Quotation，RFQ）又称为请求报价单，是一种主要依据价格选择供应商时，用于征求潜在供应商报价的文件。SOW是指工作说明书。招标书不会出现在询价过程中。

参考答案：（4）A

第4天 分析案例，清理术语

经过第 3 天的学习，已经学习了项目管理 10 大知识领域中的 9 个，今天还将继续学习风险管理这个辅助知识领域，以及文档、配置与变更管理，知识产权、法律法规、标准和规范。此外，还将用 1 个学时的时间来重点突破案例分析。学习完第 4 天的内容，就相当于把考试的主要知识点梳理了一遍，第 5 天再进行模拟考试来检验学习成效。

第 18 学时　项目风险管理

项目风险管理是项目管理十大知识领域中的辅助知识领域之一。本学时要学习的主要知识点如图 18-0-1 所示。

图 18-0-1　知识图谱

18.1 风险的特征与分类

风险是指某一特定危险情况发生的可能性和后果的组合。风险具有以下特征：

（1）风险存在的**客观性**和**普遍性**。

（2）由于信息不对称，难以预测未来风险是否发生，这是风险的**偶然性**。

（3）大量风险发生的**必然性**。

（4）风险的**可变性**。

（5）风险的**多样性**和**多层次性**。

另外，风险有以下三个属性：

（1）**随机性**：每个具体风险的发生与后果都具有偶然性，但大量风险的发生是符合统计规律的。

（2）**相对性**：这类性质反映了风险会因各种时空因素变化而变化。同样的风险对不同主体有不同的影响。相对性体现在 3 个方面：**收益越大，风险承受能力越大；收益越小，风险承受能力越小；投入越多，风险承受能力越小；投入越少，风险承受能力越大。地位越高、资源越多，风险承受能力越大；地位越低、资源越少，风险承受能力越小。**

（3）**可变性**：包括风险性质的变化、风险后果的变化以及出现的新的风险。

项目风险管理总的目标是要最小化风险对项目目标的负面影响，抓住风险带来的机会，增加项目干系人的收益。

风险按不同的分类角度有多种分类的方法。风险按风险后果可以分为**纯粹风险**和**投机风险**。纯粹风险是指不能带来机会、无获得利益可能的风险，这种风险只有两种可能后果：造成损失和不造成损失。投机风险是指既可能带来机会、获得利益，又隐含威胁、造成损失的风险，有 3 种可能后果：造成损失、不造成损失、获得利益。纯粹风险和投机风险在一定条件下可以相互转化，项目经理必须避免投机风险转化为纯粹风险。

风险按风险来源可分为**自然风险**和**人为风险**。自然风险是指由于自然力的作用，造成财产损毁或人员伤亡的风险。人为风险是指由于人的活动而带来的风险，可细分为行为、经济、技术、政治和组织风险。

风险按可管理性可分为**可管理风险**和**不可管理风险**。风险按影响范围可分为**局部风险**和**总体风险**。局部风险的影响范围小，总体风险的影响范围大。

风险按可预测性可分为**已知风险**、**可预测风险**、**不可预测风险**。不可预测风险不能预见，也称为未知风险、未识别风险，一般是外部因素作用的结果。

18.2 风险管理的过程

项目风险管理旨在识别和管理未被项目计划及其他过程所管理的风险。项目风险管理包括以下过程：**规划风险管理、识别风险、实施定性风险分析、实施定量风险分析、规划风险应对、实施风险应对、监督风险**。

18.3 规划风险管理

规划风险管理属于规划过程组。规划风险管理的依据是**环境和组织因素、组织过程资产、项目范围说明书、项目章程和项目管理计划。规划风险管理的主要工作内容是**制订风险管理计划，是项目风险管理的首要工作。通常采用会议的形式来制订风险管理计划。

风险管理计划的内容应包括**简介、风险概要、风险管理的任务、组织和职责、预算、工具和技术、要管理的风险项**等。

规划风险管理的输入、工具与技术、输出如图 18-3-1 所示。

图 18-3-1　规划风险管理的输入、工具与技术、输出

18.3.1 输入

项目管理计划：应考虑所有已批准的项目管理子计划应与风险管理计划相协调；分析项目管理子计划的方法论对规划风险管理的影响。

项目章程：略。

项目文件：主要是干系人登记册。

事业环境因素：略。

组织过程资产：略。

18.3.2 工具与技术

数据分析：主要技术是干系人分析法，分析项目干系人的风险偏好。

专家判断：略。

会议：略。

18.3.3 输出

风险管理计划：主要包括风险管理策略（描述管理本项目风险的一般方法）、方法论（确定管理本项目风险的具体方法、工具、数据来源）、角色与职责（确定每项风险管理活动的干系人及对应职责）、资金（确定风险管理所需资金，应急储备和管理储备的使用方案）、时间安排（项目中实施风险管理的时间和频率，确定并将风险管理活动纳入项目进度计划）、风险类别（通常使用风险分解结构进行分类）、干系人风险偏好、概率和影响矩阵、报告格式、跟踪等。

18.4 识别风险

识别风险属于规划过程组。识别风险是识别单个项目风险以及整体项目风险的来源,并记录风险特征的过程。本过程的主要作用:①记录现有的单个项目风险,整体项目风险的来源;②汇总信息,方便团队能应对已识别的风险。

识别风险的特点有**全员参与、系统性、动态性和信息依赖性**。系统性主要是指项目全生命周期内的风险都属于识别风险的范围;动态性主要是指识别风险并不是一次性的,在项目的计划、实施乃至收尾都在进行风险的识别,**识别风险是个不断迭代的过程**,迭代的频率和每次迭代所需的参与程度因情况而异;信息依赖性是指信息是否全面、及时、准确,决定了识别风险的质量和结果的可靠性、精确性。

识别风险的输入、工具与技术、输出如图 18-4-1 所示。

图 18-4-1 识别风险的输入、工具与技术、输出

18.4.1 输入

项目管理计划:主要包含各种子计划(需求管理计划、进度管理计划、成本管理计划、质量管理计划、资源管理计划、风险管理计划);各种基准(范围基准、进度基准、成本基准)。

项目文件:包括假设日志、干系人登记册(参与风险识别的干系人及角色)、需求文件(协助团队确定哪些需求存在风险)、持续时间估算(项目持续时间评估区间的大小代表风险程度)、成本估算(项目成本定量评估区间的大小代表风险程度)、资源需求(项目所需资源评估区间的大小代表风险程度)、问题日志(记录的问题可能引发项目风险)、经验教训登记册。

采购文档:略。

协议:略。

事业环境因素:略。

组织过程资产:略。

18.4.2 工具与技术

(1)专家判断:略。

(2)数据收集:相关数据收集技术主要**有头脑风暴法**(又叫集思广益法,可以**充分发挥集体的智慧,提高识别风险的正确性和效率**)、**核查单**(列举项目可能发生的潜在风险供识别人员核对,以判别项目中是否存在所列的或类似的风险）、**访谈**。

（3）数据分析：相关数据分析技术主要有：①根本原因分析（发现问题、找到其深层原因并制订预防措施的技术）；②假设条件和制约因素分析（检验假设有效性的一种技术，可辨认不精确、不一致、不完整的假设对项目所造成的风险）；③竞争优势/竞争劣势/机会/威胁（Strength/Weakness/Opportunity/Threat，SWOT）分析法；④文件分析。

（4）人际关系与团队技能：略。

（5）提示清单：略。

（6）会议：略。

【攻克要塞专家提示】注意区分德尔菲（Delphi）法和头脑风暴法的应用效果。德尔菲法本质上是一种匿名反馈的函询法，是专家就某一专题达成一致意见的一种方法。项目风险管理专家以匿名方式参与此项活动，主持人用问卷的方式征询对有关重要项目风险的见解，再把这些意见进行综合整理、归纳、统计，然后匿名反馈给各专家，再次征求意见、再集中、再反馈，直到得到稳定的意见。德尔菲法**有助于减少数据方面的偏见，并避免由于个人因素对结果产生不良的影响**。

18.4.3 输出

风险登记册：记录已识别项目风险的详细信息，主要内容有已识别风险的清单、潜在风险责任人、潜在风险应对措施清单等。

风险报告：包含项目整体风险信息，已识别单个风险信息（数量、分布、测量数据、趋势数据），风险管理计划要求的其他信息。

项目文件（更新）：略。

18.5 实施定性风险分析

实施定性风险分析属于规划过程组。定性风险分析是指对已识别风险的**可能性**及**影响大小**的评估过程，该过程按风险对项目目标潜在影响的轻重缓急进行**优先级排序**，并为定量风险分析奠定基础。本过程的主要作用：重点关注高优先级风险。该过程的输入、工具与技术、输出如图18-5-1所示。

图18-5-1　实施定性风险分析的输入、工具与技术、输出

18.5.1 输入

项目管理计划：主要为风险管理计划。

项目文件：包括假设日志、风险登记册、干系人登记册等。

事业环境因素：略。

组织过程资产：略。

18.5.2 工具与技术

（1）专家判断：略。

（2）数据收集：略。

（3）数据分析。相关数据分析技术有：①风险数据质量评估（评估有关风险的数据对风险管理的有用程度的一种技术，包括检查人们对风险的理解程度，以及风险数据的精确性、质量、可靠性和完整性）；②风险概率和影响评估（有助于识别需要优先进行管理的风险，风险概率及影响可以用极高、高、中、低、极低等定性术语加以描述）；③其他风险参数评估（包括紧迫性、邻近性、潜伏期、可管理性、可控性、可监测性、关联度、战略影响力、密切度）。

（4）人际关系与团队技能：略。

（5）风险分类：可按照风险来源（使用风险分解结构）、受影响的项目区域（使用工作分解结构）或其他分类标准（如项目阶段）对项目风险进行分类，以确定受不确定性影响最大的项目区域。根据共同的根本原因对风险进行分类，可有助于制订有效的风险应对措施。

风险分解结构（Risk Breakdown Structure，RBS）用于层次化展现风险来源，可展示单项目风险全部可能来源并进行分类。风险分解结构示例如表18-5-1所示。

表 18-5-1 风险分解结构示例

RBS0	RBS1	RBS2
0 某某项目风险	1 技术风险	1.1 范围风险
		1.2 需求风险
		…
	2 管理风险	2.1 项目管理风险
		2.2 组织风险
		…
	…	…

（6）数据表现。相关数据表现技术有概率和影响矩阵、层级图。

概率和影响矩阵即风险级别评定矩阵，是将概率与对目标影响映射起来的表格，并以此为依据建立一个对风险或风险情况评定等级（例如极低、低、中、高、极高）的矩阵。高概率与高影响风险可能需要作进一步分析，包括量化且积极的风险管理。概率和影响矩阵的示例如图18-5-2所示。

概率	威胁				机会			
0.9	0.05	0.09	0.36	0.72	0.72	0.36	0.09	0.04
0.5	0.03	0.1	0.2	0.4	0.56	0.16	0.12	0.02
0.1	0.01	0.02	0.04	0.08	0.08	0.02	0.01	0.01

图 18-5-2　概率和影响矩阵示例

层级图可以用两个以上的参数对风险进行分类。气泡图是一种常见的层级图,是散点图的变体,通过气泡及其大小展示不同分组数据的变化趋势。气泡图形式如图18-5-3所示。

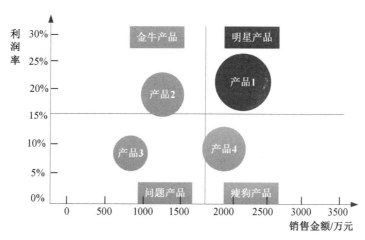

图 18-5-3　气泡图示例

（7）会议：略。

18.5.3　输出

项目文件（更新）：更新的项目文件包括假设日志、问题日志、风险登记册、风险报告等。

18.6　实施定量风险分析

实施定量风险分析属于规划过程组。在定性风险分析之后,为了进一步了解风险发生的可能性到底有多大、后果到底有多严重,就需要对风险进行定量分析。**定量风险分析也用于分析项目总体风险的程度。**

实施定量风险分析是对已识别单个项目的风险和不确定性对整体项目目标影响进行定量分析的过程。定量风险分析是在定性风险分析过程后,对排序在先的风险进行分析并**为风险分配一个数值**。本过程的主要作用：①量化整体项目风险最大可能性；②提供额外的定量风险信息,以支持风险应对规划。

实施定量风险分析的输入、工具与技术、输出如图18-6-1所示。

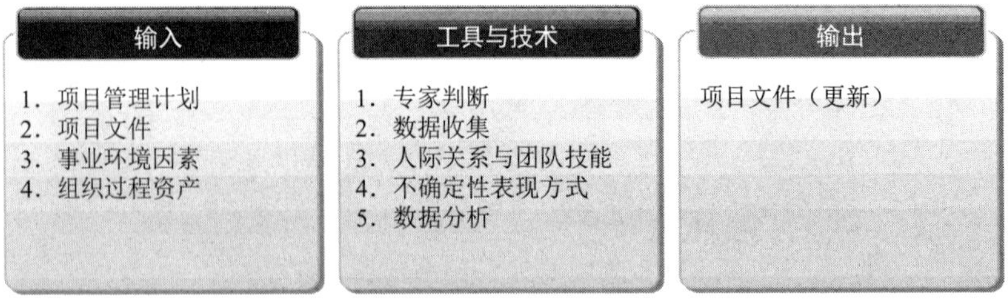

输入	工具与技术	输出
1. 项目管理计划 2. 项目文件 3. 事业环境因素 4. 组织过程资产	1. 专家判断 2. 数据收集 3. 人际关系与团队技能 4. 不确定性表现方式 5. 数据分析	项目文件（更新）

图 18-6-1　实施定量风险分析的输入、工具与技术、输出

18.6.1　输入

项目管理计划：主要包括风险管理计划、基准（范围基准、进度基准、成本基准）。

项目文件：主要包括假设日志、里程碑清单、估算依据、持续时间估算、成本估算、资源需求、成本预测、风险登记册、风险报告、进度预测等。

事业环境因素：略。

组织过程资产：略。

18.6.2　工具与技术

（1）专家判断：略。

（2）数据收集：主要技术是访谈。访谈用于针对单个项目风险收集信息，成为定量风险分析的输入。

（3）人际关系与团队技能：主要技术是引导。好的引导可更好地收集输入数据。

（4）不确定性表现方式：通常用概率分布（三角分布、正态分布、对数正态分布、贝塔分布、均匀分布或离散分布）来反映单个项目风险对项目成本、时间的影响。

（5）数据分析。常用的数据分析技术有：

1）决策树。其目的是从若干备选方案中选出最佳方案，方法是通过计算每条分支的期望货币值（Expected Monetary Value，EMV）选出最优路径。EMV 是一个统计概念，用以计算在将来某种情况发生或不发生的情况下的平均结果（即不确定状态下的分析）。机会的期望货币价值一般表示为正数，而风险的期望货币价值一般表示为负数。每个可能结果的数值与其发生概率相乘之后加总，即得出期望货币价值。各种情况的损益期望值的计算公式为：

$$EMV = \sum_{i=1}^{m} P_i X_i$$

式中，P_i 为情况 i 发生的概率；X_i 为 i 情况下风险的期望货币价值。

图 18-6-2 给出了供应商 1 和供应商 2 的供货发生概率及对应的盈利情况。

选择供应商 1 的 $EMV=60\%\times A+40\%\times B$（$A$、$B$ 值盈利为正，损失为负）

选择供应商 2 的 $EMV=50\%\times C+50\%\times D$（$C$、$D$ 值盈利为正，损失为负）

【攻克要塞专家提示】期望货币值分析一般和决策树结合起来应用。图 18-6-2 即为决策树。

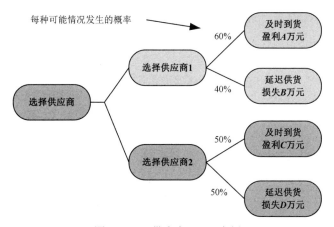

图 18-6-2 供应商 EMV 实例

2）模拟。使用模型来模拟、评估单个项目风险对项目目标潜在的综合影响。

模拟通常采用蒙特卡罗分析法。蒙特卡罗分析法又称统计实验法，是运用概率论及数理统计的方法来预测和研究各种不确定性因素对项目的影响，分析系统的预期行为和绩效的一种定量分析方法。蒙特卡罗分析法通过随机地从每个不确定性因素中抽取样本，对整个项目进行一次计算。这种抽取与技术重复进行多次，以模拟各式各样的不确定性组合并获得各种组合下的结果。然后再通过统计和处理这些结果数据，找出项目变化的规律。蒙特卡罗结果的表示形式可以是直方图或者累积概率分布曲线（S 曲线）。图 18-6-3 是代表某项目成本风险的蒙特卡罗分析图的 S 曲线示例。

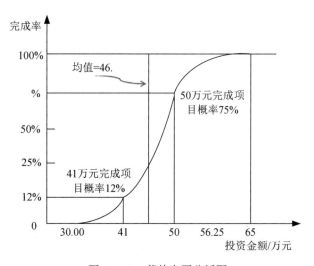

图 18-6-3 蒙特卡罗分析图

图 18-6-3 表示 30 万～65 万元的投资均有可能完成项目；30 万元以下的投资完成项目的概率为 0；65 万元以上的项目完成概率为 100%；50 万元的完成概率为 75%；41 万元的完成概率为 12%。

3）敏感性分析。用于分析一系列单个项目风险对项目的潜在影响，其结果常用龙卷风图表示。图 18-6-4 为常见的龙卷风图。

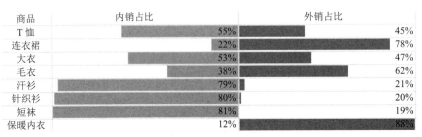

图 18-6-4　龙卷风图示例

4）影响图。不确定条件下决策制订的图形辅助工具。如果需要确定单个项目风险某些要素的影响力，可以用区间或者概率分布表示要素，通过模拟技术（例如，蒙特卡罗）分析要素对项目的影响。影响图分析结果可以是 S 曲线图或龙卷风图。

18.6.3　输出

项目文件（更新）主要是更新风险报告。风险报告内容包括：①对整体项目风险的评估结果（主要包括项目成功的可能性、项目固有的变化性）；②项目详细概率分析的结果（主要有所需的应急储备、影响项目关键路径的单个风险清单、整体项目风险的主要因素）；③单个项目风险优先级清单；④定量风险分析后的风险发展趋势；⑤风险应对建议。

18.7　规划风险应对

规划风险应对属于规划过程组。规划风险应对是针对项目风险制订可选方案、选择应对策略并商定应对行动的过程。本过程的主要作用：①确定应对整体项目风险和单个项目风险的适当方法；②分配资源，并根据需要将相关活动添加进项目文件和项目管理计划中。

风险应对是指针对项目目标制订一系列措施，以降低风险、提高有利机会。风险应对应该在定性风险分析和定量风险分析之后。风险应对包含威胁（消极风险）、机会（积极风险）两种。

（1）消极风险与威胁应对。应对消极风险有多种策略，比较常见的有**减轻、预防、转移、规避、接受、上报**等。应该为每项风险选择最有可能产生效果的策略或策略组合，可通过风险分析工具（如决策树分析方法）选择最适当的应对方法。常见的消极风险应对策略见表 18-7-1。

表 18-7-1　消极风险应对策略

应对风险策略	定义	常见方式
规避	改变项目计划，排除风险；改变风险目标	排除风险起源；延长进度；减少范围；改变策略；取消整个项目；澄清需求、改善沟通、获取信息
转移	将部分或者全部风险连同应对的责任转移到他方身上	保险、履约保证书、担保书、保证书

续表

应对风险策略	定义	常见方式
减轻	降低风险概率，降低影响到可接受范围	采用简单工艺、更多测试、选择可靠卖方、增加冗余
接受	主动接受	建立应急储备，安排资源应对风险
	被动接受	记录，并不采取行动
上报	威胁不在项目范围内，或者应对措施超过项目经理权限，则可使用上报	上升至项目集层面、项目组合层面或其他部门层面来管理风险

（2）积极风险与机会应对。常见的积极风险应对策略见表18-7-2。

表 18-7-2　积极风险应对策略

应对风险策略	定义	常见方式
开拓	消除不确定，确保机会100%出现	分配组织中最好的资源，升级技术
分享	把应对部分或者全部机会交给最合适的第三方，各方收益	成立联合体或者公司
提高	提高机会发生概率，识别并最大化影响积极风险的关键因素	增加资源
接受	主动接受	建立应急储备（时间、资金、资源）
	被动接受	审查机会，确定没有重大变化
上报	机会不在项目范围内，或者应对措施超过项目经理权限，则可使用上报	上升至项目集层面、项目组合层面或其他部门来管理机会

（3）整体项目风险应对。风险应对措施不只针对单个项目风险，还应针对整体项目风险。常见的整体项目风险应对策略跟威胁、机会应对措施基本一致，具体见表18-7-3。

表 18-7-3　整体项目风险应对策略

应对风险策略	定义	常见方式
规避	整体项目出现严重问题，已经无法承受	取消项目（属于最极端的措施）
开拓	对整体项目有显著正面影响	增加高收益工作
转移或分享	（1）风险负面时：转移 （2）风险正面时：多方分享	建立分享整体项目风险的协作业务结构、成立合资公司、关键工作分包
减轻或提高	（1）风险负面时：减轻 （2）风险正面时：提高	重新规划项目、改变项目范围和边界、改变资源配置、调整交付时间
接受	主动接受	建立整体应急储备（时间、资金、资源）
	被动接受	审查整体项目风险，确定没有重大变化

规划风险应对的输入、工具与技术、输出如图 18-7-1 所示。

图 18-7-1　规划风险应对的输入、工具与技术、输出

18.7.1　输入

项目管理计划：主要组件包括资源管理计划（用于风险应对的资源信息）、风险管理计划（涉及风险管理计划中的风险角色、职责、风险临界值）、成本基准（用于风险应对的应急资金信息）。

项目文件：主要包括干系人登记册、风险登记册（包含需要应对的已识别、排好序的单个项目风险的详细信息）、风险报告、资源日历、项目团队派工单、项目进度计划、经验教训登记册。

事业环境因素：略。

组织过程资产：略。

18.7.2　工具与技术

专家判断：略。

数据收集：主要技术是访谈。

人际关系与团队技能：主要手段是引导。

威胁应对策略：略。

机会应对策略：略。

应急应对策略：预先设计应对措施应对特定事件，应急应对策略制订的风险应对计划称为应急计划。

整体项目风险应对策略：本小节中，已经做解释。

数据分析：可用技术有备选方案分析、成本收益分析。

决策：主要技术有多标准决策分析。

18.7.3　输出

变更请求：略。

项目管理计划（更新）：略。

项目文件（更新）：更新的文件包括假设日志、成本预测、经验教训登记册、项目进度计划、项目团队派工单、风险登记册（包含风险应对策略；应对风险所采取的具体行动、预算、进度安排；

风险触发条件、预警信号；应急计划；回退计划；采取预定应对措施的残余风险及导致的次生风险）、风险报告等。

18.8 实施风险应对

实施风险应对属于执行过程组。 实施风险应对是执行风险应对计划的过程。本过程的主要作用：①确保按计划执行风险应对措施；②管理整体项目风险，最小化单个项目的威胁、最大化单个项目的机会。该过程的输入、工具与技术、输出如图 18-8-1 所示。

图 18-8-1　实施风险应对的输入、工具与技术、输出

18.8.1　输入

项目管理计划：特指风险管理计划。

项目文件：包括经验教训登记册（风险管理相关干系人的角色和职责，风险应对措施分配的责任人）、风险登记册（单个风险商定的风险应对措施，及责任人）、风险报告（包含整体项目风险的评估及风险应对计划，单个项目风险及应对计划）等。

组织过程资产：略。

18.8.2　工具与技术

专家判断：略。

人际关系与团队技能：略。

项目管理信息系统：略。

18.8.3　输出

变更请求：略。

项目文件（更新）：略。

18.9　监督风险

监督风险属于监控过程组。 监督风险是在整个项目中实施风险应对计划、跟踪已识别风险、监督残余风险、识别新风险，以及评估风险管理有效性的过程。本过程的主要作用：确保基于整体项目风险和单个项目风险信息进行项目决策。该过程的输入、工具与技术、输出如图 18-9-1 所示。

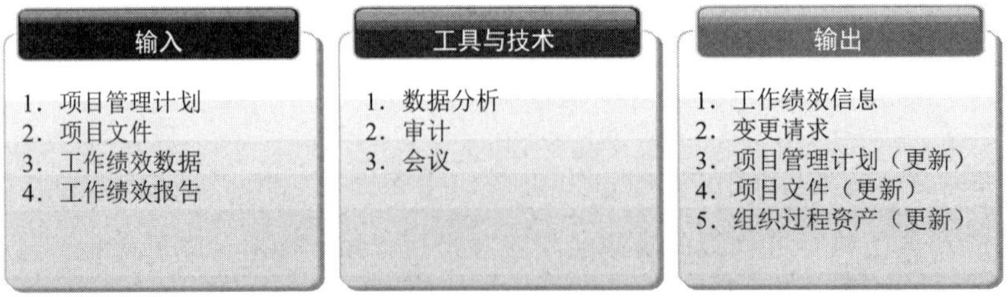

输入	工具与技术	输出
1. 项目管理计划 2. 项目文件 3. 工作绩效数据 4. 工作绩效报告	1. 数据分析 2. 审计 3. 会议	1. 工作绩效信息 2. 变更请求 3. 项目管理计划（更新） 4. 项目文件（更新） 5. 组织过程资产（更新）

图 18-9-1　监督风险的输入、工具与技术、输出

18.9.1　输入

项目管理计划：主要涉及的组件是风险管理计划。

项目文件：主要包括问题日志、经验教训登记册、风险登记册、风险报告等。

工作绩效数据：包含关于项目状态的信息，如已实施的风险应对措施、已发生的风险、仍活跃及已关闭的风险。

工作绩效报告：通过分析绩效测量结果而得出，能够提供关于项目工作绩效的信息，包括偏差分析结果、挣值数据和预测数据，在监督与绩效相关的风险时，需要使用这些信息。

18.9.2　工具与技术

（1）数据分析。相关的数据分析技术如下：

1）技术绩效分析：在项目期间内，对项目的计划和实际技术成果进行比较来预测项目成功度。技术绩效测量指标包括缺陷数量、处理时间等。

2）储备分析：在项目任何时间点比较剩余应急储备、剩余风险量，判断当前剩余储备是否合理。

（2）审计：检查并记录风险应对措施在处理已识别风险及其根源的有效性以及风险管理过程的有效性。

（3）会议：相关的会议形式是风险审查会。在定期的审查会议中应讨论项目风险管理，会议的长短取决于已识别的风险的优先级和难度。

18.9.3　输出

工作绩效信息：比较单一风险实际和预期的情况，得出风险管理绩效信息。

变更请求：略。

项目管理计划（更新）：略。

项目文件（更新）：略。

组织过程资产（更新）：略。

18.10　课堂巩固练习

1. 风险具有 3 个属性：随机性、____（1）____、可变性。____（2）____，风险承受能力越小。

（1）A．相对性　　　　B．绝对性　　　　C．客观性　　　　D．不确定性

（2）A．收益越大　　　B．投入越多　　　C．地位越高　　　D．资源越多

【攻克要塞软考研究团队讲评】风险具有3个属性：随机性、相对性、可变性。相对性是指同样的风险对于不同主体有不同的影响。相对性又体现在3个方面：收益越大，风险承受能力越大；收益越小，风险承受能力越小。投入越多，风险承受能力越小；投入越少，风险承受能力越大。地位越高、资源越多，风险承受能力越大；地位越低、资源越少，风险承受能力越小。

参考答案：（1）A　（2）B

2．风险按风险后果可以分为___（3）___。

（3）A．局部风险和总体风险　　　B．自然风险和人为风险
　　　C．可管理风险和不可管理风险　　　D．纯粹风险和投机风险

【攻克要塞软考研究团队讲评】风险按风险后果可以分为纯粹风险和投机风险。纯粹风险是指不能带来机会、无获得利益可能的风险，这种风险只有两种可能后果：造成损失和不造成损失。投机风险是指既可能带来机会、获得利益，又隐含威胁、造成损失的风险，有三种可能后果：造成损失、不造成损失、获得利益。考生同时也应当注意掌握其他分类方法。

参考答案：（3）D

3．以下不是项目风险管理知识领域的规划风险应对过程输入的是___（4）___。

（4）A．项目文件　　　B．项目管理计划
　　　C．事业环境因素　　　D．十大风险事项跟踪

【攻克要塞软考研究团队讲评】规划风险应对是针对项目风险制订可选方案、选择应对策略并商定应对行动的过程。该过程的输入包括项目管理计划、项目文件、事业环境因素、组织过程资产。

参考答案：（4）D

4．以下有关风险识别的说法，错误的是___（5）___。

（5）A．德尔菲法有助于减少数据方面的偏见，并避免由于个人因素对项目风险识别的结果产生不良影响

　　　B．头脑风暴法可以充分发挥集体的智慧，提高风险识别的正确性和效率

　　　C．所有风险都可以被识别出来

　　　D．风险识别的特点有全员参与、系统性、动态性和信息依赖性

【攻克要塞软考研究团队讲评】从4个选项来看，C明显不对，并不是所有的风险都是可以被识别出来的。

参考答案：（5）C

5．某IT项目的项目经理正在组织开会讨论确定各种风险发生的概率，并评定极低、低、中、高、甚高的等级，这表明该项目的风险管理正处于___（6）___过程。

（6）A．风险识别　　　B．定性风险分析　　　C．定量风险分析　　　D．风险监控

【攻克要塞软考研究团队讲评】定性风险分析是指对已识别风险的可能性及影响大小的评估过程，该过程按风险对项目目标潜在影响的轻重缓急进行优先级排序，并为定量风险分析奠定基础。

而题目中指出,项目经理正组织开会讨论,想要确定各种风险发生的概率并确定等级,这正是定性风险分析的工作内容。

参考答案:(6) B

6. 在风险的应对策略中,___(7)___是指将风险的责任分配给最能为项目的利益获取机会的第三方,包括建立风险分享合作关系。

(7) A. 开拓   B. 分享   C. 提高   D. 规避

【攻克要塞软考研究团队讲评】通常,使用 3 种策略应对可能对项目目标存在消极影响的风险或威胁,分别是规避、转移与减轻。使用 3 种策略应对可能对项目目标存在积极影响的风险,分别是开拓、分享与提高。从题意来看,应当是积极影响的,所以排除选项 D。而选项 A、B、C 中,B 符合题意。

参考答案:(7) B

第 19 学时   文档、配置与变更管理

文档与配置管理虽然不是十大知识领域之一,但是却非常重要,也是考试的热点内容之一。本学时要学习的主要知识点如图 19-0-1 所示。

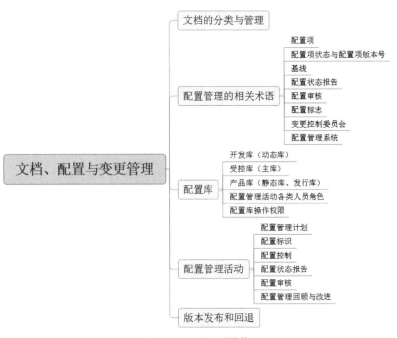

图 19-0-1   知识图谱

项目变更管理，就是在项目实施过程中，对项目的架构、性能、功能、进度、技术指标、集成方法等方面的改变。变更管理的目的是为了让**项目基准**与项目实际执行相一致。变更的实质就是随着项目的深入，认知更加清晰，因此调整项目需求，提升项目价值，变更管理的作用与操作原则，在整合管理、范围管理中均有涉及。

变更管理的原则有项目基准化、变更管理过程规范化。具体工作有基准管理、变更控制流程化、明确组织分工、评估变更的可能影响、保存变更产生的相关文档。

19.1 文档的分类与管理

信息系统相关信息（文档）是指某种数据媒体和其中所记录的数据。它具有永久性，并可以由人或机器阅读，通常仅用于描述人工可读的东西。在软件工程中，文档常常用来表示对活动、需求、过程或结果，进行描述、定义、规定、报告或认证的任何书面或图示的信息。

《计算机软件文档编制规范》（GB/T 8567—2006）中明确了软件项目文档的具体分类，提出文档从重要性和质量要求方面可以分为**非正式文档**和**正式文档**；从项目周期角度可以分为**开发文档**（可行性研究报告和项目任务书、需求规格说明、功能规格说明、设计规格说明等）、**产品文档**（培训手册、产品手册、用户手册等）、**管理文档**（变更记录、团队的职责定义、配置管理计划等）。

文档的规范化管理要点如下：

（1）文档书写规范。文本、图形和表格等包含符号使用、图表含义、注释使用等均应该遵循统一的书写规范。

（2）图表编号规则。有规则地对图表进行编号，方便查找。图表一般采用分类结构，具体如图 19-1-1 所示。

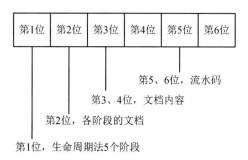

图 19-1-1　分类结构图表编号

（3）文档目录编写标准。文档编号一般采用分类结构，文档名称要书写完整、规范。文档目录中应包含文档编号、文档名称、份数、每份页数或件数、存档时间和地点、保管人等信息。

（4）文档管理制度。建立文档的相关规范、文档借阅记录的登记制度、文档使用权限控制规则等。

19.2 配置管理的相关术语

配置管理就是一套方法，用这套方法来对软件开发期间产生的资产（代码、文档、数据等）进行管理，包括管理它的**存储**、**变更**，将所有的变更记录下来，通过适当的机制来控制它的变更，使得这些更改合理、有序、完整、一致，并可以追溯历史。

1. 配置项

凡是纳入配置管理范畴的工作成果统称为配置项，包括软件、硬件和各种文档，如变更请求、服务、服务器、环境、设备、网络设施、台式机、移动设备、应用系统、协议、电信服务等。

所有配置项目的操作权限应该由CMO（配置管理员）严格统一管理；基线配置项向开发人员开放读取权限；非基线配置项向PM、CCB及相关人员开放。

每个配置项用一组特征信息（**名字**、**描述**、**一组资源**、**实现**）唯一地标识。配置项通常可以分为以下6种类型：

- **环境类**。软件开发、运行和维护的环境，如编译器、操作系统、编辑软件、管理系统、开发工具、测试工具、项目管理工具、文档编制工具等。
- **定义类**。需求分析与系统定义阶段结束后得到的工件，如需求规格说明书、项目开发计划、设计标准或设计准则、验收测试计划等。
- **设计类**。设计阶段得到的工件，如系统设计说明书、程序规格说明、数据库设计、编码标准、用户界面设计、测试标准、系统测试计划、用户手册。
- **编码类**。编码及单元测试结束后得到的工件，如源代码、目标码、单元测试用例、数据及测试结果。
- **测试类**。系统测试完成后的工作，系统测试用例、测试结果、操作手册、安装手册。
- **维护类**。维护阶段产品的工作，以上任何需要变更的软件配置项。

2. 配置项状态与配置项版本号

配置项状态有3种，对应的版本号格式也不同，具体见表19-2-1。

表19-2-1 版本管理配置项状态

状态	定义	版本号格式
草稿	配置项刚建的状态	0.YZ，YZ范围（01～99）
正式	配置项通过评审后的状态	X.Y，X为主版本号，范围1～9；Y为次版本号，范围1～9。第一次正式版本号为1.0
修改	"正式"需要更正，则状态为"修改"	格式为X.YZ，修改状态只增加Z值

配置项状态变化过程如图19-2-1所示。

3. 基线

基线是软件生存期各开发阶段末尾的特定点，也称为**里程碑**。在这些特定点上，阶段工作已经结束，并且已经形成了正式的阶段产品。

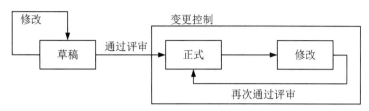

图 19-2-1 配置项状态变化过程

建立基线的概念是为了把各开发阶段的工作划分得更加明确，使得本来连续开展的开发工作在这些点上被分割开，从而更加有利于检验和肯定阶段工作的成果，同时有利于进行变更控制。有了基线的规定就可以禁止跨越里程碑去修改另一开发阶段的工作成果，并且认为建立了里程碑，有些完成的阶段成果就已被冻结。

基线可看作一个相对稳定的逻辑实体，其组成部分不能被任何人随意修改。常见的基线如图 19-2-2 所示。

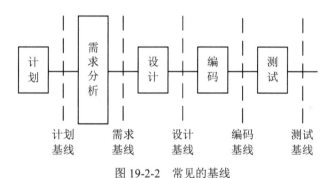

图 19-2-2 常见的基线

4. 配置状态报告

配置状态报告也称为**配置状态说明与报告**，它是配置管理的一个组成部分，其任务是有效地记录报告管理配置所需要的信息，目的是及时、准确地给出配置项的当前状况，供相关人员了解，以加强配置管理工作。

5. 配置审核

配置审核（又称配置审计）的任务便是验证配置项对配置标识的一致性。实施配置审计的目的：保证配置管理的有效性；防止向用户提交不适合的产品；发现不完善的情况，比如没有变更申请的变更；避免出现不相容或者不匹配的配置项；确认配置项已经过了质量控制审核，并纳入了基线；确保记录和文档的可追溯性。

6. 配置标志

配置标志确定配置项如何命名，用哪些信息来描述该配置项。

7. 变更控制委员会

变更控制委员会（Configuration Control Board，CCB）也可称为**配置控制委员会**，是配置项变更的监管组织。其任务是对建议的配置项变更做出评价、审批，以及监督已批准变更的实施。

CCB 的成员通常包括项目经理、用户代表、软件控制质量人员、配置控制人员。这个组织不必是常设机构，完全可以根据工作的需要组成。

配置管理相关的角色还包括配置管理负责人、配置管理员、配置项负责人等。

8. 配置管理系统

配置管理系统用于控制工作产品的配置管理和变更管理。该系统包括存储媒体、规程和访问配置系统的工具，用于记录和访问变更请求的工具。CMO 建立并维护用于控制工作产品的配置管理系统和变更管理系统。

常见的用于创建配置管理系统的软件有 VSS、CVS、SVN。

配置项是受配置管理控制和管理的基本单位。**配置标识**是软件生命周期中划分选择各类配置项、定义配置项的种类，为它们分配标识符的过程。配置项标识的重要内容就是对配置项进行标识和命名。**配置标识**是配置管理的基础性工作，是管理配置管理的前提。配置标志是确定哪些内容应该进入配置管理形成配置项、确定配置项如何命名、用哪些信息来描述该配置项。

建立配置管理系统的步骤如下：

（1）**版本管理**要解决的第一个问题是**版本标志**，也就是为区分不同的版本，要给它们科学地命名。

（2）**配置状态报告**也称为**配置状态说明与报告**，它是配置管理的一个组成部分，其任务是有效地记录报告管理配置所需要的信息，目的是及时、准确地给出配置项的当前状况，供相关人员了解，以加强配置管理工作。

（3）**配置审核**（又称配置审计）。配置审核的实施是为了确保软件配置管理的有效性，体现配置管理的最根本要求，不允许出现任何混乱现象。

19.3 配置库

配置库也称**配置项库**，是配置管理的有力工具。采用配置库实现软件配置管理，就可以把软件开发过程的各种工作产品（包括半成品、阶段产品和最终产品）放入配置库中进行管理。软件配置工具包含追踪工具、版本管理工具和发布工具。

在软件工程中主要有以下三类配置库：

（1）**开发库**（动态库）。存放开发过程中需要保留的各种信息，供开发人员个人专用。库中的信息可能有较为频繁的修改，只要开发库的使用者认为有必要，无须对其作任何限制（因为这通常不会影响到项目的其他部分）。

（2）**受控库**（主库）。在软件开发的某个阶段工作结束时，将工作产品存入或将有关的信息存入。存入的信息包括计算机可读的以及人工可读的文档资料。应该对库内信息的读写和修改加以控制。

（3）**产品库（静态库、发行库）**。在开发的软件产品完成系统测试之后，作为最终产品存入库内，等待交付用户或现场安装。库内的信息也应加以控制。

三种配置库的相互转化过程如图 19-3-1 所示。

软件产品升级过程中，配置库的转化过程如下：

（1）从产品库中取出基线，放入受控库。

（2）程序员从受控库中检出（Check out）代码，放入个人的开发库。此时，受控库的代码被"锁定"，其他程序员无法再检出代码。

（3）程序员修改好代码，检入（Check in）受控库。

（4）产品全部完成，形成新基线，标记新版本号后存入产品库，原有基线仍保存在产品库中。

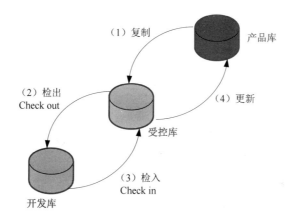

图 19-3-1　三种配置库的相互转化过程

一般情况下，开发中的配置项尚未稳定下来，对于其他配置项来说是处于不处理工作状态下，或称自由状态下，此时它并未受到配置管理的控制，开发人员的变更并未受到限制。但当开发人员认为工作已经完成，可供其他配置项使用时，它就开始趋于稳定；把它交给评审，就开始进入评审状态；若通过评审，可作为基线进入配置库（实施检入）开始冻结，此时开发人员不允许对其任意修改，因为它已处于受控状态。通过评审表明它确已达到质量要求；但若未能通过评审，则将其回归到工作状态，重新进行调整。可以通过图 19-3-2 看到上述配置项的状态变化过程。

处于受控状态下的配置项原则上不允许修改，但这不是绝对的，如果由于多种原因需要变更，就需要提出变更请求。在变更请求得到批准的情况下，允许配置项从库中检出，待变更完成并经评审后，确认变更无误方可重新入库，使其恢复到受控状态。

配置库的建库模式有两种：按配置项类型建库和按任务建库。

（1）按配置项类型建库：适用于通用软件开发。

（2）按任务建库：适用于专业软件开发。

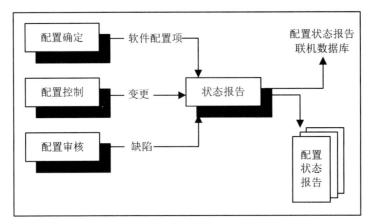

图 19-3-2　配置项的变化过程

1. 配置管理活动各类人员角色

配置管理各活动最合适的角色见表 19-3-1。

表 19-3-1　配置管理各活动最合适的角色

负责人	工作					
	编制配置管理计划	创建配置管理环境	审核变更计划	变更申请	变更实施	变更发布
CCB			√			
CMO	√	√		√		√
项目经理				√		
开发人员				√	√	

其中：

- CCB（变更控制委员会）：用于审批配置管理计划、配置管理变更。CCB 由项目经理、用户代表、控制质量人员、配置控制人员等组成，组成人员可以是一个人，也可以是兼职。
- CMO（配置管理员）：管理所有配置项的操作权限。管理原则：基线配置项向软件开发人员开放读取的权限；非基线配置项向项目经理（PM）、CCB 及相关人员开放；不删除草稿版本，避免无法回溯。

2. 配置库操作权限

配置库操作权限见表 19-3-2。

表 19-3-2　配置库操作权限

权限	人员				
	项目经理	项目成员	QA	测试人员	配置管理员
只读、检查	√	√	√	√	√
修改	×	×	×	×	√
追加、重命名、删除	×	×	×	×	√
彻底删除、回滚	×	×	×	×	√

19.4　配置管理活动

配置管理活动包含：制订配置管理计划、配置标识、配置控制、配置状态报告、配置审计、配置管理回顾与改进等。

1. 配置管理计划

全面有效的配置管理计划包括：建立配置管理环境、组织结构、成本、进度等。配置管理计划应详细描述：建立示例配置库、配置标识管理、配置库控制、配置的检查和评审、配置库的备份、配置管理计划附属文档等。

2. 配置标识

配置标识的工作内容有：

（1）识别需要受控配置项。

（2）配置项分配唯一标识。

（3）定义配置项特性、所有者及责任。

（4）各成员根据自己的权限操作配置库。

（5）确定配置项进入配置管理的时间和条件。

（6）构建控制基线，并得到 CCB 授权。

（7）维护文档修订与产品版本之间的关系。

3. 配置控制

配置控制即配置项和基线的变更控制，包含如下工作：

（1）变更申请。

（2）变更评估。

（3）通告评估结果。

（4）变更实施。

（5）变更的验证与确认。

（6）变更的发布。

（7）基于配置库的变更控制。

4. 配置状态报告

配置状态报告（配置状态统计）根据配置项操作的记录，报告项目进展。

5. 配置审核

配置审核（又称配置审计）的定义在前文中已有描述。配置审核可以分为**功能配置审核（功能配置审计）**和**物理配置审核（物理配置审计）**。

功能配置审计验证配置项的一致性，判断配置项的实际功效是否与需求一致。功能配置审核的内容包括：

（1）配置项的开发是否已圆满完成。

（2）配置项是否已达到规定的性能和功能特定特性。

（3）配置项的运行和支持文档是否已完成、是否符合要求。

物理配置审计验证审计配置项的完整性，判断配置项的物理存在是否与预期一致。物理配置审核的内容包括：

（1）要交付的配置项是否存在。

（2）配置项中是否包含了所有必需的项目。

6. 配置管理回顾与改进

配置管理回顾与改进是定期回顾配置管理活动的进展情况、发现问题并及时改进与优化。

19.5 版本发布和回退

项目变更后需要进行版本发布并制订应急回退方案。发布准备工作的流程如图 19-5-1 所示。

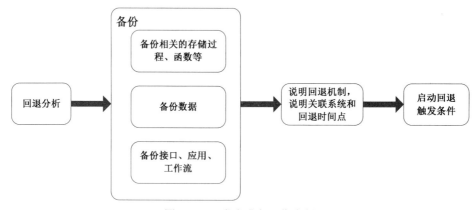

图 19-5-1 发布准备工作流程

为了保证版本成功发布，需要进行对应的风险评估，并严格检查评审版本发布的过程检查单（Checklist）。当版本发布失败时，应启动回退策略。回退过程如图 19-5-2 所示。

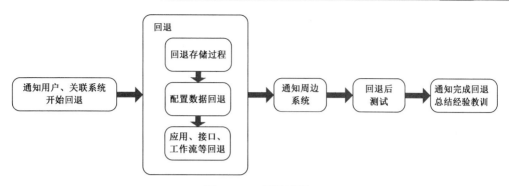

图 19-5-2　回退过程

19.6　课堂巩固练习

1．信息系统项目完成后，最终产品或项目成果应置于___（1）___内，当需要在此基础上进行后续开发时，应将其转移到___（2）___后进行。

（1）（2）A．开发库　　　B．服务器　　　　C．受控库　　　D．产品库

【攻克要塞软考研究团队讲评】配置库有三类：开发库、受控库、产品库。信息系统项目完成后，最终产品或项目成果置于产品库内，当需要在此基础上进行后续开发时，应将其转移到受控库后进行。

参考答案：（1）D　（2）C

2．在需求变更管理中，CCB 的职责是___（3）___。

（3）A．决定采纳或拒绝针对项目需求的变更请求　　B．负责实现需求变更
　　　C．分析变更请求所带来的影响　　　　　　　　D．判定变更是否正确地实现

【攻克要塞软考研究团队讲评】CCB 是配置项变更的监管组织。其任务是对建议的配置项变更作出评价、审批，以及监督已批准变更的实施。但 CCB 并不去实施变更。而要从 A、C、D 选项中选出最为恰当的，相比之下，A 选项更为恰当一些。

参考答案：（3）A

3．项目配置管理的主要任务不包括___（4）___。

（4）A．版本管理　　　B．发行管理　　　C．检测配置　　　D．变更控制

【攻克要塞软考研究团队讲评】检测配置属于开发中的测试工作，不属于配置管理范畴。但配置管理可以通过测试结果来判断配置项是否合格。

参考答案：（4）C

4．配置管理系统通常由___（5）___组成。

（5）A．动态库、静态库和产品库　　　　　　B．开发库、备份库和产品库
　　　C．动态库、主库和产品库　　　　　　　D．主库、受控库和产品库

【攻克要塞软考研究团队讲评】配置管理系统的通常组成如下：

1）动态库（或者称为开发库）：包含正在创建或修改的配置元素。它们是开发者的工作空间，

受开发者控制。动态库中的配置项处于版本控制之下。

2）主库（或者称为受控库）：包含基线和对基线的更改。主库中的配置项被置于完全的配置管理之下。

3）静态库（或称为备份库、产品库）：包含备用的各种基线的档案。静态库被置于完全的配置管理之下。

参考答案：（5）C

5．在配置管理的主要工作中，不包括下列中的＿＿（6）＿＿。

（6）A．标识配置项　　　　　　　　B．控制配置项的变更
　　　C．对工作结束的审核　　　　　D．缺陷分析

【攻克要塞软考研究团队讲评】缺陷分析是指当发现产品或生产过程中存在缺陷后对其进行原因分析，一般认为属于质量管理范畴。

参考答案：（6）D

6．下列中的＿＿（7）＿＿是不包含在项目配置管理系统的基本结构中的。

（7）A．开发库　　　　B．知识库　　　　C．受控库　　　　D．产品库

【攻克要塞软考研究团队讲评】配置分为三类，明显选项 B 不在其中。

参考答案：（7）B

第20学时　知识产权、法律法规、标准和规范

知识产权、法律法规、标准和规范涉及的内容特别多，如著作权法、计算机软件保护条例（软件著作权）、商标法、专利法、民法典、招投标法、政府采购法等，不过在本学时的学习过程中稍有侧重点，也需要一些平时的积累。从考点分布的角度来看，常从保护期限、知识产权人确定、侵权判断、适用环境这些方面来设计考题。本学时要学习的主要知识点如图20-0-1所示。

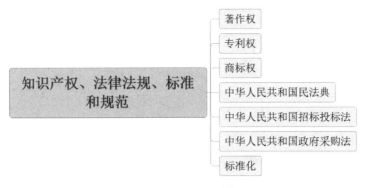

图20-0-1　知识图谱

20.1 著作权

著作权法学习卡片如图 20-1-1 所示。

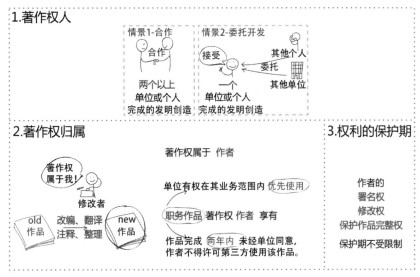

图 20-1-1 学习卡

著作权法及实施条例的客体是指受保护的作品。这里的作品是指文学、艺术和自然科学、社会科学、工程技术领域内具有独创性并能以某种有形形式复制的智力成果，包括以下类型：

（1）文字作品：包括小说、诗词、散文、论文等以文字形式表现的作品。

（2）口述作品：指即兴的演说、授课、法庭辩论等以口头语言形式表现的作品。

（3）音乐、戏剧、曲艺、舞蹈、杂技作品。

（4）美术、建筑作品。

（5）摄影作品。

（6）电影作品和以类似摄制电影的方法创作的作品。

（7）工程设计图、产品设计图、地图、示意图等图形作品和模型作品。

（8）计算机软件。

（9）法律、行政法规规定的其他作品。

公民为完成法人或者其他组织工作任务所创作的作品是**职务作品**。著作权由作者享有，但法人或者其他组织有权在其业务范围内优先使用。作品完成两年内，未经单位同意，作者不得许可第三人以与单位相同方式使用该作品。有下列情形之一的职务作品，作者享有署名权，著作权的其他权利由法人或者其他组织享有，法人或者其他组织可以给予作者奖励：（一）主要是利用法人或者其他组织的物质技术条件创作，并由法人或者其他组织承担责任的工程设计图、产品设计图、地图、计算机软件等职务作品；（二）法律、行政法规规定或者合同约定著作权由法人或者其他组织享有的职务作品。

著作权法及实施条例的主体是指著作权关系人，通常包括著作权人和受让者两种。

（1）**著作权人**，又称为**原始著作权人**，是根据创作的事实进行确定的创作、开发者。

（2）**受让者**，又称为**后继著作权人**，是指没有参与创作，通过著作权转移活动成为享有著作权的人。

著作权法在认定著作权人时是根据创作的事实进行的，而创作就是指直接产生文学、艺术和科学作品的智力活动。而为他人创作进行组织、提供咨询意见、物质条件或者进行其他辅助工作，不属于创作的范围，不被确认为著作权人。

如果在创作的过程中有多人参与，那么该作品的著作权将由合作的作者共同享有。合作的作品是可以分割使用的，作者对各自创作的部分可以单独享有著作权，但不能够在侵犯合作作品整体的著作权的情况下行使。

如果遇到作者不明的情况，那么作品原件的所有人可以行使除署名权以外的著作权，直到作者身份明确。

另外，值得注意的是，如果作品是委托创作的话，著作权的归属应通过委托人和受托人之间的合同来确定。如果没有明确的约定，或者没有签订相关合同，则著作权仍属于受托人。

根据著作权法及实施条例规定，著作权人对作品享有的权利有：

（1）**发表权**：决定作品是否公之于众的权利。

（2）**署名权**：表明作者身份，在作品上署名的权利。

（3）**修改权**：修改或者授权他人修改作品的权利。

（4）**保护作品完整权**：保护作品不受歪曲、篡改的权利。

（5）**复制权、发行权、出租权、展览权 、表演权、放映权、广播权、信息网络传播权、摄制权、改编权、翻译权、汇编权、应当由著作权人享有的其他权利**。

根据著作权法相关规定，著作权的保护是有一定期限的。

（1）**著作权属于公民。署名权、修改权、保护作品完整权的保护期没有任何限制，永远属于保护范围。而发表权、使用权和获得报酬权的保护期为作者终生及其死亡后的 50 年（第 50 年的 12 月 31 日）。作者死亡后，著作权依照继承法进行转移**。

（2）**著作权属于单位。发表权、使用权和获得报酬权的保护期为 50 年（首次发表后的第 50 年的 12 月 31 日），50 年内未发表的，不予保护**。但单位变更、终止后，其著作权由承受其权利义务的单位享有。

（3）著作权人向报社、期刊社投稿的，自稿件发出之日起十五日内未收到报社通知决定刊登的，或者自稿件发出之日起三十日内未收到期刊社通知决定刊登的，可以将同一作品向其他报社、期刊社投稿。

20.2 专利权

专利权的主体即专利权人，是指有权提出专利申请并取得专利权的人，包括以下几种人：

（1）**发明人或设计人**。他们是直接参加发明创造活动的人。应当是自然人；不能是单位或者集体等。如果是数人共同做出的，应当将所有人的名字都写上。在完成发明创造的过程中，只负责组织工作的人、为物质技术条件的利用提供方便的人或者从事其他辅助工作的人，不应当被认为是发明人或者设计人。发明人可以就非职务发明创造申请专利，申请被批准后该发明人为专利权人。

（2）**发明人的单位**。职务发明创造申请专利的权利属于单位，申请被批准后该单位为专利权人。

（3）**合法受让人**。合法受让人指依转让、继承方式取得专利权的人，包括合作开发中的合作方、委托开发中的委托方等。

（4）**外国人**。具备以下四个条件中任何一项的外国人，便可在我国申请专利。第一，其所属国为《巴黎公约》成员国；第二，其所属国与我国有专利保护的双边协议；第三，其所属国对我国国民的专利申请予以保护；第四，该外国人在中国有经常居所或者营业场所。

专利权人拥有如下权利：

（1）**独占实施权**。发明或实用新型专利权被授予后，任何单位或个人未经专利权人许可，都不得实施其专利。

（2）**转让权**。转让是指专利权人将其专利权转移给他人所有。专利权转让的方式有出卖、赠与、投资入股等。

（3）**实施许可权**。实施许可是指专利权人许可他人实施专利并收取专利使用费。

（4）**专利权人的义务**。专利权人的主要义务是缴纳专利年费。

（5）专利权的期限。**发明专利权的期限为 20 年，实用新型专利权的期限为 10 年，外观设计专利权的期限为 15 年**，均自申请日起计算。此处的申请日，是指向国务院专利行政主管部门提出专利申请之日。

20.3 商标权

商标是指能够将不同经营者所提供的商品或者服务区别开来，并可为视觉所感知的标记。商标权的内容有**使用权、禁止权、许可权和转让权**。

注册商标的有效期为 10 年，但商标所有人需要继续使用该商标并维持专用权的，可以通过续展注册延长商标权的保护期限。续展注册应当在有效期满前 6 个月内办理；在此期间未提出申请的，有 6 个月的宽展期。宽展期仍未提出申请的，注销其注册商标。每次续展注册的有效期为 10 年，自该商标上一届有效期满次日起计算。续展注册没有次数的限制。

20.4 中华人民共和国民法典

《中华人民共和国民法典》于 2020 年 5 月 28 日正式通过，并于 2021 年 1 月 1 日正式施行。

婚姻法、继承法、民法通则、收养法、担保法、合同法、物权法、侵权责任法、民法总则同时废止。

《中华人民共和国民法典》相关的重要考点主要在合同篇，具体如下。

1. 合同的定义

第四百六十四条 合同是民事主体之间设立、变更、终止民事法律关系的协议。婚姻、收养、监护等有关身份关系的协议，适用有关该身份关系的法律规定；没有规定的，可以根据其性质参照适用本编规定。

2. 合同的订立

第四百六十九条 当事人订立合同，可以采用书面形式、口头形式或者其他形式。

书面形式是合同书、信件、电报、电传、传真等可以有形地表现所载内容的形式。

以电子数据交换、电子邮件等方式能够有形地表现所载内容，并可以随时调取查用的数据电文，视为书面形式。

第四百七十条 合同的内容由当事人约定，一般包括下列条款：

（一）当事人的姓名或者名称和住所；

（二）标的；

（三）数量；

（四）质量；

（五）价款或者报酬；

（六）履行期限、地点和方式；

（七）违约责任；

（八）解决争议的方法。

当事人可以参照各类合同的示范文本订立合同。

第四百七十一条 当事人订立合同，可以采取要约、承诺方式或者其他方式。

第四百七十二条 要约是希望与他人订立合同的意思表示，该意思表示应当符合下列条件：

（一）内容具体确定；

（二）表明经受要约人承诺，要约人即受该意思表示约束。

第四百七十三条 要约邀请是希望他人向自己发出要约的表示。拍卖公告、招标公告、招股说明书、债券募集办法、基金招募说明书、商业广告和宣传、寄送的价目表等为要约邀请。

商业广告和宣传的内容符合要约条件的，构成要约。

第四百七十九条 承诺是受要约人同意要约的意思表示。

第四百八十三条 承诺生效时合同成立，但是法律另有规定或者当事人另有约定的除外。

3. 合同的效力

第五百零二条 依法成立的合同，自成立时生效，但是法律另有规定或者当事人另有约定的除外。

4. 合同的履行

第五百一十条 合同生效后，当事人就质量、价款或者报酬、履行地点等内容没有约定或者约定不明确的，可以协议补充；不能达成补充协议的，按照合同相关条款或者交易习惯确定。

第五百一十一条 当事人就有关合同内容约定不明确，依据前条规定仍不能确定的，适用下列规定：

（一）质量要求不明确的，按照强制性国家标准履行；没有强制性国家标准的，按照推荐性国家标准履行；没有推荐性国家标准的，按照行业标准履行；没有国家标准、行业标准的，按照通常标准或者符合合同目的的特定标准履行。

（二）价款或者报酬不明确的，按照订立合同时履行地的市场价格履行；依法应当执行政府定价或者政府指导价的，依照规定履行。

（三）履行地点不明确，给付货币的，在接受货币一方所在地履行；交付不动产的，在不动产所在地履行；其他标的，在履行义务一方所在地履行。

（四）履行期限不明确的，债务人可以随时履行，债权人也可以随时请求履行，但是应当给对方必要的准备时间。

（五）履行方式不明确的，按照有利于实现合同目的的方式履行。

（六）履行费用的负担不明确的，由履行义务一方负担；因债权人原因增加的履行费用，由债权人负担。

第五百一十二条 通过互联网等信息网络订立的电子合同的标的为交付商品并采用快递物流方式交付的，收货人的签收时间为交付时间。电子合同的标的为提供服务的，生成的电子凭证或者实物凭证中载明的时间为提供服务时间；前述凭证没有载明时间或者载明时间与实际提供服务时间不一致的，以实际提供服务的时间为准。

电子合同的标的物为采用在线传输方式交付的，合同标的物进入对方当事人指定的特定系统且能够检索识别的时间为交付时间。

电子合同当事人对交付商品或者提供服务的方式、时间另有约定的，按照其约定。

第五百一十三条 执行政府定价或者政府指导价的，在合同约定的交付期限内政府价格调整时，按照交付时的价格计价。逾期交付标的物的，遇价格上涨时，按照原价格执行；价格下降时，按照新价格执行。逾期提取标的物或者逾期付款的，遇价格上涨时，按照新价格执行；价格下降时，按照原价格执行。

第五百二十七条 应当先履行债务的当事人，有确切证据证明对方有下列情形之一的，可以中止履行：

（一）经营状况严重恶化；

（二）转移财产、抽逃资金，以逃避债务；

（三）丧失商业信誉；

（四）有丧失或者可能丧失履行债务能力的其他情形。

当事人没有确切证据中止履行的，应当承担违约责任。

5. 违约责任

第五百七十七条 当事人一方不履行合同义务或者履行合同义务不符合约定的,应当承担继续履行、采取补救措施或者赔偿损失等违约责任。

6. 其他考点

第五百九十五条 买卖合同是出卖人转移标的物的所有权于买受人,买受人支付价款的合同。

第六百四十八条 供用电合同是供电人向用电人供电,用电人支付电费的合同。

第六百五十七条 赠与合同是赠与人将自己的财产无偿给予受赠人,受赠人表示接受赠与的合同。

第六百六十七条 借款合同是借款人向贷款人借款,到期返还借款并支付利息的合同。

第六百八十一条 保证合同是为保障债权的实现,保证人和债权人约定,当债务人不履行到期债务或者发生当事人约定的情形时,保证人履行债务或者承担责任的合同。

第七百零三条 租赁合同是出租人将租赁物交付承租人使用、收益,承租人支付租金的合同。

第七百三十五条 融资租赁合同是出租人根据承租人对出卖人、租赁物的选择,向出卖人购买租赁物,提供给承租人使用,承租人支付租金的合同。

第七百七十条 承揽合同是承揽人按照定做人的要求完成工作,交付工作成果,定作人支付报酬的合同。

第八百四十三条 技术合同是当事人就技术开发、转让、许可、咨询或者服务订立的确立相互之间权利和义务的合同。

第八百四十五条 技术合同的内容一般包括项目的名称,标的的内容、范围和要求,履行的计划、地点和方式,技术信息和资料的保密,技术成果的归属和收益的分配办法,验收标准和方法,名词和术语的解释等条款。

与履行合同有关的技术背景资料、可行性论证和技术评价报告、项目任务书和计划书、技术标准、技术规范、原始设计和工艺文件,以及其他技术文档,按照当事人的约定可以作为合同的组成部分。

技术合同涉及专利的,应当注明发明创造的名称、专利申请人和专利权人、申请日期、申请号、专利号以及专利权的有效期限。

第八百七十八条 技术咨询合同是当事人一方以技术知识为对方就特定技术项目提供可行性论证、技术预测、专题技术调查、分析评价报告等所订立的合同。

第九百六十七条 合伙合同是两个以上合伙人为了共同的事业目的,订立的共享利益、共担风险的协议。

20.5 中华人民共和国招标投标法

《中华人民共和国招标投标法》是为了规范招标投标活动,保护国家利益、社会公共利益和招标投标活动当事人的合法权益,提高经济效益,保证项目质量而制定的法律。招标投标法学习卡片如图 20-5-1 所示。

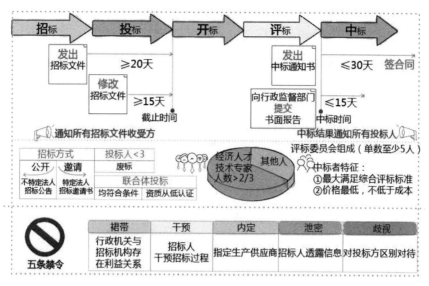

图 20-5-1 招标投标法学习卡片

该法律重要条款如下：

第三条 在中华人民共和国境内进行下列工程建设项目包括项目的勘察、设计、施工、监理以及与工程建设有关的重要设备、材料等的采购，必须进行招标：

（一）大型基础设施、公用事业等关系社会公共利益、公众安全的项目；

（二）全部或者部分使用国有资金投资或者国家融资的项目；

（三）使用国际组织或者外国政府贷款、援助资金的项目。

前款所列项目的具体范围和规模标准，由国务院发展计划部门会同国务院有关部门制订，报国务院批准。

法律或者国务院对必须进行招标的其他项目的范围有规定的，依照其规定。

1. 招标

第八条 招标人是依照本法规定提出招标项目、进行招标的法人或者其他组织。

第十条 招标分为公开招标和邀请招标。公开招标，是指招标人以招标公告的方式邀请不特定的法人或者其他组织投标。邀请招标，是指招标人以投标邀请书的方式邀请特定的法人或者其他组织投标。

第十一条 国务院发展计划部门确定的国家重点项目和省、自治区、直辖市人民政府确定的地方重点项目不适宜公开招标的，经国务院发展计划部门或者省、自治区、直辖市人民政府批准，可以进行邀请招标。

第十二条 招标人有权自行选择招标代理机构，委托其办理招标事宜。任何单位和个人不得以任何方式为招标人指定招标代理机构。

招标人具有编制招标文件和组织评标能力的，可以自行办理招标事宜。任何单位和个人不得强制其委托招标代理机构办理招标事宜。

依法必须进行招标的项目，招标人自行办理招标事宜的，应当向有关行政监督部门备案。

第十三条 招标代理机构是依法设立、从事招标代理业务并提供相关服务的社会中介组织。招标代理机构应当具备下列条件：

（一）有从事招标代理业务的营业场所和相应资金；

（二）有能够编制招标文件和组织评标的相应专业力量。

第十五条 招标代理机构应当在招标人委托的范围内办理招标事宜，并遵守本法关于招标人的规定。

第十六条 招标人采用公开招标方式的，应当发布招标公告。依法必须进行招标的项目的招标公告，应当通过国家指定的报刊、信息网络或者其他媒介发布。

招标公告应当载明招标人的名称和地址、招标项目的性质、数量、实施地点和时间以及获取招标文件的办法等事项。

第十七条 招标人采用邀请招标方式的，应当向三个以上具备承担招标项目的能力、资信良好的特定的法人或者其他组织发出投标邀请书。

投标邀请书应当载明本法第十六条第二款规定的事项。

第十八条 招标人可以根据招标项目本身的要求，在招标公告或者投标邀请书中，要求潜在投标人提供有关资质证明文件和业绩情况，并对潜在投标人进行资格审查；国家对投标人的资格条件有规定的，依照其规定。

招标人不得以不合理的条件限制或者排斥潜在投标人，不得对潜在投标人实行歧视待遇。

第二十三条 招标人对已发出的招标文件进行必要的澄清或者修改的，应当在招标文件要求提交投标文件截止时间至少十五日前，以书面形式通知所有招标文件收受人。该澄清或者修改的内容为招标文件的组成部分。

第二十四条 招标人应当确定投标人编制投标文件所需要的合理时间；但是，依法必须进行招标的项目，自招标文件开始发出之日起至投标人提交投标文件截止之日止，**最短不得少于二十日**。

2. 投标

第二十五条 投标人是响应招标、参加投标竞争的法人或者其他组织。

依法招标的科研项目允许个人参加投标的，投标的个人适用本法有关投标人的规定。

第二十六条 投标人应当具备承担招标项目的能力；国家有关规定对投标人资格条件或者招标文件对投标人资格条件有规定的，投标人应当具备规定的资格条件。

第二十八条 投标人应当在招标文件要求提交投标文件的截止时间前，将投标文件送达投标地点。招标人收到投标文件后，应当签收保存，不得开启。投标人少于三个的，招标人应当依照本法重新招标。

在招标文件要求提交投标文件的**截止时间后送达的投标文件，招标人应当拒收**。

第三十一条 两个以上法人或者其他组织可以组成一个联合体，以一个投标人的身份共同投标。

联合体各方均应当具备承担招标项目的相应能力；国家有关规定或者招标文件对投标人资格条件有规定的，联合体各方均应当具备规定的相应资格条件。由同一专业的单位组成的联合体，**按照资质等级较低的单位确定资质等级**。

联合体各方应当签订共同投标协议，明确约定各方拟承担的工作和责任，并将共同投标协议连同投标文件一并提交招标人。联合体中标的，联合体各方应当共同与招标人签订合同，就中标项目向招标人承担连带责任。

招标人不得强制投标人组成联合体共同投标，不得限制投标人之间的竞争。

第三十三条 投标人不得以低于成本的报价竞标，也不得以他人名义投标或者以其他方式弄虚作假，骗取中标。

3. 开标

第三十四条 开标应当在招标文件确定的提交投标文件**截止时间的同一时间公开进行**；开标地点应当为招标文件中预先确定的地点。

第三十五条 开标由招标人主持，邀请所有投标人参加。

第三十六条 开标时，由投标人或者其推选的代表检查投标文件的密封情况，也可以由招标人委托的公证机构检查并公证；经确认无误后，由工作人员当众拆封，宣读投标人名称、投标价格和投标文件的其他主要内容。

4. 评标

第三十七条 评标由招标人依法组建的评标委员会负责。

依法必须进行招标的项目，其评标委员会由招标人的代表和有关技术、经济等方面的专家组成，成员人数为**五人以上单数**，其中**技术、经济等方面的专家不得少于成员总数的三分之二**。

前款专家应当从事相关领域工作满八年并具有高级职称或者具有同等专业水平，由招标人从国务院有关部门或者省、自治区、直辖市人民政府有关部门提供的专家名册或者招标代理机构的专家库内的相关专业的专家名单中确定；一般招标项目可以采取随机抽取方式，特殊招标项目可以由招标人直接确定。

与投标人有利害关系的人不得进入相关项目的评标委员会；已经进入的应当更换。评标委员会成员的名单在中标结果确定前应当保密。

第三十九条 评标委员会可以要求投标人对投标文件中含义不明确的内容作必要的澄清或者说明，但是澄清或者说明不得超出投标文件的范围或者改变投标文件的实质性内容。

5. 中标

第四十一条 中标人的投标应当符合下列条件之一：

（一）能够最大限度地满足招标文件中规定的各项综合评价标准；

（二）能够满足招标文件的实质性要求，并且经评审的投标价格最低；但是投标价格低于成本的除外。

第四十二条 评标委员会经评审，认为所有投标都不符合招标文件要求的，可以否决所有投标。

依法必须进行招标的项目的所有投标被否决的，招标人应当依照本法重新招标。

第四十五条 中标人确定后，招标人应当向中标人发出中标通知书，并同时将中标结果通知所有未中标的投标人。

中标通知书对招标人和中标人具有法律效力。中标通知书发出后，招标人改变中标结果的，或者中标人放弃中标项目的，应当依法承担法律责任。

第四十六条 招标人和中标人应当自中标通知书发出之日起三十日内，按照招标文件和中标人的投标文件订立书面合同。招标人和中标人不得再行订立背离合同实质性内容的其他协议。

招标文件要求中标人提交履约保证金的，中标人应当提交。

第四十七条 依法必须进行招标的项目，招标人应当自确定中标人之日起**十五日内**，向有关行政监督部门提交招标投标情况的书面报告。

第四十八条 中标人应当按照合同约定履行义务，完成中标项目。中标人不得向他人转让中标项目，也不得将中标项目肢解后分别向他人转让。

中标人按照合同约定或者经招标人同意，**可以将中标项目的部分非主体、非关键性工作分包给他人完成**。接受分包的人应当具备相应的资格条件，并**不得再次分包**。

中标人应当就分包项目向招标人负责，接受分包的人就分包项目**承担连带责任**。

6．《中华人民共和国招标投标法实施条例》

第一条 为了规范招标投标活动，根据《中华人民共和国招标投标法》（以下简称招标投标法），制定本条例。

第三十九条 禁止投标人相互串通投标。

有下列情形之一的，属于投标人相互串通投标：

（一）投标人之间协商投标报价等投标文件的实质性内容；

（二）投标人之间约定中标人；

（三）投标人之间约定部分投标人放弃投标或者中标；

（四）属于同一集团、协会、商会等组织成员的投标人按照该组织要求协同投标；

（五）投标人之间为谋取中标或者排斥特定投标人而采取的其他联合行动。

第四十条 有下列情形之一的，视为投标人相互串通投标：

（一）不同投标人的投标文件由同一单位或者个人编制；

（二）不同投标人委托同一单位或者个人办理投标事宜；

（三）不同投标人的投标文件载明的项目管理成员为同一人；

（四）不同投标人的投标文件异常一致或者投标报价呈规律性差异；

（五）不同投标人的投标文件相互混装；

（六）不同投标人的投标保证金从同一单位或者个人的账户转出。

第四十一条 禁止招标人与投标人串通投标。

有下列情形之一的，属于招标人与投标人串通投标：

（一）招标人在开标前开启投标文件并将有关信息泄露给其他投标人；

（二）招标人直接或者间接向投标人泄露标底、评标委员会成员等信息；

（三）招标人明示或者暗示投标人压低或者抬高投标报价；

（四）招标人授意投标人撤换、修改投标文件；

（五）招标人明示或者暗示投标人为特定投标人中标提供方便；

（六）招标人与投标人为谋求特定投标人中标而采取的其他串通行为。

第五十一条 有下列情形之一的，评标委员会应当否决其投标：

（一）投标文件未经投标单位盖章和单位负责人签字；

（二）投标联合体没有提交共同投标协议；

（三）投标人不符合国家或者招标文件规定的资格条件；

（四）同一投标人提交两个以上不同的投标文件或者投标报价，但招标文件要求提交备选投标的除外；

（五）投标报价低于成本或者高于招标文件设定的最高投标限价；

（六）投标文件没有对招标文件的实质性要求和条件做出响应；

（七）投标人有串通投标、弄虚作假、行贿等违法行为。

7. 招标评分标准

制定招标评分标准遵循的准则有：

- 依据客观事实：标准尽可能客观。不用"好、一般、较少"等无法量化概念。
- 得分应可明显区分高低。如招标人业绩应该在 100 万到 1000 万间，则不能出现超过 150 万得 5 分标准，因为这样可能导致大部分招标者均满分。
- 严控自由裁量权：控制评委酌情打分，尽可能控制评委自由裁量权，量化评分。如技术方案、现场答辩等确实无法描述的评分因素，则应设定因素的最低得分值，且最低得分不少于满分值的 50%。
- 评分标准应便于评审。不能太烦琐，分档不要太多。
- 细则横向比较：确保各因素的单位分值大体相当。

20.6 中华人民共和国政府采购法

《中华人民共和国政府采购法》是为了规范政府采购行为，提高政府采购资金的使用效益，维护国家利益和社会公共利益，保护政府采购当事人的合法权益，促进廉政建设，而制定的法律。学习卡片如图 20-6-1 所示。

1. 政府采购当事人

第二十四条 两个以上的自然人、法人或者其他组织可以组成一个联合体，以一个供应商的身份共同参加政府采购。

以联合体形式进行政府采购的，参加联合体的供应商均应当具备本法第二十二条规定的条件，并应当向采购人提交联合协议,载明联合体各方承担的工作和义务。联合体各方应当共同与采购人签订采购合同,就采购合同约定的事项对采购人承担连带责任。

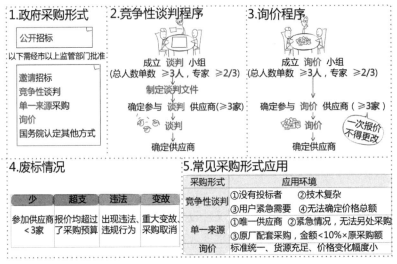

图 20-6-1　《中华人民共和国政府采购法》学习卡片

2. 政府采购形式

第二十六条　政府采购采用以下方式:

(一)公开招标;

(二)邀请招标;

(三)竞争性谈判;

(四)单一来源采购;

(五)询价;

(六)国务院政府采购监督管理部门认定的其他采购方式。

各类采购方式的特点见表 20-6-1。

表 20-6-1　各类采购方式的特点

采购方式	特点
公开招标	政府采购的主要采购方式
邀请招标	1. 特殊性,只能从特殊供应商处采购 2. 公开招标费用占总采购费用的比例过大
竞争性谈判	1. 没有投标者、没有合格标的、重新招标未成立 2. 技术复杂,不能确定详细规格 3. 时间紧急 4. 无法事先计算总价

采购方式	特点
单一来源采购	1. 只能从唯一供应商处采购 2. 发生了不可预见的紧急情况，不能从其他供应商处采购 3. 必须保证原有采购项目一致性或者服务配套的要求，需要继续从原供应商处添购，且添购资金总额不超过原合同采购金额百分之十的
询价	采购的货物规格、标准统一、现货货源充足且价格变化幅度小

3. 政府采购程序

第三十四条 货物或者服务项目采取邀请招标方式采购的，采购人应当从符合相应资格条件的供应商中，通过随机方式选择三家以上的供应商，并向其发出投标邀请书。

第三十五条 货物和服务项目实行招标方式采购的，自招标文件开始发出之日起至投标人提交投标文件截止之日止，不得少于二十日。

第三十六条 在招标采购中，出现下列情形之一的，应予废标：

（一）符合专业条件的供应商或者对招标文件作实质响应的供应商不足三家的；

（二）出现影响采购公正的违法、违规行为的；

（三）投标人的报价均超过了采购预算，采购人不能支付的；

（四）因重大变故，采购任务取消的。

废标后，采购人应当将废标理由通知所有投标人。

第三十七条 废标后，除采购任务取消情形外，应当重新组织招标；需要采取其他方式采购的，应当在采购活动开始前获得设区的市、自治州以上人民政府采购监督管理部门或者政府有关部门批准。

第三十八条 采用竞争性谈判方式采购的，应当遵循下列程序：

（一）成立谈判小组。谈判小组由采购人的代表和有关专家共**三人以上的单数**组成，其中专家的人数**不得少于成员总数的三分之二**。

（二）制定谈判文件。谈判文件应当明确谈判程序、谈判内容、合同草案的条款以及评定成交的标准等事项。

（三）确定邀请参加谈判的供应商名单。谈判小组从符合相应资格条件的供应商名单中确定不少于三家的供应商参加谈判，并向其提供谈判文件。

（四）谈判。谈判小组所有成员集中与单一供应商分别进行谈判。在谈判中，谈判的任何一方不得透露与谈判有关的其他供应商的技术资料、价格和其他信息。谈判文件有实质性变动的，谈判小组应当以书面形式通知所有参加谈判的供应商。

（五）确定成交供应商。谈判结束后，谈判小组应当要求所有参加谈判的供应商在规定时间内进行最后报价，采购人从谈判小组提出的成交候选人中，根据符合采购需求、质量和服务相等且报价最低的原则确定成交供应商，并将结果通知所有参加谈判的未成交的供应商。

采用竞争性谈判方式的流程如图 20-6-2 所示。

第四十条　采取询价方式采购的，应当遵循下列程序：

（一）成立询价小组。询价小组由采购人的代表和有关专家共三人以上的单数组成，其中专家的人数不得少于成员总数的三分之二。询价小组应当对采购项目的价格构成和评定成交的标准等事项作出规定。

（二）确定被询价的供应商名单。询价小组根据采购需求，从符合相应资格条件的供应商名单中确定不少于三家的供应商，并向其发出询价通知书让其报价。

（三）询价。询价小组要求被询价的供应商一次报出不得更改的价格。

（四）确定成交供应商。采购人根据符合采购需求、质量和服务相等且报价最低的原则确定成交供应商，并将结果通知所有被询价的未成交的供应商。

采用询价方式流程如图 20-6-3 所示。

图 20-6-2　采用竞争性谈判方式的流程　　　图 20-6-3　采用询价方式流程

4．监督检查

第六十条　政府采购监督管理部门不得设置集中采购机构，不得参与政府采购项目的采购活动。

采购代理机构与行政机关不得存在隶属关系或者其他利益关系。

20.7　标准化

按照国务院授权，在国家质量监督检验检疫总局管理下，国家标准化管理委员会统一管理全国标准化工作。全国信息技术标准化技术委员会在国家标管委领导下，负责信息技术领域国家标准的规划和制订工作。

标准的代号和名称：

（1）我国国家标准代号：强制性标准代号为 GB、推荐性标准代号为 GB/T、指导性标准代号为 GB/Z、实物标准代号 GSB。国家标准有效期为 5 年。

（2）行业标准代号：由汉语拼音大写字母组成（如电力行业为 DL）。

（3）地方标准代号：由 DB 加上省级行政区划代码的前两位。

（4）企业标准代号：由 Q 加上企业代号组成。

我国标准与国际标准的对应关系有以下几种：

（1）等同采用：技术内容相同，编写方法完全对应，没有或仅有编辑性修改。

（2）修改采用：与国际标准之间存在技术性差异，并清楚标明差异并解释原因，可以包含编辑性修改。

（3）等效采用：技术内容相同，技术有少许差异。

（4）非等效采用（not equivalent，NEQ）等。指与相应国际标准在技术内容和文本结构上不同，它们之间的差异没有被清楚地标明，非等效不属于采用国际标准。

标准有效期（标龄）是指标准实施之日起，至标准复审重新确认、修订或废止的时间。ISO 标准 5 年内复审一次。我国国家标准 5 年内复审一次；我国行业标准、地方标准复审周期一般不超过 5 年。企业标准复审周期一般不超过 3 年。

20.8　课堂巩固练习

1．著作权人对作品享有五种权利，以下 ___（1）___ 不是这五种权利中的。

（1）A．发表权　　　　B．署名权　　　　C．独占实施权　　D．修改权

【攻克要塞软考研究团队讲评】著作权人对作品享有的五种权利是指发表权，署名权，修改权，保护作品完整权，使用权、使用许可权和获取报酬权、转让权。独占实施权是专利权人拥有的权利。

参考答案：（1）C

2．注册商标的有效期为 ___（2）___ 年。

（2）A．5　　　　　　B．8　　　　　　C．10　　　　　　D．没有限制

【攻克要塞软考研究团队讲评】根据商标法的规定，注册商标的有效期为 10 年。

参考答案：（2）C

3．根据著作权法相关规定，著作权属于公民时，发表权的保护期为 ___（3）___ 。

（3）A．10 年　　　　　　　　　　B．20 年

　　　C．50 年　　　　　　　　　　D．作者终生及其死亡后的 50 年

【攻克要塞软考研究团队讲评】根据著作权法相关规定，著作权的保护是有一定期限的。著作权属于公民时，署名权、修改权、保护作品完整权的保护期没有任何限制，永远属于保护范围；而发表权、使用权和获得报酬权的保护期为作者终生及其死亡后的 50 年（第 50 年的 12 月 31 日）；作者死亡后，著作权依照继承法进行转移。

参考答案：（3）D

4．根据《中华人民共和国政府采购法》的规定，当 ___（4）___ 时，不采用竞争性谈判方式采购。

（4）A．技术复杂或性质特殊，不能确定详细规格或具体要求

　　　B．采用招标所需时间不能满足用户紧急需要

　　　C．发生了不可预见的紧急情况不能从其他供应商处采购

D. 不能事先计算出价格总额

【攻克要塞软考研究团队讲评】根据政府采购法第三十条规定，符合下列情形之一的货物或者服务，可以依照本法采用竞争性谈判方式采购：①招标后没有供应商投标或者没有合格标的或者重新招标未能成立的；②技术复杂或者性质特殊，不能确定详细规格或者具体要求的；③采用招标所需时间不能满足用户紧急需要的；④不能事先计算出价格总额的。

参考答案：（4）C

5．下列有关《中华人民共和国政府采购法》的陈述中，错误的是___（5）___。

（5）A．政府采购可以采用公开招标方式

　　　B．政府采购可以采用邀请招标方式

　　　C．政府采购可以采用竞争性谈判方式

　　　D．公开招标应作为政府采购的主要采购方式，政府采购不可从单一来源采购

【攻克要塞软考研究团队讲评】政府采购法第二十六条规定，政府采购采用以下方式：①公开招标；②邀请招标；③竞争性谈判；④单一来源采购；⑤询价；⑥国务院政府采购监督管理部门认定的其他采购方式。其中公开招标应作为政府采购的主要采购方式。

参考答案：（5）D

第21学时　案例分析

在前面的学习过程中，已经将考试的基础知识点梳理了一遍，接下来要进入项目案例分析的学习。项目案例分析出现在下午的试题中，下午的考试时间是150分钟，一般是4~5道大题，每道大题又有若干道小题，共计75分。

在案例分析的1个学时里，我们这样来安排：先是讲述解题的技巧和注意事项；再来看一些案例分析模拟题。做案例分析模拟题时为达到学习的效果，每讲评一道题就练习一道题，练习时请考生一定要自己动手写一写。在讲评练习题时还会给出评卷的思路，供考生参考把握。

21.1　解题技巧与注意事项

这个问题其实也是老生常谈了，在第1天的第1个学时中和考生一起梳理考试要点时已经讲过注意事项了，现在我们再来温习一遍。

再次提醒考生，项目管理的十大知识领域就是下午考试的重中之重，不要去关注技术方面的问题，这不是考试的范围。

案例分析题中的小题有如下几种：

（1）基础知识题。这些题考的是基本知识点，比如合同的内容有什么。这样可根据要点给分，写中一条就给相应的分数。

（2）找出原因题。给出一个项目案例情况的描述，要考生找出出现问题的原因是什么，比如引发项目进入停滞不前的状况原因是什么。同样也是根据要点给分。

【辅导专家提示】值得注意的是，一般阅卷者都是专家，不会根据参考答案原原本本地对照给分，毕竟做主观题时，字面可以不同，但含义可以接近。所以主要是看考生给出的回答是否接近参考答案中的要点，根据要点来给分，但为了涵盖这些要点，考生应尽量多写一些要点。

（3）解决方案题。根据题目中项目案例的描述，针对出现的问题，请考生给出解决的办法。比如如果你是项目经理，将如何解决停滞不前的状况。这时，考生应在理清思路的基础上，有条理地一条一条罗列出自己的措施。

（4）经验教训题。比如得到了什么样的经验教训、将来如何改进、如何从公司整体层面上提升管理水平。考生应当进行总结和展望，条理清晰地作答。

（5）计算题。计算题的范围不太宽，基本集中在网络图计算、挣值分析计算、投资分析计算这3个主要功能的领域，因此，考生更应花精力来消化和掌握。

基于以上分析，案例分析部分把重点放在以下方面：

（1）熟悉考试题型、阅卷方法，对应得出答题方法。
（2）提高分析问题、归纳总结答案要点的能力。
（3）反复练习计算题，做到心中有数。

要做到以上3点，对初学者来说并非易事。不妨采取如下学习规律——讲一道做一道。正在学习本书的考生，如果没有老师引导，建议坚持用"讲一道做一道"的方法来提高案例分析题的解题能力。

21.2 变更管理案例题讲评

试题（本题共 15 分）

老刘接手了一个信息系统集成项目，担任项目经理。在这个项目进展过程中出现了下述情况：一个系统的用户向他所认识的一个项目开发人员小李抱怨系统软件中的一项功能问题，并且表示希望能够进行修改。于是，小李直接对系统软件进行了修改，解决了该项功能问题。老刘并不知道小李对系统进行了该项目功能的修改，而这项功能与其他不少功能具有关联关系，在项目的后期，出现了其他功能不断出故障的问题。

针对以上描述的情况，请分析如下问题：

【问题1】请说明上述情况中可能存在哪些问题。（5分）
【问题2】如果你是项目经理老刘，你将采取什么样的措施？（5分）
【问题3】请说明配置管理中完整的变更处置流程。（5分）

试题分析：

首先审清问题，[问题1]是要找可能的问题，并列出问题清单；[问题2]是要列出措施要点；[问题3]则是要给出完整的变更处置流程，这是知识点记忆题。

然后在初步分析问题的基础上再来看如何解题。先看如何解[问题1]。[问题1]是要找问题,这种情况大多可在题目已知信息中直接找出并进行归纳总结;再者题目还说了是要给出"可能"存在的问题,故考生还要利用所学知识展开想象,将思路发散开来,再总结出一些要点;另外题目给出的分值是5分,估计是5个要点,每个要点1分,但该小题给分不超过5分。这时考生应准备7个以上要点,以便于涵盖参考答案中的要点。

题目中有如下关键的已知信息:"小李**直接**对系统软件进行了修改""老刘并不知道小李对系统进行了该项目功能的修改""这项功能与其他不少功能具有关联关系"。一般来说,题目中的已知信息偏向于直白,这些往往也是导致问题发生的直接原因,故可将这3句话直接列为[问题1]的要点。

但3个要点明显不够,还得继续归纳总结出一些要点。从归纳分析可知,小李是"直接修改",这种变更没有得到审批、记录,这其实就是变更管理、配置管理的内容。小李修改的功能与其他功能能存在关联关系,故可能修改完后应当要进行单元测试、集成测试等测试工作,修改后的功能没有验证,项目程序的版本管理不足。而刘经理对小李的修改并不知情,可见沟通也是存在问题的。于是至少可列出如下有关要点:

(1)有关变更管理流程的要点。

(2)有关变更分析与审批的要点。

(3)有关测试的要点。

(4)有关配置管理的要点。

(5)有关文档记录的要点。

(6)有关版本管理的要点。

(7)有关修订后验证、确认的要点。

(8)有关沟通的要点。

再结合直接找出的3个要点,共计11个要点,足以覆盖参考答案中的要点。当然,考试作答时不能像上面这么描述,要用通顺的语句说明,比如"有关变更管理流程的要点"可写为"项目在修改过程中没有注意版本管理"。

[问题2]是要给出解决问题的措施。从题目来看,这道题是要从项目经理的角度来解决问题,可见考生在这道题中就是扮演项目经理的角色了。再者措施与问题可以对应起来,比如[问题1]给出的11个要点,就可结合给出11条措施。[问题2]共计5分,估计也是5个要点,但该小题给分不超过5分。考生能给出11条措施,涵盖参考答案绰绰有余,不过本题还要考虑一个问题,那就是题目是要给出措施,则说明是站在项目的当前时间点,据题意是项目已经进入了后期,因此又不一定和[问题1]的答题结果一一对应了,还需要适度归纳总结和加工处理。

[问题3]就不用再行讲评了,这就看考生前面的学习和平时的积累了。

试题参考答案:

【**问题1**】**参考答案** 存在的主要问题有:

(1)小李直接对系统软件进行了修改。

（2）老刘并不知道小李对系统进行了该项目功能的修改。
（3）小李修改的这项功能与其他不少功能具有关联关系。
（4）项目没有变更管理的控制流程。
（5）对变更的请求没有足够的分析，也没有获得批准。
（6）功能修改后，没有进行后续的单元测试、集成测试等测试工作。
（7）项目没有进行配置管理。
（8）对变更的情况没有进行文档记录。
（9）对程序和文档没有进行版本管理。
（10）有关功能修订后没有进行验证、确认。
（11）用户的修改要求及对功能进行的修改没有及时与项目干系人进行沟通。

【问题2】参考答案　如果我是项目经理，将采取以下措施：
（1）清理历史变更情况，作出详细记录。
（2）理清修改的功能与其他功能之间的关系，及时修改其他功能程序。
（3）及时进行单元测试、系统测试等测试工作。
（4）进行系统功能验证、确定。
（5）召集开会，集中讨论功能修改调整的事宜。
（6）控制程序代码和软件文档，如使用配置管理软件 VSS。
（7）理顺变更控制的流程并予以实施。

【问题3】参考答案　配置管理中完整的变更处置流程如下：
（1）变更申请。应记录变更的提出人、日期、申请变更的内容等信息。
（2）变更评估。对变更的影响范围、严重程度、经济和技术可行性进行系统分析。
（3）变更决策。由具有相应权限的人员或机构决定是否实施变更。
（4）变更实施。由管理者指定的工作人员在受控状态下实施变更。
（5）变更验证。由配置管理人员或受到变更影响的人对变更结果进行评价，确定变更结果和预期是否相符、相关内容是否进行了更新、工作产物是否符合版本管理的要求。
（6）沟通存档。将变更后的内容通知可能会受到影响的人员，并将变更记录汇总归档。如提出的变更在决策时被否决，其初始记录也应予以保存。

阅卷时以上 6 个要点，答 1 个给 1 分，但给分不超过 5 分。

21.3　变更管理案例题练习

【辅导专家提示】请考生花 10 分钟左右的时间分析试题、解答试题，注意先不要看后面的试题分析与参考答案。

试题（本题共 15 分）

老李所在公司承接了一个信息系统软件开发项目，公司安排老李担任项目经理。老李带领项目团队紧锣密鼓地开始了工作。老李组织人员进行了需求分析和设计后,将系统拆分为多个功能模块。

为加快项目进度,老李按功能模块的拆分,将项目团队分成若干个小组,一个小组负责一个模块的开发,各个组分头进行开发工作,期间客户提出的一些变更要求也由各部分人员分别解决。各部分人员对各自负责部分分别自行组织进行了软件测试,因此老李决定直接在客户现场进行集成,但是发现问题很多,针对系统各部分所表现出来的问题,各个组又分别进行了修改,但是问题并未有明显减少,而且项目工作和软件版本越来越混乱,老李显得有点束手无策。

【问题1】请分析出现这种情况的可能原因。(5分)

【问题2】如果你是老李,针对目前的情况可采取哪些补救措施?(5分)

【问题3】请简述配置库的类型并作简要说明。(5分)

试题分析:

从题目来看,可以先划出关键的词句,比如"各个组分头进行开发工作""变更要求也由各部分人员分别解决""直接在客户现场进行集成""分别进行了修改,但是问题并未有明显减少""项目工作和软件版本越来越混乱"。

[问题1]是要找原因,分值是5分,估计是1个要点1分,可列出7个以上要点,以涵盖答案要点。据此,可先归纳出直接原因:

(1)各个组分头开发。
(2)变更分别解决。
(3)软件直接在客户现场进行集成。
(4)项目工作和软件版本混乱。

其次,可进一步总结、发散得出一些要点:

(5)缺乏项目整合管理,尤其是整体问题分析。

（6）缺乏整体变更控制规程。

（7）项目干系人之间的沟通（包括项目团队内部，以及与客户的沟通）不够。

（8）配置管理工作不足。

（9）测试工作不到位，缺少单元接口测试和集成测试。

[问题 2]是要回答从项目经理的角度出发，能采取什么样的补救措施。从项目进展情况来看，项目应当处于中等偏后期，编码基本完成，正进行软件测试，因此，补救措施可与[问题 1]找出的原因有针对性地提出来，比如针对直接的原因：

（1）将各个分组合并，统一调度工作。

（2）梳理历史变更情况，在统一的工作组下解决变更。

（3）先在项目团队内部进行集成，并完成集成测试。

（4）加强软件和文档的版本管理。

对于其他归纳、发散出来的要点也可一一回应：

（5）加强整体管理和协调，根据项目的阶段进展情况及时建立起基线。

（6）建立起统一的变更控制流程并执行。

（7）在项目团队内部以及与客户之间建立起定期的沟通机制。

（8）建立起配置库，使用配置工具进行配置管理。

（9）制作软件测试工作计划，项目团队在统一的测试工作调度下开展单元接口测试和集成测试。

[问题 3]是知识点记忆题，不再讲评。配置库可分为 3 类，每类的描述估计给 2 分，但总给分不超过 5 分。每类名称对了给 1 分，适度描述正确再给 1 分。

试题参考答案：

【问题 1】参考答案　可能的原因有：

（1）各个组分头开发。

（2）变更分别解决。

（3）软件直接在客户现场进行集成。

（4）项目工作和软件版本混乱。

（5）缺乏项目整合管理，尤其是整体问题分析。

（6）缺乏整体变更控制规程。

（7）项目干系人之间的沟通（包括项目团队内部，以及与客户的沟通）不够。

（8）配置管理工作不足。

（9）测试工作不到位，缺少单元接口测试和集成测试。

【问题 2】参考答案　可采取以下补救措施：

（1）将各个分组合并，统一调度工作。

（2）梳理历史变更情况，在统一的工作组下解决变更。

（3）先在项目团队内部进行集成，并完成集成测试。
（4）加强软件和文档的版本管理。
（5）加强整体管理和协调，根据项目的阶段进展情况及时建立起基线。
（6）建立起统一的变更控制流程并执行。
（7）在项目团队内部以及与客户之间建立起定期的沟通机制。
（8）建立起配置库，使用配置工具进行配置管理。
（9）制作软件测试工作计划，项目团队在统一的测试工作调度下开展单元接口测试和集成测试。

【问题3】参考答案
主要有3类配置库：
（1）开发库。存放开发过程中需要保留的各种信息，供开发人员个人专用。库中的信息可能有较为频繁的修改，只要开发库的使用者认为有必要，无须对其作任何限制。
（2）受控库。在软件开发的某个阶段工作结束时，将工作产品存入或将有关的信息存入。存入的信息包括计算机可读的以及人工可读的文档资料。应该对库内信息的读写和修改加以控制。
（3）产品库。在开发的软件产品完成系统测试之后，作为最终产品存入库内，等待交付用户或现场安装。库内的信息也应加以控制。

【辅导专家提示】术语的解释不必强求与书上一模一样，应在理解的基础上进行记忆，如果自己描述的意思比较切合，阅卷时也能给分。

21.4 范围管理案例题讲评

试题（本题共15分）

张经理最近作为软件公司的项目经理，正负责一家大型企业集团公司的一个管理信息系统项目。项目的售前工作由软件公司的市场部负责，售前工程师李工作为销售代表签订了项目的合同，再将项目的实施工作移交给了张经理。

由于项目前期项目的需求不明确，李工在和客户签订合同时，在合同中仅简单地列出了几条项目承建方应完成的工作。为进一步明确项目范围，张经理根据合同自行编写了项目的范围说明书。项目进入研发阶段后，客户方不断有人提出各种需求以及变更请求，各个部门包括财务部、工程部、销售部、信息中心以及各子公司都在不断提出，且它们要么不够明确，要么互相矛盾，要么难以实现。

为此，张经理拿出项目范围说明书试图统一意见，但客户方却不予认可，反以合同作为依据讨论。而合同条款实在太不明确，很难达成一致意见。张经理既想不得罪客户方，又想要快速推进项目，至此，项目进入僵局。

【问题1】请结合项目经理的处境，描述产生以上问题的可能原因。（5分）
【问题2】如果你是张经理，接下来你将采取什么样的措施来化解问题？（5分）
【问题3】请说明项目合同应包括的内容。（5分）

试题分析：

[问题1]是要找原因,先从题目已知信息中找出一些可以直接或稍加改造就可以成为要点的原因。

(1) 项目的需求不明确。

(2) 合同中仅简单地列出了几条项目承建方应完成的工作,说明合同没有清晰明确的条款。

(3) 张经理是根据合同自行编写了项目的范围说明书,并未和客户方进行确认。

(4) 客户方提出的需求和变更请求要么不够明确,要么互相矛盾,要么难以实现。

再通过归纳、发散总结出一些要点,至少可以从以下方面考虑:

(5) 有关变更控制方面的要点。

(6) 有关客户方需求和变更统一归口的要点。

(7) 有关和客户方沟通的要点,特别是就项目范围、合同的具体条款没有充分讨论达成共识。

[问题2]可就前面提出的问题一一采取对策,或适当进行归并后列出措施要点。

[问题3]是基础知识题,不再详细讲评。

试题参考答案：

【问题1】**参考答案** 可能的原因有：

(1) 项目的需求不明确。

(2) 合同中仅简单地列出了几条项目承建方应完成的工作,说明合同没有清晰明确的条款。

(3) 张经理是根据合同自行编写了项目的范围说明书,并未和客户方进行确认。

(4) 客户方提出的需求和变更请求要么不够明确,要么互相矛盾,要么难以实现。

(5) 变更控制没有统一的流程。

(6) 客户方需求和变更没有统一归口。

(7) 和客户方沟通不够,特别是就项目范围、合同的具体条款没有充分讨论达成共识。

【问题2】**参考答案** 可以采取的措施有：

(1) 继续会谈,在确定项目的范围后可签订合同的补充协议,以及双方签字认可的项目范围说明书。

(2) 理清项目的需求,编制双方认可的需求规格说明书。

(3) 与客户方商定,对客户方的需求和变更进行统一归口,比如归口至客户方的信息中心。

(4) 建立起统一的变更管理流程并执行。

(5) 加强与客户方的沟通,可建立起定期的会商制度。

【问题3】**参考答案** 合同的主要内容包括：

(1) 项目名称。

(2) 标的内容和范围。

(3) 项目的质量要求：通常情况下,采用技术指标限定等各种方式来描述信息系统工程的整体质量标准以及各部分质量标准,它是判断整个工程项目成败的重要依据。

(4) 项目的计划、进度、地点、地域和方式；项目建设过程中的各种期限。

（5）技术情报和资料的保密；风险责任的承担。
（6）技术成果的归属。
（7）验收的标准和方法。
（8）价款、报酬（或使用费）及其支付方式。
（9）违约金或者损失赔偿的计算方法。
（10）解决争议的方法：该条款中应尽可能地明确在出现争议与纠纷时采取何种方式来协商解决。
（11）名词术语解释等。

21.5 进度管理案例练习

试题（本题共 15 分）

2019 年 12 月，某信息技术有限公司中标了某省人力资源与社会保障厅的人才管理系统开发项目。因该省人才管理系统涉及的内容十分广泛，项目开发任务较重。人力资源与社会保障厅归口由该厅信息中心组织项目的实施，并提出明确的时间要求，系统一定要在 2020 年 5 月 1 日前投入使用。

公司以前已经有过多个类似的系统实施项目经验，且项目经理孙某经验十分丰富。孙经理接手这个项目后，为确保项目的进度，采用了一系列的工具和方法制订出进度图、估算出项目的历时及其他资源需求。

根据孙经理制订的进度计划，如果要在 2020 年 5 月 1 日前完成项目是很困难的。经过与客户方及项目团队成员商量后，孙经理又采取了一些措施，满足了客户对进度方面的要求。

【问题 1】请说明孙经理采用了什么样的工具与方法制订出进度图、估算出项目的历时及其他资源需求。（5 分）

【问题 2】试说明孙经理采取了什么样的措施来满足进度要求。（5 分）

【问题 3】有了进度计划后，试说明孙经理可采取什么样的工具与技术来控制项目进度。（5 分）

试题分析：

　　这道题考查的是有关项目进度管理的知识与内容。[问题 1]要给出孙经理采用的工具与方法，这其实是考查对基本知识的掌握程序。看到制订进度图的方法马上就要想起网络图，又如前导图、箭线图、PERT 图、甘特图等。讲到估算项目历时，题目中已表明"公司以前已经有过多个类似的系统实施项目经验"，则可以考虑采用类比估算法，再就是具体的历时可采用三点估算法。

　　[问题 2]是要给出孙经理为满足进度所采取的措施，其实就是要给出压缩工期的方法。马上要想起赶工、并行、投入更多的资源、外包、分期交付等这些常用的方法。

　　[问题 3]其实考查的是控制项目进度的工具与技术，可联想起项目进度报告、项目进度变更控制系统、项目进度管理软件，比较法中的横道图比较法、列表比较法、S 形曲线比较法、"香蕉"形曲线比较法等。

试题参考答案：

【问题 1】参考答案

　　制订进度图可采用的工具与技术有：网络图（单代号网络图和双代号网络图）、PERT 图、甘特图等。

　　估算项目的工期和资源可采用类比估算法，具体的数量需求可采用三点估算法。

【问题 2】参考答案　　孙经理可采取的措施有：

（1）说服项目团队赶工。

（2）重新编排工作任务，使更多的工作任务可以并行。

（3）投入更多的人力、物力、财力资源，以节约每项工作所需消耗的时间。

（4）外包部分工作出去。

（5）和客户方商量将最为紧要的工作放在 5 月 1 日前，无关紧要或不重要的部分工作可放到 5 月 1 日后继续实施。

【问题 3】参考答案　　进度控制可采用的工具与技术有：

（1）项目进度报告。

（2）项目进度变更控制系统。

（3）项目进度管理软件。

（4）比较分析法，如横道图比较法、列表比较法、S 形曲线比较法、"香蕉"形曲线比较法等。

21.6　进度管理案例讲评

试题（本题共 15 分）

　　刘经理是某信息系统集成项目的项目经理，在制作 WBS 后，得出项目的所有工作包和活动。

刘经理据此制作了前导图，如图 21-6-1 所示。

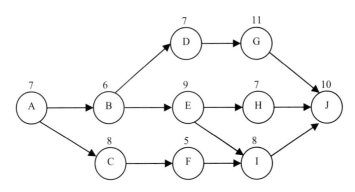

图 21-6-1 刘经理制作的前导图

【问题 1】请找出关键路径，并计算出总工期。（4 分）

【问题 2】请求解活动 E、F、I 的 FF 和 TF。（6 分）

【问题 3】为了加快进度，在进行活动 G 时加班赶工，因此将该项工作的时间压缩了 6 天（历时 5 天）。请指出此时的关键路径是否改变，如果改变，关键路径又是什么？并计算总工期。（5 分）

试题分析：

[问题 1]是要找关键路径，并计算总工期。从图 21-6-1 可以看出不同的路径并计算出不同路径的工期：

（1）ABEHJ，工期为 39。

（2）ABEIJ，工期为 40。

（3）ACFIJ，工期为 38。

（4）ABDGJ，工期为 41。

可见，关键路径应当是工期最长的那条路，即为 ABDGJ，总工期为 41 天。答对关键路径给 2 分，答对总工期给 2 分。

[问题 2]是要求解 E、F、I 的 FF 和 TF，可见共要求解 6 个结果，每个 1 分。做这种题马上想起网络图计算的 3 句口诀："早开大前早完；晚完小后晚开；小后早开减早完。"下面列出求解过程：

$FF_E = \min\{ES_H, ES_I\} - EF_E = \min\{\max\{EF_E\}, \max\{EF_F, EF_E\}\} - EF_E = \min\{EF_E, \max\{EF_F, EF_E\}\} - EF_E$

$= \min\{ES_E+9, \max\{ES_F+5, ES_E+9\}\} - ES_E-9 = \min\{EF_B+9, \max\{EF_C+5, EF_B+9\}\} - EF_B-9$

$= \min\{13+9, \max\{ES_C+8+5, 13+9\}\} - 13-9 = \min\{22, \max\{EF_A+13, 22\}\} - 22$

$= \min\{22, \max\{7+13, 22\}\} - 22 = \min\{22, 22\} - 22 = 0$

$TF_E = LS_E - ES_E = LF_E - 9 - EF_B = LF_E - 22 = \min\{LS_H, LS_I\} - 22 = \min\{LF_H - 7, LF_I - 8\} - 22$

$= \min\{LS_J - 7, LS_J - 8\} - 22 = LS_J - 8 - 22 = LS_J - 30 = 41 - 10 - 30 = 1$

$FF_F = \min\{ES_I\} - EF_F = ES_I - EF_F = \max\{EF_E, EF_F\} - EF_F = \max\{ES_E+9, ES_F+5\} - ES_F-5$

$=\max\{EF_B+9, EF_C+5\}-EF_C-5=\max\{13+9,15+5\}-15-5=22-20=2$

$TF_F=LS_F-ES_F=LF_F-5-15=LF_F-20=LS_I-20=LF_I-8-20=LS_J-28=41-10-28=3$

$FF_I=ES_J-EF_I=41-10-ES_I-8=23-ES_I=23-\max\{EF_E,EF_F\}=23-\max\{22,20\}=23-22=1$

$TF_I=LS_I-ES_I=LF_I-8-\max\{EF_E,EF_F\}=LS_J-8-22=LS_J-30=41-10-30=1$

[问题3]将活动 G 的历时修改为 5，则此时路径的情况为：

（1）ABEHJ，工期为 39。

（2）ABEIJ，工期为 40。

（3）ACFIJ，工期为 38。

（4）ABDGJ，工期为 35。

故关键路径改变了，关键路径为 ABEIJ，总工期为 40。加答关键路径有变化给 1 分，关键路径正确给 2 分，总工期正确再给 2 分。

试题参考答案：

【问题 1】参考答案

关键路径为 ABDGJ，总工期为 41 天。

【问题 2】参考答案

$FF_E=0$ $TF_E=1$ $FF_F=2$ $TF_F=3$ $FF_I=1$ $TF_I=1$

【问题 3】参考答案

关键路径改变了，关键路径为 ABEIJ，总工期为 40 天。

21.7 挣值分析案例练习

试题（本题共 15 分）

一个预算 120 万元的项目，为期 12 周，现在工作进行到第 8 周。已知成本预算是 74 万元，实际成本支出是 78 万元，挣值是 64 万元。

【问题 1】请计算成本偏差（CV）、进度偏差（SV）、成本绩效指数（CPI）、进度绩效指数（SPI）。（4 分）

【问题 2】请分析项目目前的进展情况和成本投入情况。（3 分）

【问题 3】对图 21-7-1 所示 4 幅图表，分别分析其所代表的效率、进度和成本等情况，针对每幅图表所反映的问题，可采取哪些调整措施？（8 分）

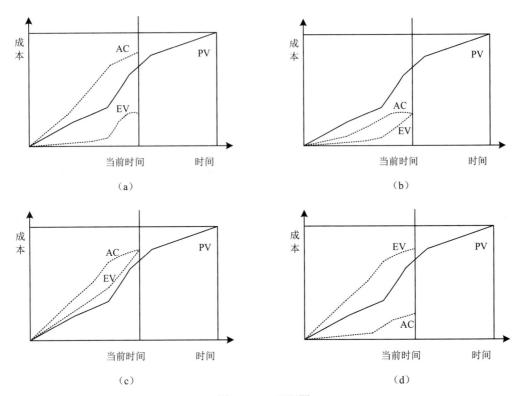

图 21-7-1　习题图

试题分析：

[问题 1]考查的是挣值分析的计算，共 4 分，CV、SV、CPI、SPI 各 1 分。

CV＝EV－AC＝64－78＝－14 万元

SV＝EV－PV＝64－74＝－10 万元

CPI＝EV/AC＝64/78＝0.821

SPI＝EV/PV＝64/74＝0.865

[问题 2]是要分析项目目前的进展情况和成本投入情况。从前面的计算可知 CV<0，可见成本超支；SV<0，可见进度滞后。

[问题 3]是要看图识图，会采取对策。图中给出了 EV、PV、AC 三条曲线的相对位置，会影响以下几个关键指标：

CV 表示成本偏差（CV=EV-AC）。CV>0，表明项目实施处于成本节约状态；CV<0，表明项目处于成本超支状态；CV=0，表明项目成本支出与预算相符。

SV 表示进度偏差（SV=EV-PV）。SV>0，表明项目实施超前于计划进度；SV<0，表明项目实施落后于计划进度；SV=0，表明项目进度与计划相符。

CV 和 SV 这两个值可以转化为效率指数，反映项目的成本与进度计划绩效。

CPI 表示成本绩效指数（CPI=EV/AC）。CPI>1.0，表示成本节余，资金使用效率较高；CPI<1.0 表示成本超支，资金使用效率较低。

SPI 表示进度绩效指数（SPI=EV/PV）。SPI>1.0，表示进度超前，进度效率高；SPI<1.0 表示进度滞后，进度效率低。

掌握了以上 4 个公式，就可以分析出当前的进度、成本和效率。

试题参考答案：

【问题 1】参考答案

CV=-14 万元　　　SV=-10 万元　　　CPI=0.821　　　SPI=0.865

【辅导专家提示】建议考生将演算过程写上，这样万一结果不对，演算过程还可以给分。

【问题 2】参考答案

从前面的计算可知 CV<0，可见项目目前成本超支；SV<0，可见项目目前进度滞后。

【问题 3】参考答案

从图 21-7-1（a）可以看出，AC>PV>EV，可见效率低、进度拖延、投入超前；可提高效率，如用工作效率高的人员更换一批效率低的人员，赶工、工作并行以追赶进度，加强成本监控。

从图 21-7-1（b）可以看出，PV>AC=EV，可见效率较低、进度拖延、成本支出与预算相关不大；可增加高效人员投入，赶工、工作并行以追赶进度。

从图 21-7-1（c）可以看出，AC=EV>PV，可见成本效率较低、进度提前、成本支出与预算相差不大；可提高效率，减少人员成本，加强人员和质量控制。

从图 21-7-1（d）可以看出，EV>PV>AC，可见效率高、进度提前、投入延后；可密切监控，加强质量控制。

21.8 进度管理案例练习

【说明】某项目由 A、B、C、D、E、F、G、H 活动模块组成，表 21-8-1 给出了各活动之间的依赖关系，及其在正常情况和赶工情况下的工期及成本数据。假设每周的项目管理成本为 10 万元，而且项目管理成本与当周所开展的活动多少无关。

表 21-8-1 习题表

活动	紧前活动	正常情况		赶工情况	
		工期/周	成本/（万元/周）	工期/周	成本/（万元/周）
A	—	4	10	2	30
B	—	3	20	1	65
C	A、B	2	5	1	15
D	A、B	3	10	2	20
E	A	4	15	1	80
F	C、D	4	25	1	120
G	D、E	2	30	1	72
H	F、G	3	20	2	40

【问题 1】（6 分）

找出项目正常情况下的关键路径，并计算此时的项目最短工期和项目总体成本。

【问题 2】（4 分）

假设项目必须在 9 周内（包括第 9 周）完成，请列出此时项目的关键路径，并计算此时项目的最低成本。

【问题 3】（7 分）

在计划 9 周完成的情况下，项目执行完第 4 周时，项目实际支出 280 万元，此时活动 D 还需要 1 周才能够结束，计算此时项目的 PV、EV、CPI 和 SPI（假设各活动的成本按时间均匀分配）。

_____
_____
_____
_____

【辅导专家提示】近几年的考核趋势是将二者的内容结合起来，在一道题目中，既要计算关键路径，又要计算挣值。这种题目的难度在于，一旦前面关键路径（网络图）环节出现错误，就可能导致后面的挣值分析跟着出错，考生要尤其注意。

试题分析：

【问题 1】

这里使用前导图方法来描述网络图。前导图法使用矩形代表活动，活动间使用箭线连接，表示活动之间的逻辑关系。

PDM 中，活动如图 21-8-1 所示。

最早开始时间	持续时间	最早完成时间
活动名称		
最迟开始时间		最迟完成时间

图 21-8-1 PDM 表示节点

绘制的网络图如图 21-8-2 所示。

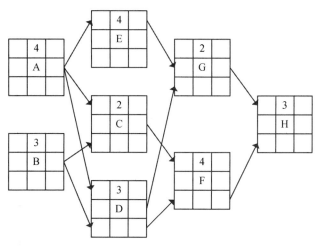

图 21-8-2 项目网络图

正常情况下的关键路径 ADFH，最短工期为 14 周。

总成本 =各活动成本+管理成本=（4×10+20×3+2×5+3×10+4×15+4×25+2×30+3×20）+ 14×10 = 560 万元

【问题 2】

依据题目，活动 A～H 的赶工效率见表 21-8-2。

表 21-8-2 赶工成本

活动	赶工可压缩/周	增加的总成本/万元	每压缩 1 周 增加的成本/万元	性价比排序
A	4−2=2 周	2×30−4×10=20	20/2=10	4
B	3−1=2 周	65−3×20=5	5/2=2.5	1
C	2−1=1 周	15−2×5=5	5/1=5	2
D	3−2=1 周	2×20−3×10=10	10/1=10	4
E	4−1=3 周	80−4×15=20	20/3	3

续表

活动	赶工可压缩/周	增加的总成本/万元	每压缩1周增加的成本/万元	性价比排序
F	4−1=3 周	120−4×25=20	20/3	3
G	2−1=1 周	72−2×30=12	12/1=12	5
H	3−2=1 周	2×40−3×20=20	20/1=20	6

题目要求项目必须在 9 周内（包括第 9 周）完成，正常情况下的关键路径最短工期 14 周，因此需压缩 5 周时间。

假定前提：工期压缩必须是整体的，要么压缩，要么不压缩，不能只压缩一部分。原则：每次必须在关键路径上压缩效率最高的活动。

（1）正常情况下的关键路径为 ADFH，此时压缩**节点 F** 最合适。压缩后的网络图如图 21-8-3 所示。

压缩后，关键路径为 **AEGH**=13 周。

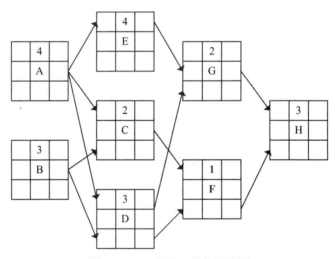

图 21-8-3　F 压缩 3 周的网络图

（2）此时，可以压缩 **E 节点**。压缩后的网络图如图 21-8-4 所示。
压缩后，关键路径为 **ADGH**=12 周。

（3）此时，可以压缩 **A 节点**。压缩后的网络图如图 21-8-5 所示。
压缩后，关键路径为 **BDGH**=11 周。

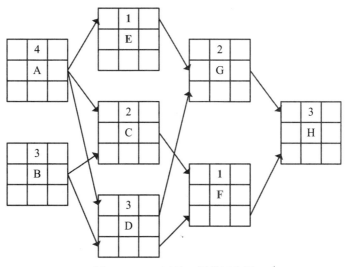

图 21-8-4　E 压缩 3 周的网络图

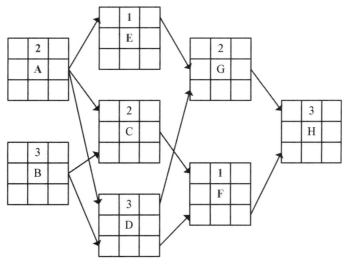

图 21-8-5　A 压缩 2 周的网络图

（4）此时，可以压缩 **B 节点**。压缩后的网络图如图 21-8-6 所示。压缩后，关键路径为 **ADGH**=10 周。

（5）此时，可以压缩 D 节点。压缩后的网络图如图 21-8-7 所示。压缩后，关键路径为 **ADGH**=9 周。

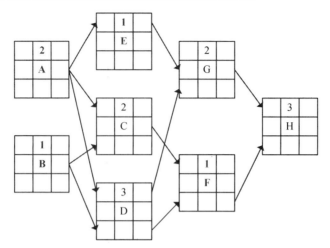

图 21-8-6 B 压缩 2 周的网络图

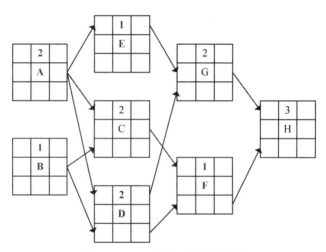

图 21-8-7 D 压缩 1 周的网络图

此时，活动工期压缩到 9 周。

项目总成本=压缩节点（F、E、A、B、D）总成本+未压缩节点（C、G、H）总成本+管理成本
　　　　　=(120+80+2×30+65+2×20)+(2×5+2×30+3×20)+(9×10)
　　　　　=585 万元

【问题 3】

AC = 280 万元

EV =活动成本+管理成本=(2×30+1×65+2×5+**1×20**+1×80)+4×10 = 275 万元

PV=(2×30+1×65+2×5+**2×20**+1×80)+4×10= 295 万元

CPI = EV/AC = 275/280 =0.98

SPI = EV/PV = 275/295 =0.93

试题参考答案：

【问题 1】参考答案

正常情况下的关键路径 ADFH，最短工期 14 周。

总成本 = 560 万元

【问题 2】参考答案

关键路径 ADGH。

最低成本是 585 万元。

【问题 3】参考答案

PV = 295 万元

AC = 280 万元

EV = 275 万元

CPI = EV/AC = 275/280 =0.98

SPI = EV/PV = 275/295 =0.93

21.9 整合管理案例练习

阅读下列说明，回答问题 1 至问题 3。

【说明】A 公司承接了某信息系统工程项目，公司李总任命小王为项目经理，向公司项目管理办公室负责。项目组接到任务后，各成员根据各自分工制订了相应项目管理子计划，小王将收集到的各子计划合并为项目管理计划并直接发布。

为了保证项目按照客户要求尽快完成，小王基于自身的行业经验和对客户需求的初步了解后，立即安排项目团队开始实施项目。在项目实施过程中，客户不断调整需求，小王本着客户至上的原则，对客户的需求均安排项目组进行了修改，导致某些工作内容多次重复，项目进行到了后期，小王才发现项目进度严重滞后，客户对项目进度很不满意并提出了投诉。

接到客户投诉后，李总要求项目管理办公室给出说明，项目管理办公室对该项目情况也不了解，因此组织相关人员对项目进行审查，发现了很多问题。

【问题 1】（8 分）

结合案例，请简要分析造成项目目前状况的原因。

【问题 2】（5 分）

请简述项目管理办公室的职责。

【问题 3】（5 分）

结合案例，判断下列选项的正误（填写在答题纸对应栏内，正确的选项填写"√"，错误的选项填写"×"）。

（1）项目整合管理包括选择资源分配方案、平衡相互竞争的目标和方案，以及协调项目管理

各知识领域之间的依赖关系。（　　）

（2）只有在过程之间相互交互时，才需要关注项目整合管理。（　　）

（3）项目整合管理还包括开展各种活动来管理项目文件，以确保项目文件与项目管理计划及可交付成果（产品、服务或能力）的一致性。（　　）

（4）针对项目范围、进度、成本、质量、人力资源、沟通、风险、采购、干系人等九大领域的管理，最终是为了实现项目的整体管理，实现项目目标的综合最优。（　　）

（5）半途而废，失败的项目只需要说明项目终止的原因，不需要进行最终产品、服务或成果的移交。（　　）

试题分析：

【问题1】

采用原文法，通过分析上下文中的关键句子寻找答案。如：

"小王将收集到的各子计划合并为项目管理计划并直接发布。"——应该进行评审。

"小王基于自身的行业经验和对客户需求的初步了解后，立即安排项目团队开始实施项目。"——忽视了团队；需求没有得到确认。

"客户不断调整需求，小王本着客户至上的原则，对客户的需求均安排项目组进行了修改。"——没有按照项目的变更过程进行处理。

"项目进行到了后期，小王才发现项目进度严重滞后，"——过程缺乏监控，缺乏过程绩效。

"项目管理办公室对该项目情况也不了解，"——PMO没有发挥作用。

……

根据类似于以上的关键句子来寻找答案，然后进行总结和提炼。

【问题2】

PMO的职责一般包括建立组织内项目管理的支撑环境、培养项目管理人员、提供项目管理的指导和咨询、组织内多项目的管理和监控、项目组合管理、提高组织项目管理能力等。

【问题3】

选项（2）错误，项目整合管理是贯穿项目过程始终等。

选项（5）错误，项目即使失败也需要进行产品、服务或成果的移交。

参考答案：

【问题1】（8分）

1．整体管理：项目管理计划没有经过评审。

2．范围管理：没有与各干系人对需求进行详细分析，只是对客户需求初步了解后就开始实施。

3．变更管理：没有按变更管理的流程处理变更。

4．进度管理：进度严重滞后。

5．沟通管理：客户对项目很不满并投诉，并且没有将相关项目绩效数据发送项目管理办公室。

6．其他：公司缺乏对项目的指导和监控。

（评分标准：每项 2 分，最多得 8 分）

【问题 2】（5 分）

（1）在所有 PMO 管理的项目之间共享和协调资源。

（2）明确和制订项目管理方式、最佳实践和标准。

（3）负责制订项目方针、流程、模板和其他共享资料。

（4）为所有项目进行集中的配置管理。

（5）对所有项目的集中的共同风险和独特风险存储库加以管理。

（6）项目工具的实施和管理。

（7）项目之间的沟通管理协调。

（8）对项目经理进行指导。

（9）对所有 PMO 管理的项目的进度基线和预算进行集中监控。

（10）协调整体项目的质量标准。

（评分标准：每项 1 分，最多得 5 分）

【问题 3】（5 分）

（1）√　　（2）×　　（3）√　　（4）√　　（5）×

第5天 模拟考试，检验自我

经过前 4 天的学习后，就进入第 5 天的学习了。第 5 天最主要的任务就是做模拟题，熟悉考题风格，检验自己的学习成果。

第 22 学时　模拟考试（基础知识试题）

【辅导专家提示】为节约时间，可不必长时间做题。可以做 10 道，讲评 10 道。如果是自学，建议考生全部做完再看讲评，自行批改试卷。

全国计算机技术与软件专业技术资格（水平）考试
系统集成项目管理工程师模拟考试基础知识试卷
（基础知识与应用技术两门考试共计 4 个小时）

1. 2013 年 9 月，工业与信息化部会同国务院有关部门编制了《信息化发展规划》，作为指导今后一个时期加快推动我国信息化发展的行动纲领，在《信息化发展规划》中，提出了我国未来发展的指导思想和基本原则。以下关于信息化发展的叙述中，不正确的是___(1)___。

　　(1) A．信息化发展的基本原则是：统筹发展、有序推进、需求牵引、市场导向、完善机制、创新驱动、加强管理、保障安全

　　　B．信息化发展的主要任务包括促进工业领域信息化深度应用，包括推进信息技术在工业领域全面普及，推动综合集成应用和业务协调创新等

　　　C．信息化发展的主要任务包括推进农业农村信息化

　　　D．目前，我国的信息化建设处于开展阶段

2. 以下对国家信息化体系要素的描述中，不正确的是___(2)___。

(2) A. 信息技术应用是信息化体系要素中的龙头

  B. 信息技术和产业是我国进行信息化建设的基础

  C. 信息资源的开发利用是国家信息化的核心任务

  D. 信息化政策法规和标准规范属于国家法规范畴，不属于信息化建设范畴

3. 以下不是电子商务表现形式的是___(3)___。

(3) A. B2C   B. B2B   C. C2C   D. G2B

4. 供应链是围绕核心企业，通过对___(4)___、物流、资金流、商流的控制，从采购原材料开始，制成中间产品以及最终产品，最后由销售网络把产品送到消费者手中的将供应商、制造商、分销商、零售商，直到最终用户连成一个整体的功能网链结构。

(4) A. 业务流   B. 事务流   C. 信息流   D. 人员流动

5. 监理的主要工作内容可概括为"四控三管一协调"，"四控"即投资控制、___(5)___、质量控制、变更控制，"三管"即安全管理、信息管理、___(6)___，"一协调"即沟通协调。

(5) A. 业务控制   B. 资金控制   C. 范围控制   D. 进度控制

(6) A. 人员管理   B. 采购管理   C. 合同管理   D. 绩效管理

6. 物联网技术作为智慧城市建设的重要技术，其架构一般可分为___(7)___，其中___(8)___负责信息采集和物物之间的信息传输。

(7) A. 感知层、网络层和应用层   B. 平台层、传输层和应用层

  C. 平台层、汇聚层和应用层   D. 汇聚层、平台层和应用层

(8) A. 感知层   B. 网络层   C. 应用层   D. 汇聚层

7. 在软件开发模型中，螺旋模型以进化的开发方式为中心，螺旋模型沿着螺线旋转，在4个象限上分别表达了4个方面的活动，即制订计划、___(9)___、实施工程、客户评估，该模型强调___(9)___。特别强调软件测试工作的软件开发模型是___(10)___，在这个模型中，测试人员根据需求规格说明书设计出系统测试用例。

(9) A. 风险分析   B. 人员分析   C. 需求分析   D. 制作方案

(10) A. 迭代模型   B. RUP   C. V模型   D. 增量模型

8. CMM是结合了质量管理和软件工程的双重经验而制定的一套针对软件生产过程的规范。CMM将成熟度划分为5个等级，其中，___(11)___用于管理和工程的软件过程均已文档化、标准化，并形成整个软件组织的标准软件过程。

(11) A. 初始级   B. 已定义级

  C. 已管理级   D. 量化级

9. UML 2.0的13种图中，___(12)___是一种交互图，它展现了消息跨越不同对象或角色的实际时间，而不仅仅是关心消息的相对顺序。

(12) A. 活动图   B. 对象图   C. 类图   D. 定时图

10. ___(13)___ 用来定义 Web Service 的接口标准。___(14)___ 提供了标准的 RPC 方法来调用 Web Service。

(13) A．WSDL B．UDDI C．UML D．JSP

(14) A．HTTP B．TCP C．SOAP D．EJB

11. 以下 ___(15)___ 是网络层协议。

(15) A．TCP B．UDP C．ARP D．FTP

12. 项目章程的作用中，不包括 ___(16)___；___(17)___ 不属于项目章程的内容。

(16) A．为项目人员绩效考核提供依据 B．确立项目经理，规定项目经理的权利
　　 C．规定项目的总体目标 D．正式确认项目的存在

(17) A．项目工作说明书 B．项目的主要风险，如项目的主要风险类别
　　 C．里程碑进度计划 D．可测量的项目目标和相关的成功标准

13. 项目的组织结构都有一定的形式，可分为 3 种。其中矩阵型组织可分为 ___(18)___。

(18) A．矩阵型、项目型、职能型 B．弱矩阵型、平衡型、强矩阵型
　　 C．项目经理、程序员、美工 D．大矩阵、中矩阵、小矩阵

14. ___(19)___ 的主要任务是确定和细化目标，并规划为实现项目目标和项目范围的行动方针和路线，确保实现项目目标。

(19) A．启动过程组 B．规划过程组
　　 C．执行过程组 D．监控过程组

15. 下列有关项目干系人的说法，错误的是 ___(20)___。

(20) A．项目经理、用户都是重要的项目干系人
　　 B．项目干系人都是与项目利益有关的人
　　 C．反对项目的人不是项目干系人
　　 D．项目干系人又叫项目利益相关者

16. 招标人采用邀请招标方式的，应当向 ___(21)___ 个以上具备承担招标项目的能力、资信良好的特定法人或者其他组织发出投标邀请书。

(21) A．3 B．5 C．2 D．8

17. 某信息系统项目，假设现在的时间点是 2012 年年初，预计投资和收入的情况见表 22-1-1，单位为万元。假定不考虑资金的时间价值，那么投资回收期为 ___(22)___，投资回报率为 ___(23)___。

表 22-1-1 某信息系统项目投资和收入的情况

	2012 年	2013 年	2014 年	2015 年	2016 年
投资	800	700	200	0	0
收入	0	400	800	1000	1200

(22) A. 4年　　　　B. 3年　　　　C. 3.5年　　　D. 4.5年
(23) A. 25%　　　 B. 33.3%　　　C. 28.6%　　　D. 22.2%

18. 招标人对已发出的招标文件进行必要的澄清或者修改的，应当在招标文件要求提交投标文件截止时间至少____(24)____日前，以书面形式通知所有招标文件收受人。

(24) A. 10　　　　B. 5　　　　　C. 18　　　　　D. 15

19. 以下不是承建方的立项管理要经历的步骤的是____(25)____。

(25) A. 招标　　　B. 项目识别　　C. 项目论证　　D. 投标

20. 项目整体变更控制管理的流程是：变更请求→____(26)____。

(26) A. 同意或否决变更→变更影响评估→执行
　　 B. 执行变更→变更影响评估→同意或否决变更
　　 C. 变更影响评估→同意或否决变更→执行
　　 D. 同意或否决变更→执行→变更影响评估

21. 在项目变更管理中，变更影响分析一般由____(27)____负责。

(27) A. 变更申请提出者　　　　B. 变更管理者
　　 C. 变更控制委员会　　　　D. 项目经理

22. 项目收尾过程是结束项目某一阶段中的所有活动，正式收尾该项目阶段的过程。____(28)____就是按照合同约定，项目组和业主一项项地核对，检查是否完成了合同所有的要求，是否可以把项目结束掉，也就是我们通常所讲的项目验收。

(28) A. 管理收尾　　　　　　　B. 合同收尾
　　 C. 项目验收　　　　　　　D. 项目结项

23. 在范围定义的工具与技术中，____(29)____通过产品分解、系统分析、价值工程等技术理清产品范围，并把对产品的要求转化成项目的要求。

(29) A. 焦点小组　　　　　　　B. 备选方案
　　 C. 产品分析　　　　　　　D. 引导式研讨会

24. WBS的最底层元素是____(30)____；该元素可进一步分解为____(31)____。

(30)(31) A. 工作包　　　　　　 B. 活动
　　　　　C. 任务　　　　　　　D. WBS字典

25. 在WBS的创建方法中，____(32)____是指近期工作计划细致，远期粗略。因为要在未来远期才能完成的可交付成果或子项目，当前可能无法分解，需要等到这些可交付成果或子项目的信息足够明确后，才能制订出WBS中的细节。

(32) A. 类比法　　B. 自上而下法　　C. 自下而上法　　D. 滚动式策划

26. ____(33)____是一个单列的计划出来的成本，以备未来不可预见的事件发生时使用。____(34)____是经批准的按时间安排的成本支出计划，并随时反映经批准的项目成本变更，被用于度量和监督项目的实际执行成本。

（33）A．全生命周期成本　　B．直接成本　　C．管理储备　　D．风险成本
（34）A．间接成本　　B．成本估算　　C．成本基准　　D．管理储备

27．成本估算有多种方法，下列___（35）___是在数学模型中应用项目特征参数来估算项目成本的方法，并将重点集中在成本影响因子（即影响成本最重要的因素）的确定上。

（35）A．类比估算法　　　　　　　　B．自上而下估算法
　　　C．自下而上估算法　　　　　　D．参数估算法

28．某项目当前的 PV=160，AC=130，EV=140，则项目的绩效情况：___（36）___。

（36）A．进度超前，成本节约　　　　B．进度滞后，成本超支
　　　C．进度超前，成本超支　　　　D．进度滞后，成本节约

29．___（37）___是完成阶段性工作的标志，通常指一个主要可交付成果的完成。重要的检查点是___（37）___，重要的需要客户确认的___（37）___就是___（38）___。

（37）（38）A．里程碑　　　　　　　　B．基线
　　　　　　C．需求分析完成　　　　　D．项目验收

30．某项目的项目经理绘制了项目的前导图，如图 22-1-1 所示，可知总工期为___（39）___天，活动 C 的自由时差为___（40）___天。

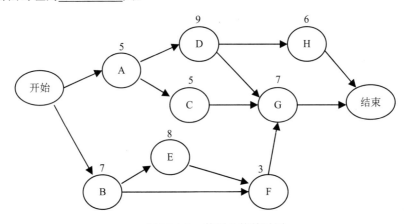

图 22-1-1　某项目的前导图

（39）A．20　　　　B．21　　　　C．25　　　　D．17
（40）A．5　　　　 B．8　　　　 C．10　　　　D．6

31．ISO 9000 系列标准适用于所有希望改进质量管理绩效和质量保证能力的组织。ISO 9000 系列组成了一个完整的质量管理与质量保证标准体系，其中，___（41）___是一个指导性的总体概念标准。

（41）A．ISO 9000　　B．ISO 9001　　C．ISO 9002　　D．ISO 9003

32．全面质量管理有 4 个核心特征，以下不是核心特征的是___（42）___。

（42）A．全员参加的质量管理　　　　B．全过程的质量管理

C．全面方法的质量管理　　　　　　D．全部采用先进的技术

33．某公司对导致项目失败的原因进行了清理，并制作了如图 22-1-2 所示的帕累托图，对这张图分析可知，___(43)___ 是 C 类因素。

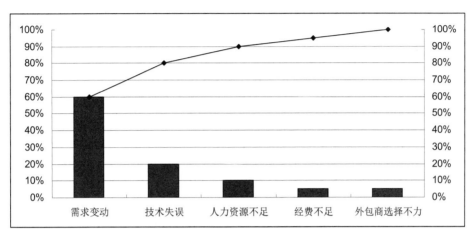

图 22-1-2　帕累托图

(43) A．需求变动　　　　　　　　　　B．人力资源不足
　　　C．技术失误　　　　　　　　　　D．经费不足

34．在质量控制的工具与技术中，采用___(44)___方法可以降低质量控制费用。

(44) A．直方图　　　B．控制图　　　C．统计抽样　　　D．散点图

35．在项目人力资源计划编制中，一般会涉及组织结构图和职位描述。其中，根据组织现有的部门、单位或团队进行分解，把工作包和项目的活动列在负责的部门下面的图采用的是___(45)___。

(45) A．工作分解结构（WBS）　　　　B．组织分解结构（OBS）
　　　C．资源分解结构（RBS）　　　　D．责任分配矩阵（RAM）

36．优秀团队建设一般要经历几个阶段，这几个阶段的大致顺序是___(46)___。

(46) A．震荡期、形成期、正规期、表现期　　B．形成期、震荡期、表现期、正规期
　　　C．表现期、震荡期、形成期、正规期　　D．形成期、震荡期、规范期、发挥期

37．关于项目的人力资源管理，下列说法正确的是___(47)___。

(47) A．项目的人力资源与项目干系人二者的含义一致
　　　B．项目经理和职能经理应协商确保项目所需的员工按时到岗并完成所分配的项目任务
　　　C．为了保证项目人力资源管理的延续性，项目成员不能变化
　　　D．人力资源行政管理工作一般不是项目管理小组的直接责任，所以项目经理和项目管理小组不应参与到人力资源的行政管理工作中去

38. 下列＿＿(48)＿＿不是建设团队的工具或技术。

(48) A．集中办公　　B．沟通技术　　C．资源日历　　D．培训

39. 由 n 个人组成的大型项目组，人与人之间交互渠道的数量级为＿＿(49)＿＿。

(49) A．n^2　　B．n^3　　C．n　　D．$2n$

40. 项目经理在项目管理过程中需要收集多种工作信息，如完成了多少工作、花费了多少时间、产生什么样的成本以及存在什么突出问题等，以便＿＿(50)＿＿。

(50) A．执行项目计划　　　　　　　B．进行变更控制
　　　C．报告工作绩效　　　　　　　D．确认项目范围

41. 项目文档应发送给＿＿(51)＿＿。

(51) A．执行机构所有的干系人　　　　B．所有项目干系人
　　　C．项目管理小组成员和项目主办单位　　D．沟通管理计划中规定的人员

42. 团队成员第一次违反了团队的基本规章制度，项目经理应该对他采取＿＿(52)＿＿形式的沟通方法。

(52) A．口头　　B．正式书面　　C．办公室会谈　　D．非正式书面

43. 某承建单位准备把机房项目中的系统工程分包出去，并准备了详细的设计图纸和各项说明。该项目工程包括火灾自动报警、广播、火灾早期报警灭火等。该工程宜采用＿＿(53)＿＿。

(53) A．单价合同　　B．成本加酬金合同　　C．总价合同　　D．委托合同

44. 某项工程需在室外进行线缆敷设，但由于连续大雨造成承建方一直无法施工，开工日期比计划晚了 2 周（合同约定持续 1 周以内的天气异常不属于反常天气），给承建方造成一定的经济损失。承建方若寻求补偿，应当＿＿(54)＿＿。

(54) A．要求延长工期补偿　　　　　　B．要求费用补偿
　　　C．要求延长工期补偿、费用补偿　　D．自己克服

45. 某项目建设内容包括机房的升级改造、应用系统的开发以及系统的集成等。招标人于 2019 年 3 月 25 日在某国家级报刊上发布了招标公告，并规定 4 月 20 日上午 9 时为投标截止时间和开标时间。系统集成单位 A、B、C 购买了投标文件。在 4 月 10 日，招标人发现发售的投标文件中某技术指标存在问题，需要进行澄清，于是在 4 月 12 日以书面形式通知 A、B、C 三家单位。根据《中华人民共和国招标投标法》，投标文件截止日期和开标日期应该不早于＿＿(55)＿＿。

(55) A．5 月 5 日　　B．4 月 22 日　　C．4 月 25 日　　D．4 月 27 日

46. 合同一旦签署了就具有法律约束力，除非＿＿(56)＿＿。

(56) A．一方不愿意履行义务　　　　　B．损害社会公共利益
　　　C．一方宣布合同无效　　　　　　D．一方由于某种原因破产

47. 风险的相对性体现在多个方面。收益越大，风险承受能力越大；收益越小，风险承受能力越小。投入越多，风险承受能力＿＿(57)＿＿；投入越少，风险承受能力＿＿(57)＿＿。

(57) A．越小；越大　　　　　　　　　B．越大；越小

B．越小；越小　　　　　　　　D．越大；越大

48．项目经理从事以下__(58)__工作内容表示正在进行定量的风险分析。

(58) A．根本原因分析　　　　　　B．层级图
　　　C．概率和影响矩阵　　　　　D．蒙特卡罗分析

49．以下不是定性的风险分析的工具与技术的是__(59)__。

(59) A．风险概率与影响评估　　　B．头脑风暴
　　　C．概率和影响矩阵　　　　　D．风险分类

50．既可能带来机会、获得利益，又隐含威胁、造成损失的风险，称为__(60)__。

(60) A．可预测风险　B．人为风险　C．投机风险　D．可管理风险

51．《计算机软件产品开发文件编制指南》中明确了软件项目文档的具体分类，从项目周期角度可分为开发文档、产品文档、__(61)__。

(61) A．需求文档　B．可行性研究报告　C．管理文档　D．操作手册

52．__(62)__的任务是验证配置项对配置标志的一致性。软件开发的实践表明，尽管对配置项做了标志，实践了变更控制和版本控制，但如果不做检查或验证仍然会出现混乱。__(62)__可以分为功能__(62)__和__(63)__。

(62) A．项目验收　B．项目评审　　C．项目审计　D．配置审核

(63) A．项目文档审核　　　　　　B．源代码审核
　　　C．物理配置审核　　　　　　D．配置库审核

53．某开发项目配置管理计划中定义了三条基线，分别是需求基线、设计基线和产品基线，__(64)__应该是需求基线、设计基线和产品基线均包含的内容。

(64) A．需求规格说明书　　　　　　B．详细设计说明书
　　　C．用户手册　　　　　　　　D．概要设计说明书

54．__(65)__是指没有参与创作，通过著作权转移活动成为享有著作权的人。

(65) A．著作权人　B．专利权人　　C．受让者　　D．版权

55．发明专利权的期限为__(66)__年，实用新型专利权的期限为10年，外观设计专利权的期限为15年，均自申请日起计算。此处的申请日，是指向国务院专利行政主管部门提出专利申请之日。

(66) A．5　　　　B．10　　　　　C．15　　　　D．20

56．按照规范的文档管理机制，程序流程图必须在__(67)__两个阶段内完成。

(67) A．需求分析、概要设计　　　　B．概要设计、详细设计
　　　C．详细设计、实现阶段　　　　D．实现阶段、测试阶段

57．信息系统的软件需求说明书是需求分析阶段最后的成果之一，__(68)__不是软件需求说明书应包含的内容。

(68) A．数据描述　B．功能描述　　C．系统结构描述　D．性能描述

58. 关注IT服务管理是为了 ___（69）___。

（69）A. 提升企业的形象　　　　　　　B. 使IT高效地支撑业务的运行
　　　C. 强调IT部门的重要性　　　　　D. 改进服务效率

59. 3GPP无线通信标准不包括 ___（70）___。

（70）A. WCDMA　　B. TD-SCDMA　　C. CDMA　　D. CDMA2000

60. The ___（71）___ process analyzes the effect of risk events and assigns a numerical rating to those risks.

（71）A. Risk Identification　　　　　B. Quantitative Risk Analysis
　　　C. Qualitative Risk Analysis　　D. Risk Monitoring and Control

61. The ___（72）___ provides the project manager with the authority to apply organizational resources to project activities.

（72）A. project management plan　　　B. contract
　　　C. project human resource plan　D. project charter

62. The ___（73）___ describes, in detail, the project's deliverables and the work required to create those deliverables.

（73）A. project scope statement　　　B. project requirement
　　　C. project charter　　　　　　　D. product specification

63. The process of ___（74）___ schedule activity durations uses information on schedule activity scope of work, required resource types, estimated resource quantities, and resource calendars with resource availabilities.

（74）A. estimating　　　　　　　　　　B. defining
　　　C. planning　　　　　　　　　　　D. sequencing

64. ___（75）___ involves comparing actual or planned project practices to those of other projects to generate ideas for improvement and to provide a basis by which to measure performance. These other projects can be within the performing organization or outside of it, and can be within the same or in another application area.

（75）A. Metrics　　　　　　　　　　　B. Measurement
　　　C. Benchmarking　　　　　　　　D. Baseline

第23学时　基础知识试题分析

试题1讲评：信息化发展的基本原则是：统筹发展、有序推进、需求牵引、市场导向、完善机制、创新驱动、加强管理、保障安全。

我国信息化发展的主要任务和发展重点：促进工业领域信息化深度应用、加快推进服务业信息化、积极提高中小企业信息化应用水平、协力推进农业农村信息化、全面深化电子政务应用、稳步提高社会事业信息化水平、统筹城镇化与信息化互动发展、加强信息资源开发利用、构建下一代国家综合信息基础设施、促进重要领域基础设施智能化改造升级、着力提高国民信息能力、加强网络与信息安全保障体系建设。

参考答案：（1）D

试题 2 讲评：国家信息化体系包括信息技术应用、信息资源、信息网络、信息技术和产业、信息化人才、信息化法规政策和标准规范6个要素。

- 信息技术应用是信息化体系要素中的龙头，是国家信息化建设主阵地，集中体现了国家信息化建设的需求和效益。所以 A 选项正确。
- 信息技术和产业是我国进行信息化建设的基础。所以 B 选项正确。
- 信息资源的开发利用是国家信息化的核心任务，是国家信息化建设见效的关键。所以 C 选项正确。
- 信息化政策法规和标准规范的作用是规范、协调信息化体系各要素。所以 D 选项错误。

参考答案：（2）D

试题 3 讲评：电子商务有 3 种表现形式：①企业对消费者，即 B2C，C 即 Customer；②企业对企业，即 B2B；③消费者对消费者，即 C2C。2 即为"to"。可见电子商务的表现形式中，G 是不会参与的。

参考答案：（3）D

试题 4 讲评：此题考查的是供应链的 4 个流，即物流、资金流、信息流、商流，本题缺少的是信息流。

参考答案：（4）C

试题 5 讲评：看到此题，马上就想起监理的主要工作内容口诀"投进质变安信合，再加上沟通协调"，可见第 5 空缺少的是"进"，即进度控制；第 6 空缺少的是"合"，即合同管理。

参考答案：（5）D　（6）C

试题 6 讲评：物联网的架构可分为如下 3 层：

1）感知层：负责信息采集和物物之间的信息传输，信息采集的技术包括传感器、条码和二维码、RFID 射频技术、音视频等信息；信息传输包括远近距离数据传输技术、自组织组网技术、协同信息处理技术、信息采集中间件技术等传感器网络。

2）网络层：是利用无线和有线网络对采集的数据进行编码、认证和传输，广泛覆盖的移动通信网络是实现物联网的基础设施。

3）应用层：提供丰富的基于物联网的应用，是物联网发展的根本目标。

各个层次所用的公共技术包括编码技术、标识技术、解析技术、安全技术和中间件技术。

参考答案：（7）A　（8）A

试题 7 讲评：螺旋模型强调风险分析，在 4 个象限中，专门有一个象限为风险分析，特别适用于庞大、复杂并具有高风险的系统。V 模型是瀑布模型的变种，它说明测试活动是如何与分析和设计相联系的。在这种模型的测试过程中，首先，进行可行性研究需求定义，然后以书面的形式对需求进行描述，产生需求规格说明书。之后，开发人员根据需求规格说明书来对软件进行概要设计，测试人员根据需求规格说明书设计出系统测试用例。

参考答案：(9) A　(10) C

试题 8 讲评：CMM 的 5 个级别中，初始级软件过程的特点是无秩序的，有时甚至是混乱的，软件过程定义几乎处于无章法和无步骤可循的状态，软件产品所取得的成功往往依赖极个别人的努力和机遇；可重复级已经建立了基本的项目管理过程，可用于对成本、进度和功能特性进行跟踪，一个可管理的过程则是一个可重复的过程，一个可重复的过程则能逐渐演化和成熟；已定义级用于管理和工程的软件过程均已文档化、标准化，并形成整个软件组织的标准软件过程；已管理级中，软件过程和产品质量有详细的度量标准；优化级通过对来自过程、新概念和新技术等方面的各种有用信息的定量分析，能够不断地、持续地进行过程改进。

参考答案：(11) B

试题 9 讲评：分析题目可知，说明的这种图要是交互图，而且关心顺序和时间，因此应当是定时图。

参考答案：(12) D

试题 10 讲评：Web 服务描述语言（Web Services Description Language，WSDL）可用于描述 Web Service 的接口标准，比如有什么样的方法，方法又有什么参数。简单对象访问协议（Simple Object Access Protocol，SOAP）提供了标准的 RPC 方法来调用 Web Service，SOAP 规范定义了 SOAP 消息的格式，以及怎样通过 HTTP 协议来使用 SOAP，SOAP 也是基于 XML 和 XSD 的，XML 是 SOAP 的数据编码方式。

参考答案：(13) A　(14) C

试题 11 讲评：TCP、UDP 均位于传输层；FTP 位于应用层。ARP 位于网络层，用于将 IP 地址转换成物理地址。

参考答案：(15) C

试题 12 讲评：

项目章程的作用：首先，项目章程正式宣布项目的存在，对项目的开始实施赋予合法地位；其次，项目章程将粗略地规定项目总体的范围、时间、成本、质量，这也是项目范围各管理后续工作的重要依据；第三，项目章程中正式任命项目经理，授权其使用组织的资源开展项目活动；第四，叙述启动项目理由，把项目的日常运作及战略计划联系起来。

项目章程的主要内容：项目立项的理由；项目干系人的需求和期望；项目必须满足的业务要求或产品需求；委派的项目经理及项目经理的权限；概要的里程碑进度计划；项目干系人的影响，组织环境及外部的假设、约束；概要预算及投资回报率；项目主要风险；可测量的项目目标和相关的成功标准。

参考答案: (16) A (17) A

试题 13 讲评: 选项 A 是组织结构的分类,并非矩阵型组织的分类;选项 C 是项目中的一些典型岗位,并非组织结构分类;选项 D,没有这种说法。

参考答案: (18) B

试题 14 讲评: 题目中讲到了主要任务是确定和细化目标,故应当是规划过程组。

参考答案: (19) B

试题 15 讲评: 项目干系人包括项目当事人,以及其利益受该项目影响的(受益或受损)个人和组织,甚至包括反对项目的人,也可以把他们称作项目的利害关系者。从题目要求来看,是要找出错误的选项,故选项 C 不正确。

参考答案: (20) C

试题 16 讲评: 邀请招标应当向 3 个以上具备承担招标项目的能力、资信良好的特定法人或者其他组织发出投标邀请书。

参考答案: (21) A

试题 17 讲评: 题目中已给出的信息是不考虑资金的时间价值的,可见这里是要求动态投资回收期和回报率。通过计算可知,第 1 年的净现金流量为-800 万元,第 2 年的净现金流量为-300 万元,第 3 年的净现金流量为 600 万元,第 4 年的净现金流量为 1000 万元,第 5 年的净现金流量为 1200 万元。相当于前 2 年为-1100 万元,第 3 年收回了 600 万元,尚还有 500 万元没有收回。第 4 年收回了 1000 万元,可见第 4 年可全部收回投资,则可估计投资回收期是 3 年多一点,故选 C。投资回报率是投资回收期的倒数,故投资回报率为 28.6%。

参考答案: (22) C (23) C

试题 18 讲评: 这种参数问题是招投标最喜欢考的内容之一了。这里应当是 15 日。

参考答案: (24) D

试题 19 讲评: 题目问的是不是承建方的立项管理的步骤,4 个选项中,选项 A "招标"是建设方要经历的步骤,而承建方要做的是投标工作。

参考答案: (25) A

试题 20 讲评: 变更管理的完整流程如下:

1) 变更申请:提出变更申请。
2) 变更评估:对变更的整体影响进行分析。
3) 变更决策:由 CCB(变更控制委员会)决策是否接受变更。
4) 实施变更:实施变更,在实施过程中注意版本的管理。
5) 变更验证:追踪和审核变更结果。
6) 沟通存档。

参考答案: (26) C

试题 21 讲评：项目经理在接到变更申请以后，首先要检查变更申请中需要填写的内容是否完备，然后对变更申请进行影响分析。变更影响分析由项目经理负责，项目经理可以自己或指定人员完成，也可以召集相关人员讨论完成。

参考答案：（27）D

试题 22 讲评：项目收尾包括两个部分：管理收尾和合同收尾。从题目来看指的是按合同约定，故是合同收尾。

参考答案：（28）B

试题 23 讲评：产品分析旨在弄清产品范围，并把对产品的要求转化成项目的要求。产品分析是一种有效的工具。每个应用领域都有一种或几种普遍公认的方法，用以把高层级的产品描述转变为有形的可交付成果。产品分析技术包括产品分解、系统分析、需求分析、系统工程、价值工程和价值分析等。

参考答案：（29）C

试题 24 讲评：WBS 中，工作包是最小的可交付成果，是最底层的元素，但可进一步分解为活动。WBS 字典是用于描述和定义 WBS 元素中的工作的文档。

参考答案：（30）A （31）B

试题 25 讲评：从题目来看，给出的实际上就是滚动波策划的定义，滚动波策划又称为滚动式规划。

参考答案：（32）D

试题 26 讲评：从题目来看，考查的是两个有关成本管理术语的定义。第 33 空定义的是管理储备，第 34 空定义的是成本基准。

参考答案：（33）C （34）C

试题 27 讲评：从题目已知是利用了数学模型，且重点集中在成本影响因子，故应当是参数估算法。

参考答案：（35）D

试题 28 讲评：根据题目已知条件可计算出，SV=EV-PV=140-160=-20，故进度滞后；CV=EV-AC=140-130=10，故成本节约。

参考答案：（36）D

试题 29 讲评：检查点指在规定的时间间隔内对项目进行检查，比较实际进度和计划进度的差异，从而根据差异进行调整。里程碑是完成阶段性工作的标志，通常指一个主要可交付成果的完成。一个项目中应该有几个用作里程碑的关键事件。基线其实就是一些重要的里程碑，但相关交付物需要通过正式评审，并作为后续工作的基准和出发点。重要的检查点是里程碑，重要的需要客户确认的里程碑就是基线。里程碑是由相关人负责的、按计划预定的事件，用于测量工作进度，它是项目中的重大事件。

参考答案：（37）A （38）B

试题 30 讲评：从题目提供的网络图来看，可有的路径和工期为：ADH，工期 20；ADG，工期 21；ACG，工期 17；BEFG，工期 25；BFG，工期 17。据此可知工期最大的路径为 BEFG，故总工期为 25。第 40 空要求 FF_C，则计算过程如下：

$FF_C = \min\{ES_G\} - EF_C = ES_G - EF_C = \max\{EF_D, EF_C, EF_F\} - EF_C$

其实这种题做多了一看就明白，活动 F 在关键路径上，故活动 F 的 EF 必然最大，故：

$FF_C = EF_F - EF_C = 18 - 10 = 8$

参考答案：（39）C　（40）B

试题 31 讲评：作为质量管理和质量保证标准的 ISO 9000 系列标准，适用于所有希望改进质量管理绩效和质量保证能力的组织。ISO 9000 系列组成了一个完整的质量管理与质量保证标准体系，其中：ISO 9000 是一个指导性的总体概念标准；ISO 9001、ISO 9002、ISO 9003 是证明企业能力所使用的 3 个外部质量保证模式标准；ISO 9004 是为企业或组织机构建立有效质量体系提供全面、具体指导的标准。

参考答案：（41）A

试题 32 讲评：全面质量管理的 4 个核心特征是：全员参加的质量管理、全过程的质量管理、全面方法的质量管理（科学的管理方法、数理统计、电子技术、通信技术等）、全面结果的质量管理（产品质量/工作质量/工程质量/服务质量）。

参考答案：（42）D

试题 33 讲评：该图给出了导致项目失败原因的帕累托图。从图中可以看出，需求变动占 60%，技术失误占 20%，它们累计为 80%，所以上方的帕累托曲线的第 2 个点在 80%处。据此也可知，A 类因素为需求变动和技术失误。依此类推，人力资源不足为 B 类因素，经费不足和外包商选择不力为 C 类因素。

参考答案：（43）D

试题 34 讲评：统计抽样指从感兴趣的群体中选取一部分进行检查（如从总数为 100 个的样品中随机选取 30 个样品）。适当地抽样往往可以降低质量控制费用。

参考答案：（44）C

试题 35 讲评：组织分解结构（OBS）与工作分解结构形式上相似，但它并不是根据项目的可交付物进行分解，而是根据组织现有的部门、单位或团队进行分解。如果把工作包和项目的活动列在负责的部门下面，则某个运营部门（例如采购部门）只要找到自己在 OBS 中的位置就可以了解所有该做的事情。

参考答案：（45）B

试题 36 讲评：优秀的团队并不是一蹴而就的，需经历形成期、震荡期、规范期、发挥期 4 个阶段。

参考答案：（46）D

试题 37 讲评：项目的人力资源与项目干系人是两个不同的概念，项目的人力资源只是项目干系人的一个子集。项目进展过程中，项目成员变更是正常的。人力资源的一些通用的管理工作，如劳动合同、福利管理以及佣金等，项目管理团队很少直接管理这些工作，一般由组织的人力资源部去统一管理，但项目经理是直接需要用人的项目负责人，因此应当参与少部分人力资源的行政管理工作。

参考答案：（47）B

试题38讲评：资源日历是建设项目团队的输入，并不是建设项目团队的工具或技术。建设项目团队的工具或技术包括集中办公、虚拟团队、沟通技术、人际关系与团队技能、认可与奖励、培训、个人和团队评估、会议。

参考答案：（48）C

试题39讲评：沟通渠道数的计算公式为"$[n\times(n-1)]/2$"，在分子可知数量级为n^2。

参考答案：（49）A

试题40讲评：绩效报告是指搜集所有基准数据并向项目干系人提供项目绩效信息。一般来说，绩效信息包括为实现项目目标而输入的资源的使用情况。绩效报告一般应包括范围、进度、成本和质量方面的信息。许多项目也要求在绩效报告中加入风险和采购信息。

参考答案：（50）C

试题41讲评：项目文档是不能随便分发的，要准确地发送给需要的人。沟通管理计划中会明确说明谁需要什么样的信息、何时需要，以及怎样分发给他们。

参考答案：（51）D

试题42讲评：由于团队成员是第一次违反团队的基本规章制度，项目经理应采取非正式的沟通方法，这样有助于问题的解决。4个选项中只有A项相对来说更为合适。

参考答案：（52）A

试题43讲评：总价合同又称固定价格合同，适用于工程量不太大且能精确计算、工期较短、技术不太复杂、风险不大的项目，本题中有外包项目就属于这种情况。

参考答案：（53）C

试题44讲评：凡属于客观原因、业主也无法预见到的情况造成的延期，如特殊反常天气，达到合同中特殊反常天气的约定条件，承包商可能得到延长工期，但得不到费用补偿。

参考答案：（54）A

试题45讲评：本题考查的是招投标有关的注意事项。根据招标投标法规定，招标文件截止日期和开标日期应该不早于4月27日。

参考答案：（55）D

试题46讲评：无效合同通常需具备下列任一情形：一方以欺诈、胁迫的手段订立的合同；恶意串通、损害国家、集体或者第三人利益；以合法形式掩盖非法目的。

参考答案：（56）B

试题47讲评：风险的相对性体现在3个方面：收益越大，风险承受能力越大；收益越小，风险承受能力越小。投入越多，风险承受能力越小；投入越少，风险承受能力越大。地位越高、资源越多，风险承受能力越大；地位越低、资源越少，风险承受能力越小。

参考答案：（57）A

试题 48 讲评：根本原因分析是识别风险的技术；概率和影响矩阵、层级图是定性的风险分析工具；蒙特卡罗分析法又称统计实验法，是运用概率论与数理统计的方法来预测和研究各种不确定性因素对项目的影响，分析系统的预期行为和绩效的一种定量分析方法。

参考答案：（58）D

试题 49 讲评：定性的风险分析使用的工具与技术主要有专家判断、数据收集、数据分析（风险数据质量评估、风险概率和影响评估等）、人际关系与团队技能、风险分类、数据表现（概率和影响矩阵、层级图）、会议等。头脑风暴是一种风险识别技术。

参考答案：（59）B

试题 50 讲评：按照风险可能造成的后果，可将风险划分为纯粹风险和投机风险。不能带来机会、无获得利益可能的风险叫纯粹风险。既可以带来机会、获得利益，又隐含威胁、造成损失的风险叫投机风险。

参考答案：（60）C

试题 51 讲评：在 4 个选项中，A、C、D 项都是具体的文档，而题目指的是分类，故答案选 C。

参考答案：（61）C

试题 52 讲评：第 62 空是配置审核的定义；第 63 空考查的是配置审核的分类，可以分为功能配置审核和物理配置审核。

参考答案：（62）D （63）C

试题 53 讲评：需求规格说明书应该是需求基线、设计基线和产品基线均包含的内容。

参考答案：（64）A

试题 54 讲评：这里考查的是受让者的定义。著作权人，又称为原始著作权人，是根据创作的事实进行确定的创作、开发者。受让者，又称为后继著作权人，是指没有参与创作，通过著作权转移活动成为享有著作权的人。

参考答案：（65）C

试题 55 讲评：这里考查的是专利的期限。发明专利权的期限为 20 年。

参考答案：（66）D

试题 56 讲评：按照规范的文档管理机制，程序流程图必须在概要设计、详细设计两个阶段内完成。

参考答案：（67）B

试题 57 讲评：系统结构描述不是软件需求说明书应包含的内容，系统结构描述属于系统分析的任务。软件需求说明书包含的内容有：前言（目的、范围、定义）；软件项目概述（软件产品描述、功能描述、用户特点、假设与依据）；具体需求（功能需求、性能需求、数据库）。

参考答案：（68）C

试题 58 讲评：关注 IT 服务管理的目的是为以使用 IT 能够支撑业务的运营和发展，它在技术和业务之间架起一座沟通的桥梁。

参考答案：（69）B

试题 59 讲评：第三代合作伙伴计划（The 3rd Generation Partnership Project，3GPP）是 3G 技术规范机构，旨在研究制定并推广基于演进的 GSM 核心网络的 3G 标准，即 WCDMA、TD-SCDMA、EDGE 等。我国无线通信标准组于 1999 年加入 3GPP。CDMA 移动通信就和 GSM 数字移动通信一样，都是第二代移动通信系统。

参考答案：（70）C

试题 60 讲评：从题目来看，说明是一个什么样的过程的定义。analyzes 表示"分析"，the effect of risk events 表示"风险事件的影响"，assigns a numerical rating to those risks 表示"给那些风险分配了一个数值化的值"。从 a numerical rating to those risks 和 risk 来判断，应当是风险的定量分析。选项 A 是指"风险识别"，选项 C 是指"定性风险分析"，选项 D 是指"风险监控"。

参考答案：（71）B

参考译文：定量风险分析过程分析风险事件的影响并对这些风险赋予一个数值化的评价。

试题 61 讲评：从题目来看考的必定是某一个项目术语。provides the project manager with 表示"为项目经理提供了什么"，the authority to apply organizational resources to project activities 表示"使用组织资源进行项目活动的权力"。回想起来，只有项目章程是可以明确项目经理并给项目经理授权的文件。选项 A 是"项目管理计划"，选项 B 是"合同"，选项 C 是"项目人力资源计划"，选项 D 为"项目章程"。

参考答案：（72）D

参考译文：项目章程为项目经理使用组织资源进行项目活动提供了授权。

试题 62 讲评：一看题目就知道这又是一道术语题。describes 表示"描述"，in detail 表示"详细地"，the project's deliverables 表示"项目的可交付物"，the work required to create those deliverables 表示"创建那些可交付物所需做的工作"。综合考虑，要详细地描述可交付物以及创建这些可交付物所做的工作，则应当是项目范围说明书了，即为选项 A。选项 B 是"项目需求"，选项 C 是"项目章程"，选项 D 是"产品规范"。

参考答案：（73）A

参考译文：项目范围说明书详细描述了项目的可交付物以及为创建这些可交付物所需的工作。

试题 63 讲评：从题目的前几个单词来看，应当是指有关活动历时的一个什么样的过程。uses information on schedule activity scope of work 表示"使用到活动工作范围信息"，required resource types 表示"所需要的资源类型"，estimated resource quantities 表示"估算到的资源数量"，resource calendars with resource availabilities 表示"可用资源的资源日历"。选项 A 表示"估算"，与题意正好相符。选项 B 为"定义"，不符合题意，如果还没有定义，何来后面用到的已知信息？选项 C 为"计划"，应当是本题定义过程之前做的事，也不合适。选项 D 表示"排序"，应当在估算清楚的基础上再进行排序。

参考答案：（74）A

参考译文： 估算活动历时的过程会用到活动工作范围、所需资源类型、估计的资源数量以及建立在资源可用性上的资源日历等信息。

试题 64 讲评： involves 表示"涉及"，comparing actual or planned project practices to 表示"与什么比较实际的或计划的项目实践"，to generate ideas for improvement 表示"用来生成改进的思想、主意"，provide a basis by which to measure performance 表示"提供一个测量绩效的基准"。be within the performing organization or outside of it 表示"可以是执行组织内部的，也可以是外部的"，can be within the same or in another application area 表示"可以是同一个应用领域的，也可以是其他应用领域"。选项 A 是"度量标准体系"，选项 B 是"测量"，选项 C 是"基准评价"，选项 D 是"基线"。根据题意，表示这个术语是供项目内外比较的基准，故选项 C 最为合适。

参考答案：（75）C

参考译文： 基准分析涉及将实际或计划的项目实践与其他项目进行比较，以产生改进的思想并提供一个测量绩效的基准。其他项目可以是执行组织内部的，也可以是外部的，可以是同一个应用领域的，也可以是其他应用领域的。

第 24 学时　模拟考试（应用技术试题）

【辅导专家提示】为节约时间，可不必长时间做题。可采取做一道讲评一道，或参考答案批阅一道题的形式。

全国计算机技术与软件专业技术资格（水平）考试
系统集成项目管理工程师模拟考试应用技术试卷
（基础知识与应用技术两门考试共计 4 个小时）

试题一（15 分）

某系统集成公司最近承接了一个系统集成项目，客户方是某省电信分公司。客户方的大企业服务历经多年的发展，已经开发了很多接口系统。这次承接的系统集成项目是要将这些接口系统集中到一个总线式的中间件软件上，客户方出具了系统功能要求清单作为合同的附件。

该系统集成公司任命了李工作为项目经理。李工发现作为合同附件的系统功能要求清单基本是技术上的要求，主要功能就是进行数据交换，于是编制了项目范围说明书，和客户方的技术部进行了确认并双方都签了字，之后进入了紧张的研发过程。

三个月后，李工带领团队完成了研发，向客户方的技术部门提出了验收申请。客户方的各个业务部门负责人都参加了验收会，会上他们进一步提出了很多需要在该软件上实现的业务功能，比如统计、分渠道、产品线的业务分析、业务部门可以基于该软件对业务进行管控等。一方面似乎没有满足客户的需求，另一方面自己所带领的团队苦干了 3 个月研发出的软件得不到验收，这让李工非常苦恼。

【问题 1】（5 分）请给出出现这种现象的可能原因。

【问题 2】（5 分）如果你是项目经理李工，拟采取什么对策？

【问题 3】（5 分）请简述项目范围说明书的主要内容。

试题二（15 分）

某信息技术有限公司中标了某大型物流园股份有限公司信息化建设一期工程项目，刘工担任项目经理。一期工程主要是网络系统及网站系统建设，工期为 4 个月。

因该物流园面积较大，网络系统架构异常复杂。刘工为了在约定的工期内完工，加班加点，施工过程中省掉了一些环节和工作。项目如期通过了验收，但却给售后服务带来了很大的麻烦，比如售后服务人员为了解决网络故障，只好逐个网络节点进行实地考查、测试，从而绘制出网络图；软件的维护也只有 HTML 和 JSP 代码可供售后作支持材料使用，使得修改代码、增加功能十分不便。

【问题 1】（5 分）试简要分析造成项目售后存在问题的主要原因。

【问题 2】（6 分）试说明项目建设时可采取的质量控制的方法和工具。

【问题 3】（4 分）为保障项目经理刘工在项目运作过程中实施质量管理，公司层面应提供哪些支持？

试题三（15 分）

项目经理邓工正在负责一个信息系统集成项目，在分析了项目的活动后，他得到了如表 24-1-1 所示的项目活动清单。

表 24-1-1 项目活动清单

活动代号	紧前工作	历时/天
A	—	7
B	A	6
C	A	8
D	B	7
E	B	9
F	B、C	5
G	D	11
H	E、I	7
I	F	8
J	H、G	10

【问题 1】（4 分）求项目的关键路径、总工期。

【问题 2】（6 分）分别求 D、E、G 活动的 FF 和 TF。

【问题 3】（5 分）试说明采取什么方法可缩短项目工期。

试题四 （15分）

项目经理陈工为衡量项目绩效，在项目进行到第10天末的时候为其所负责的项目制作了成本投入情况的分析表格，见表24-1-2。表中的所有任务在项目开始时同时开工。

表 24-1-2　某项目第10天末成本投入情况分析表

任务	计划工期/天	计划成本/元/天	已发生费用/元	已完成工作量
A	30	1000	12000	20%
B	20	1200	16000	40%
C	10	800	12000	60%
D	16	1000	8000	60%
E	40	1200	6000	20%

【问题1】（6分）请计算第10天末项目的PV、AC、EV值。

【问题2】（6分）请计算SV、SPI、CV、CPI，并分析项目当前成本投入和进展情况。

【问题3】（3分）项目经理陈工针对项目的情况该如何处理呢？

试题五 （15分）

某信息系统集成公司的黄工作为项目经理，一个月前带领研发团队进驻了客户方开始研发。随着项目的深入，客户方不断提出各种需求，黄工为了和客户建立良好的合作关系并尽快完成项目，对客户的需求全盘接收，可是客户方却不停地提出各种需求，有一些还是重复或互相矛盾的。

项目组内部也开始出现问题，有的程序员为赶工而不愿意编写文档；任务繁重的时候，黄工自己也负责了相当部分的编码任务；项目组人员每周开周例会时总是到不齐，项目的工作计划没有得到讨论，使得项目计划几乎作废，大家都在按自己的步骤走。

面对内外交困，黄工束手无策。

【问题1】（5分）试总结导致内外交困的可能原因是什么。

【问题2】（5分）如果你是黄工，该如何走出这种困境？

【问题3】（5分）请简述如何有效地组织项目会议。

第25学时　应用技术试题分析

试题一分析：

先来解答[问题1]。从题目中找出关键语句，比如"客户方出具了系统功能要求清单作为合同的附件""系统功能要求清单基本是技术上的要求"和客户方的技术部进行了确认并双方都签了字""提出了很多需要在该软件上实现的业务功能"，可见系统集成公司及李工的项目管理还是比较规范的，要从字面上找直接的原因的话，也就是"提出了很多需要在该软件上实现的业务功能"，这点可描述如下：

（1）客户方的业务部门提出了很多需要在系统集成中间件软件上实现的业务功能。系统集成的中间件软件多数是技术上的需求，客户方的业务部门也很难意识到这种中间件软件的重要性，只有体验或认识了以后才能发现它的重要价值，但客户方的技术部门往往有着深刻的认识，因此，这种项目大多由客户方的技术部门发起，业务部门配合或根本不关心这种项目的实施。

据此，可再行归纳出一些要点：

（2）项目可能由客户方的技术部门发起，业务部门参与程度不够。

（3）没有满足客户方业务部门的需求。

（4）与客户方的沟通不足。

（5）项目干系人分析不够，没有识别出除技术部外的其他项目干系人。

（6）没有注意控制项目的范围。

（7）验收会的准备不足。

再来解答[问题2]。[问题2]可针对[问题1]找出的原因来回答。比如，加强与客户方的沟通、吸收客户方业务人员参与项目需求讨论与软件测试等。还要注意这个项目处于这种实际情况，可与客户方商量本次验收或投产的内容作为一期工程，二期工程再行考虑更多的业务需求。

最后，[问题3]是基础知识题，不再过多讲评，请直接参看参考答案。

试题一参考答案：

问题1 可能的原因有：

（1）客户方的业务部门提出了很多需要在系统集成中间件软件上实现的业务功能。

（2）项目可能由客户方的技术部门发起，业务部门参与程度不够。

（3）没有满足客户方业务部门的需求。

（4）与客户方的沟通不足。

（5）项目干系人分析不够，没有识别出除技术部外的其他重要项目干系人。

（6）没有注意控制项目的范围。

（7）验收会的准备不足。

问题2 李工可采取的对策有：

（1）加强与客户方的沟通。

（2）吸收客户方业务人员参与项目需求讨论与软件测试。

（3）听取和记录客户方业务需求，重新整理成文档，要求提出人员重新签字确认，甚至可签订补充协议，必要时可提出适度增加费用。

（4）和客户方商量本次验收或投产的内容作为一期工程，二期工程再行考虑更多的业务需求。

（5）要求客户方归口需求和项目负责人。

（6）进一步识别和分析项目干系人，并采取相应的策略。

（7）认真准备验收会，提前考虑什么人参加，要准备什么材料等。

问题 3 项目范围说明书的主要内容如下：项目的目标、产品范围描述、项目的可交付物、项目边界、产品验收标准、项目的约束条件、项目的假定等。

试题二分析：

先解答[问题 1]。按以前我们学的老方法，先在原文中找直接原因，如"面积较大，网络系统架构异常复杂""施工过程中省掉了一些环节和工作""绘制出网络图""只有 HTML 和 JSP 代码可供售后作支持材料使用"，这样可直接引用或归纳出以下原因：

（1）物流园面积较大，网络系统架构异常复杂。

（2）施工过程中省掉了一些环节和工作。

（3）没有为售后提供网络图。

（4）软件系统没有提供需求分析、系统设计说明书等必要的文档资料。

此外，既然是"可能的原因"，可展开思路，多写一些要点，比如：

（5）项目进展过程中缺乏必要的控制。

（6）没有注意进行阶段评审，没有及时保存文档和配套资料。

（7）没有遵循项目管理的标准和流程。

（8）没有考虑项目售后的需求。

（9）没有提供系统维护手册这种关键性的售后服务所需文档。

（10）没有进行配置管理或配置管理不足。

再来解答[问题 2]。其实[问题 2]是一道基础知识题，可从本书的前文中找到答案，此处不再做过多讨论。

最后来解答[问题 3]。首先注意要从公司层面来回答要点，比如要制订公司一级的质量方针、政策，制订质量控制流程等。

试题二参考答案：

问题 1 可能的原因如下：

（1）物流园面积较大，网络系统架构异常复杂。

（2）施工过程中省掉了一些环节和工作。

（3）没有为售后提供网络图。

（4）软件系统没有提供需求分析、系统设计说明书等必要的文档资料。

（5）项目进展过程中缺乏必要的控制。

（6）没有注意进行阶段评审，没有及时保存文档和配套资料。

（7）没有遵循项目管理的标准和流程。

（8）没有考虑项目售后的需求。

（9）没有提供系统维护手册这种关键性的售后服务所需文档。

（10）没有进行配置管理或配置管理不足。

问题 2 可采取的质量控制的方法和工具有：

（1）数据收集：包括核对单、核查表、统计抽样、问卷调查。

（2）数据分析：包括绩效审查、根本原因分析。

（3）检查。

（4）测试/产品评估。

（5）数据表现：包括因果图、控制图、直方图、散点图等。

（6）会议：包含审查已批准的变更请求、回顾/经验教训等会议。

问题 3 公司层面应提供以下支持：

（1）制订公司质量管理方针。

（2）选择质量标准或制订质量要求。

（3）制订质量控制流程。

（4）提出质量保证所采取的方法和技术（或工具）。

（5）提供相应的资源。

试题三分析：

这道题虽然没有明确指出要制作网络图，但实际上，考生应当在草稿纸上画一个网络图，便于解题时分析。为简便起见，可快速制作前导图，如图 25-1-1 所示。相信可凭肉眼看出答案的考生并不多，还是一步一个脚印来作图为好。

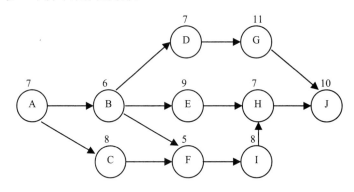

图 25-1-1 习题前导图

从图中可以看出，路径 ABEHJ，工期为 39；路径 ABDGJ，工期为 41；路径 ABFIHJ，工期为 43；路径 ACFIHJ，工期为 45。可见关键路径为 ACFIHJ，总工期为 45 天。

接下来，[问题2]是要求 D、E、G 活动的 FF 和 TF。这 3 个活动均是非关键路径上的活动。计算过程如下：

$FF_D = \min\{ES_G\} - EF_D = ES_G - EF_D = 20 - 20 = 0$

考生可能很奇怪，怎么没有了那么长的演算过程？这种题做多了也就有感觉了，原来的口诀仍然适用，但仅供参考。一起来体会一下。

为什么一下就得出了 ES_G 和 EF_D 的值呢？由图 25-1-1 可知，从活动 A 开始能到活动 G 的只有一条路，即 ABDG，最快的情况就是这条路一点都不延误，故 $ES_G=D_A+D_B+D_D=20$。那么 EF_D 是如何得出的呢？同样，从活动 A 开始能到活动 D 的只有一条路，即 ABD，最快的情况就是这条路一点都不延误，故 $EF_D=D_A+D_B+D_D=20$。

$TF_D=LS_D-ES_D=LF_D-D_D-ES_D=LF_D-7-13=LF_D-20=45-10-11-20=45-41=4$

LF_D 的值如何这么快得知的呢？最慢的情况下，D 可在什么时候完成呢？总工期是 45，可从后往前推，D 在唯一路径 ABDGJ 上，故 LF_D=总工期$-D_J-D_G=45-10-11=24$。

$FF_E=\min\{ES_H\}-EF_E=ES_H-EF_E=28-22=6$

H 在关键路径上，不允许延误，故 $ES_H=D_A+D_C+D_F+D_I=28$。经过 E 只有唯一的一条路，那就是 ABE，故 $EF_E=D_A+D_B+D_E=22$。

$TF_E=LS_E-ES_E=LF_E-D_E-ES_E=LF_E-9-13=LF_E-22=45-10-7-22=45-39=6$

求 LF_E 时，考虑到 E 在唯一的路径上，即 ABEHJ，采用倒推法，总工期为 45，故 E 最晚完成的时间是：总工期$-D_J-D_H=45-10-7=28$。

$FF_G=\min\{ES_J\}-EF_G=ES_J-EF_G=45-10-31=4$

$TF_G=LS_G-ES_G=LF_G-11-20=LF_G-31=45-10-31=4$

[问题 3]是知识点题，不再详细讲评，考生可直接参看参考答案。

试题三参考答案：

问题 1 关键路径为 ACFIHJ，总工期为 45 天。

问题 2

$FF_D=\min\{ES_G\}-EF_D=ES_G-EF_D=20-20=0$

$TF_D=LS_D-ES_D=LF_D-D_D-ES_D=LF_D-7-13=LF_D-20=45-10-11-20=45-41=4$

$FF_E=\min\{ES_H\}-EF_E=ES_H-EF_E=28-22=6$

$TF_E=LS_E-ES_E=LF_E-D_E-ES_E=LF_E-9-13=LF_E-22=45-10-7-22=45-39=6$

$FF_G=\min\{ES_J\}-EF_G=ES_J-EF_G=45-10-31=4$

$TF_G=LS_G-ES_G=LF_G-11-20=LF_G-31=45-10-31=4$

问题 3 可采用的缩短工期的方法有：

（1）赶工，缩短关键路径上的工作历时。

（2）采用并行施工方法以压缩工期（或快速跟进）。

（3）追加资源。

（4）改进方法和技术。

（5）缩减活动范围。

（6）使用高素质的资源或经验更丰富的人员。

试题四分析：

站在第 10 天末这个时间点来看，计算过程如下：

PV=(1000+1200+800+1000+1200)×10=5200×10=52000

AC=12000+16000+12000+8000+6000=54000

EV=30×20%×1000+20×40%×1200+10×60%×800+16×60%×1000+40×20%×1200
　=6000+9600+4800+9600+9600=39600

接下来计算 SV、SPI、CV、CPI：

CPI = EV/AC=39600/54000=0.733

CV = EV-AC=39600-54000=-14400

SPI = EV/PV=39600/52000=0.762

SV = EV-PV=39600-52000=-12400

根据求得的 SV、SPI、CV、CPI 情况来看，项目进度滞后，成本超支。针对这种情况，可提高效率，例如用工作效率高的人员更换一批效率低的人员，赶工、工作并行以追赶进度，加强成本监控。

试题四参考答案：

问题 1

PV=52000　　AC=54000　　EV=39600

【辅导专家提示】正式考试时最好能写上计算过程，这样万一计算结果错误，计算过程还能相应得分。

问题 2

CPI=0.773　　CV=-14400　　SPI=0.762　　SV=-12400

从以上结果可知，项目进度滞后，成本超支。

问题 3　项目经理陈工可采取如下措施：

（1）提高效率，例如用工作效率高的人员更换一批效率低的人员。

（2）赶工、工作并行以追赶进度。

（3）加强成本监控。

试题五分析：

先来看如何解答[问题 1]。老习惯老方法，先找出直接描述的关键字，如"对客户的需求全盘接收""客户方却不停地提出各种需求，有一些还是重复或互相矛盾的""程序员为赶工而不愿意编写文档""黄工自己也负责了相当部分的编码任务""开周例会时总是到不齐""项目的工作计划没有得到讨论"。这些都可以成为[问题 1]的原因。此外还要适度归纳总结，比如：

（1）有关需求控制的问题。

（2）内部团队管理的问题。

（3）人员职责分工的问题。

（4）项目计划执行不够的问题。

（5）会议效率的问题。

再来看[问题 2]，只要针对[问题 1]的要点一一作答即可。最后看[问题 3]，这是基础知识题，就不再详细讲评了，考生可直接参看后面的参考答案。

试题五参考答案：

问题 1　出现内外交困的可能原因是：

（1）黄工对客户的需求全盘接收，显然不妥。

（2）客户方不停地提出各种需求，有一些还是重复或互相矛盾的。

（3）程序员为赶工而不愿意编写文档。

（4）黄工自己也负责了相当部分的编码任务，顾此失彼。

（5）项目组人员开周例会时总是到不齐。

（6）项目的工作计划没有得到讨论。

（7）客户提出的需求没有走需求变更控制流程。

（8）项目团队没有制订可执行的共同的行为准则。

（9）项目组人员职责分工不明确。

（10）项目团队对项目计划的执行力不够。

（11）项目会议效率太低。

问题 2　可采取如下措施：

（1）建立起需求变更控制流程，用户如需变更，需发起变更并签字。

（2）需求统一归口，并记录在案。

（3）重新理顺并合理安排工作计划，实施前征求项目组重要人员的意见，修订后再实施。

（4）项目经理释放技术工作，专心于项目管理工作。

（5）制订项目组内部共同的行为准则，并严格遵守，比如例会的考勤与奖惩制度。

（6）在项目组内部和客户方共同讨论项目计划后再行调整实施。

（7）精心组织召开成功的项目会议。

（8）争取公司上级领导的支持，必要时请上级领导参加项目周例会。

问题 3　要举行高效的会议，应注意以下问题：

（1）事先制订一个例会制度。

（2）放弃可开可不开的会议。

（3）明确会议的目的和期望结果。

（4）发布会议通知。

（5）在会议之前将会议资料发给参会人员。

（6）可以借助视频设备。

（7）明确会议议事规则。

（8）会议要有纪要。

（9）会后要有总结，提炼结论。

参 考 文 献

[1] Project Management Institute（PMI），PMBOK 第五版.
[2] 中国项目管理委员会．中国项目管理知识体系与国际项目管理专业资质认证标准[S]．北京：机械工业出版社，2001.
[3] 韩万江，姜立新．软件开发项目管理[M]．北京：机械工业出版社，2004.
[4] 柳纯录，刘明亮．信息系统项目管理师教程[M]．北京：清华大学出版社，2005.
[5] 刘慧．IT 执行力：IT 项目管理实践[M]．北京：电子工业出版社，2004.
[6] 邓世忠．IT 项目管理[M]．北京：机械工业出版社，2004.
[7] 忻展红，舒华英．IT 项目管理[M]．北京：北京邮电大学出版社，2005.
[8] 邓子云，张友生．系统集成项目管理工程师考试全程指导[M]．北京：清华大学出版社，2009.
[9] 张友生，邓子云．系统集成项目管理工程师辅导教程[M]．北京：电子工业出版社，2009.
[10] 王如龙，邓子云，罗铁清．IT 项目管理：从理论到实践[M]．北京：清华大学出版社，2008.
[11] 张树玲，宋跃武.信息系统项目管理师教程[M]．3 版．北京：清华大学出版社，2024.
[12] Project Management Institute．项目管理知识体系指南（PMBOK 指南）[M]．6 版．北京：电子工业出版社，2018.
[13] Project Management Institute．项目管理标准和项目管理知识体系指南[R]．7 版．Philadelphia: Project Management Institute Inc，2021.
[14] 刘明亮，宋跃武．信息系统项目管理师教程[M]．4 版．北京：清华大学出版社，2023.

后 记

完成"5天修炼"后,您感受如何?是否觉得更加充实了?是否觉得意犹未尽?这5天的学习并不能保证您100%通过考试,但可以让您心中倍感踏实。基于此,还想再啰唆几句,提出几点建议供参考:

(1)做历年的试题,做完系统集成项目管理工程师考试的试题,可接着做项目管理师考试(除论文考试)的试题,因为这两个不同级别的考试基础知识和案例分析考试范围比较接近。

(2)该背的背,该记的记,条件成熟的话,让家人或朋友监督你背。

(3)计算题一定要抓住不放,网络图、挣值分析、投资分析等,回顾口诀,勤于练习。

(4)英语知识切不可放弃,每次做模拟题都要认真分析英文试题,词汇、句型、术语全部到位,如果时间充裕就看PMBOK英文版,这样原汁原味。

(5)关注我们的微信,有问题及时与我们互动。

最后,祝考生们顺利过关,通过了记得发个邮件给老师报个喜。